高职高专"十二五"规划教材

机械设计课程设计

徐剑锋　李　敏　史新逸　编

U0231314

化学工业出版社

·北京·

本书根据高等工科院校机械设计基础课程教学基本要求编写，全书分为三个部分。第一部分为机械设计课程设计指导（第一～九章），以减速器设计为例，着重介绍减速器设计的设计内容、方法和步骤，包括概述、传动系统总体设计、传动零件设计、减速器的结构、装配草图设计、装配图设计、零件图设计、编写设计计算说明书和准备答辩；第二部分为机械设计常用标准和规范（第十～十八章），包括一般标准、电动机、常用材料、连接与紧固、滚动轴承、润滑与密封、联轴器、极限与配合、形位公差和表面结构、渐开线圆柱齿轮精度、锥齿轮精度和圆柱蜗杆蜗轮精度；第三部分为参考图例及设计题目（第十九、二十章），可供课程设计选用。

本书可供高等工科院校本、专科和中职院校的机械类与近机械类专业学生，在完成机械设计大作业、课程设计及毕业设计时使用，也可供相关工程技术人员参考。

图书在版编目（CIP）数据

机械设计课程设计/徐剑锋，李敏，史新逸编. —北京：化学工业出版社，2012.7（2019.9重印）
高职高专"十二五"规划教材
ISBN 978-7-122-14268-9

Ⅰ. 机…　Ⅱ. ①徐…②李…③史…　Ⅲ. 机械设计-课程设计-高等职业教育-教材　Ⅳ. TH122-41

中国版本图书馆 CIP 数据核字（2012）第 094460 号

责任编辑：王听讲　　　　　　　　　　　文字编辑：吴开亮
责任校对：周梦华　　　　　　　　　　　装帧设计：关　飞

出版发行：化学工业出版社（北京市东城区青年湖南街 13 号　邮政编码 100011）
印　　装：大厂聚鑫印刷有限责任公司
787mm×1092mm　1/16　印张 14½　字数 378 千字　2019 年 9 月北京第 1 版第 4 次印刷

购书咨询：010-64518888　　售后服务：010-64518899
网　　址：http://www.cip.com.cn
凡购买本书，如有缺损质量问题，本社销售中心负责调换。

定　　价：30.00 元

前　言

　　"机械设计课程设计"课程是学生在学习"机械设计基础"课程后综合性和实践性的重要教学环节，其目的是培养学生的机械设计能力、创新设计能力和实践动手能力，提高其综合素质和就业竞争力。本书注意更新和充实教学内容，突出创新能力的培养，符合教学改革及对人才培养的要求。本书力求重点突出、繁简得当、语言严谨、图形准确、严格精选、便于使用。鉴于我国许多标准都进行了修订，书中尽量收集了新近颁布的国家标准。书中所列出的标准或规范，是根据需要从原标准或规范中摘录下来的，而不是全部标准，请在使用时注意。

　　本书分为三个部分。第一部分为机械设计课程设计指导（第一至九章），以减速器设计为例，着重介绍减速器设计的设计内容、方法和步骤，包括概述、传动系统总体设计、传动零件设计、减速器的结构、装配草图设计、装配图设计、零件图设计、编写设计计算说明书和准备答辩；第二部分为机械设计常用标准和规范（第十至十八章），包括一般标准和规范、常用工程材料、极限与配合、形位公差和表面结构、连接与紧固件、滚动轴承、联轴器、润滑与密封、减速器附件、渐开线圆柱齿轮精度、锥齿轮精度和圆柱蜗杆蜗轮精度；第三部分为设计题目及参考图例（第十九、二十章），可供课程设计选用。

　　本书按课程设计的总体思路和顺序，循序渐进、由浅入深，详细介绍课程设计中的各个环节。本书可作为"机械设计"和"机械设计基础"课程的配套教材，满足机械设计课程设计的教学要求；也可作为机械设计简明手册，供有关工程技术人员参考使用。

　　本书由徐剑锋、李敏、史新逸编，徐剑锋对全书进行了统稿。

　　限于编写时间仓促，书中难免存在疏漏和不足，恳请读者批评指正。

编　者

2012 年 4 月

目　录

第一篇　课程设计指导

第二篇　设计资料

第三篇　设计题目与参考图例

参 考 文 献

第一篇　课程设计指导

第一章　概　述

第一节　课程设计的目的和内容

一、课程设计的目的

课程设计是机械设计课程的重要实践性教学环节，是一次较全面的设计训练。其主要目的如下。

（1）综合运用机械原理、机械设计和其他先修课程的理论和知识，以课程设计为载体，通过设计实践，培养学生理论联系实际的正确设计思想，以及分析和解决工程实际问题的能力。

（2）通过掌握简单通用机械设计的一般方法和步骤，为从事机械工程设计打下良好的基础。

（3）培养学生设计、计算、图形实现和运用国家标准和规范的能力，初步掌握现代设计方法在机械设计中的应用。

二、课程设计的内容

机械设计课程设计通常选择一般用途的机械传动装置或简单机械作为设计对象，如图 1-1 所示。

机械设计课程设计通常包括下列内容。

（1）机械系统方案的拟订。

（2）机械系统运动动力参数计算。

（3）传动零件设计，如带、链传动设计，齿轮传动及蜗杆传动设计等。

（4）减速器装配草图设计，包括轴的结构设计，滚动轴承的选择，键和联轴器的选择及校核，箱体、润滑及附件设计。

（5）减速器装配图设计。

（6）零件工作图设计。

（7）机械零件的三维造型与装配（此内容可根据学生选修课程的情况选做）。

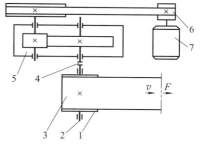

图 1-1　机械传动装置或简单装置
1—卷筒；2—输送器轴；3—输送器；
4—联轴器；5—单级圆柱齿轮减速器；
6—V 带传动；7—电动机

（8）编写设计计算说明书。

课程设计一般要求每个学生完成以下工作。

（1）减速器装配图1张（A0）。

（2）零件工作图2~3张——轴（A2）、齿轮（A2）和箱体（A1）等。

（3）设计计算说明书一份。

完成规定的全部工作后，应进行课程设计答辩。

第二节　课程设计的一般步骤

课程设计的步骤一般按以下几个阶段进行。

（1）设计准备

① 阅读和研究设计任务书，明确设计内容和要求，分析原始数据及工作条件。

② 观看模型、实物、多媒体视频和动画，进行减速器拆装实验，阅读有关设计资料、图册等，初步了解简单机械系统的组成方案、减速器的类型与结构。

③ 拟订设计计划，准备设计资料和用具。

（2）机械系统的方案设计

① 拟订执行机构的运动方案，绘制执行机构运动简图。

② 选择传动装置的类型。

③ 绘制机械系统运动简图。

（3）机械系统运动、动力参数计算

① 执行机构的运动与动力分析。

② 选择电动机。

③ 总传动比计算及传动比分配。

④ 传动装置的运动、动力参数计算。

（4）传动零件的设计计算

① 减速器以外传动零件的设计计算。如带传动、链传动、开式齿轮传动等。

② 减速器内传动零件的设计计算。如齿轮传动、蜗杆传动等。

（5）减速器装配草图设计

① 选择联轴器，初定轴的直径。

② 画出轴系结构，选定轴承型号，确定轴承支点间的距离，校核轴与键连接的强度，计算轴承的寿命，必要时根据计算结果进行修改。

③ 设计轴承组合的结构，画出箱体和各附件的结构、位置，全面完成装配草图。

（6）装配图和零件工作图设计

① 减速器装配图设计。

② 零件工作图设计。

（7）机械零件的三维造型与装配。

（8）整理并编写设计计算说明书。

（9）设计总结与答辩。

第三节　课程设计中需要注意的问题

（1）机械设计课程设计是第一次较全面的设计实践，它为以后的机械设计工作打下良好基础，具有重要意义。在设计过程中只有严肃认真、刻苦钻研、一丝不苟、精益求精，才能在设计思想、方法和技能方面获得较好的锻炼和提高。

（2）设计中要充分发挥主动性，积极思考，独立完成设计任务。设计能力依赖于长期设计实践的逐渐提高，在设计工作中能否很好地利用已有的设计资料，传承这些经验和成果，是设计工作能力的重要体现。但是，根据新的设计任务和具体工作条件进行具体分析，在参考已有资料的基础上创造性地进行设计、构思，更是工程技术人员不可缺少的能力。所以，在课程设计中只有正确处理好现有资料与创新设计的关系，才能保证设计质量，提高设计能力。

（3）树立标准化意识，正确使用标准和规范。在设计中正确地运用标准和规范，有利于机械零件的互换性和加工工艺性，减少设计工作量，提高产品质量，从而收到良好的经济效果。在设计中是否遵循国家标准和规范，也是评价设计质量的一项重要指标。对于需要外购的标准件（螺栓、滚动轴承等）应采用标准规格；对于自行加工的标准件（键、联轴器等），其主要尺寸一般应按标准规定；对于小规模生产的自制件，如遇到设计与标准相矛盾时，才可以以设计要求为主，自行设计制造。另外，对于设计中一些非标准件的某些尺寸，如箱体宽度、轮毂宽度等，也应尽量取为标准尺寸，便于制造、测量和安装。

（4）正确处理强度计算和结构工艺性等要求的关系。任何机械零件的结构及尺寸都不可能完全由强度计算确定，而应该综合考虑加工和装配工艺、经济性和使用条件等。因此，不能把设计片面地理解为就是理论计算，或者把这些计算结果看成是绝对不可改动的，而应认为进行强度等理论计算只是为确定零件的尺寸提供一个方面的依据，零件的具体结构和尺寸还要通过画图，考虑其工艺性、经济性以及零件间相互装配关系最后确定。有时也可以根据结构和工艺的要求先确定结构尺寸，然后校核强度等方面的要求。在有些场合还可利用综合考虑强度、结构工艺性、刚度等方面的经验确定零件的结构尺寸，如齿轮轮毂厚度、减速器箱体壁厚等就是按经验公式计算出近似值，然后作适当的圆整。这就是说设计工作不能把计算和绘图截然分开，而应互相依赖、互相补充、交叉进行。边计算、边画图、边修改是设计工作的正确方法。

（5）树立绿色产品设计意识，培养全面考虑产品的材料选择、可回收性、可拆卸性以及新技术、新工艺和新能源的设计等方面的能力。

第二章 机械系统方案设计与参数计算

　　机械系统包括原动机、传动装置和执行机构。机械系统方案设计的内容应从原动机选择、执行机构运动方案、传动装置类型与选择三个方面进行分析，画出执行机构和机械传动系统运动简图，然后确定执行机构的尺寸，进行运动学和动力学分析，计算传动装置的运动和动力参数。一般首先要确定执行机构的运动方案。

第一节 执行机构的运动方案

一、执行构件的运动形式与基本机构

　　为使执行机构满足机械的功能要求，首先应将机械的总功能分解成若干个分功能，每个分功能由一个机构去完成。执行构件就是根据机构的功能要求去完成规定的动作。如图 2-1 所示，冲压机的总功能就可分解为滑块 5 上下移动的冲压功能和滑块 8 的自动送料功能。执行构件的运动形式有回转运动、直线运动和曲线运动三种。按运动有无往复性和间歇性，基本运动可分为单向转动、往复摆动、单向移动、往复移动和间歇运动。曲线运动则是由两个或两个以上基本运动合成的复合运动。

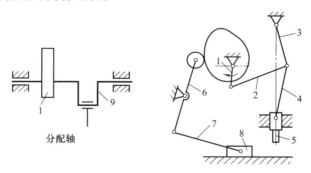

图 2-1　冲压机执行机构系统

1—凸轮；2,4,7—连杆；3,6—摇杆；5,8—滑块；9—曲柄

　　原动机的种类繁多，随着现代控制技术的发展，新型电动机（如变频电动机、伺服电动机、直线电动机等）的出现，在许多场合已可大大简化传统的机械传动链，因此设计中可创造性地选用新型电动机。原动机最普遍的运动形式是转动，当原动机运动的单一性与生产要求执行构件具有的运动多样性之间存在矛盾时，可应用各种不同的机构进行运动变换。运动变换包括运动形式、运动速度和运动方向的变换及运动合成（或分解）等。实现运动变换的基本机构类型、特点及适用性见表 2-1。
　　基本机构的运动形式变换可用图 2-2 表示。当已知要进行的运动变换可以方便地从图中选出相应的机构。例如要将转动变换成移动，从图中可选出曲柄滑块机构、齿轮齿条机构、螺旋机构、正弦机构等。基本机构所能实现的运动规律或运动轨迹都具有一定的局限性。为使机构满足复杂的运动特性要求，扩大其使用范围，可对基本机构进行演化或采用组合法以

表 2-1　基本机构类型、特点及适用性

机构名称		运动变换	特　点	适用范围或应用举例
平面连杆机构		可将单向转动变换为往复摆动或移动,一般具胡可逆性	1. 改变构件相对长度可实现不同的运动要求; 2. 连杆曲线可满足不同的轨迹设计要求; 3. 低副机构、铰链磨损小,承载能力高	主要用于运动和运动速度的变换,不适于高速运动
凸轮机构	盘形凸轮	可将凸轮的转支(往复移动)变成推杆的往复移动或摆动	1. 推杆可实现预期任意运动规律的往复运动; 2. 高副接触,易磨损,承载不宜太大; 3. 受压力角和机构紧凑限制,推程不宜太大	适用于各种机械的控制及辅助传动,应用于自动机床、印刷机械等自动、半自动机械中
	圆柱凸轮	可将凸轮的转动变成与之垂直方向的往复移动或摆动		
间歇运动机构	棘轮机构	可将往复摆动变为间歇转动	可实现有单向停歇的转动,但高速运动时冲击、噪声大	用于各种转位机构或进给机构,适于低速机械
	槽轮机构不完全齿轮机构	可将单向连续转动变为单向间歇转动		
斜面机构		将移动变为另一方向的移动,$A \leqslant p$ 时有自锁性	1. 面接触,可承受较大的载荷; 2. 位移小,增力较大; 3. 效率低	斜面压力大
螺旋机构		将转动变为与之垂直方向的移动,$A \leqslant \Psi$ 时有自锁性		台虎钳,螺旋压力机,千斤顶等
摩擦轮机构	圆柱摩擦轮	可传递两平行轴运动	1. 靠两轮间摩擦传递运动和动力,结构简单; 2. 具有过载保护性; 3. 效率低	用于转动比要求不严格、载荷不大的高速传动
	圆锥摩擦轮	可传递两相交轴运动 、		
齿轮机构	圆柱齿轮	可传递两平行轴匀速运动	1. 瞬时转动比恒定; 2. 传递率大,速度高; 3. 精度高,效率高,寿命长	广泛用于各种机械的传动系统和变速机构中,用以变换速度大小和运动轴线的方向
	锥齿轮	可传递两相交轴匀速运动		
	交错轴	可传递两交错轴匀速运动	点接触,易磨损,承载能力小	
	斜齿轮			
	蜗杆蜗轮		传动比大,平稳,发热量大,效率低	
带传动	V 带传动	可变换运动速度	1. 摩擦传动,具有过载保护性能; 2. 有弹性滑动,传动精度低	可实现较远距离的传动,适于较高转速
	平带传动	可变换运动速度和方向		
链传动		可变换运动速度	啮合传动,有多边形效应,运动均匀性较差	可实现较远距离的传动,适于低速传动

创造出新的机构。组合法是运用串联、并联、时续等方式,将两个或多个基本机构按一定的关系连接,组成具有复杂功能的新机构或机构系统。图 2-1 所示的冲压机就可看成是由曲柄摇杆机构与曲柄滑块机构串联而成的,也可看成是在曲柄摇杆机构的摇杆上加接一个连杆滑块组扩充而成的。关于机构组合内容请参见"机械设计基础"课程的有关内容。

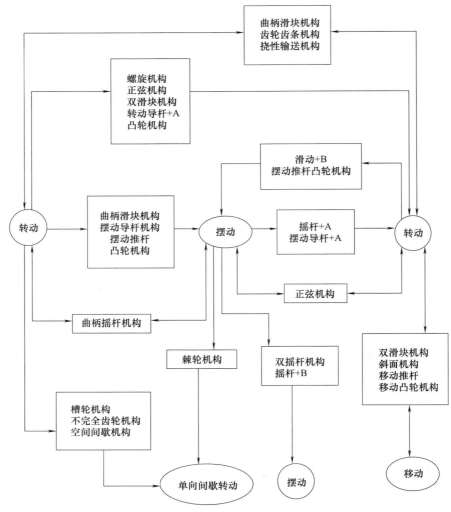

图 2-2　基本机构的运动形式变换
A—连杆滑块组；B—铰接二杆组

二、机构类型选择的一般要求

1. 实现机械的功能要求

机械的功能要求是选择机构类型的先决条件，且满足这一条件的机构也只是待选方案，还应通过进一步分析比较，才能作出选择。

2. 满足机械的功能质量要求

机构运动方案的多解性使设计者可以拟定出许多不同的方案，但它们彼此的功能质量差异却可能很大。从运动功能质量来看，应选择实现所需运动规律、运动轨迹、运动参数准确度高的机构，对有急回、自锁、增程、增力或利用死点位置要求的，也应选择具有相应性能且可靠性高的机构。从动力功能质量来看，应选择传力性能好，冲击、振动、磨损、变形小和运动平稳性好的机构。

3. 满足经济适用性要求

为减少功耗，应优先选用机械效率高的机构，而且机构运动链要尽量短，即构件和运动副数目要尽量少。此外，所选机构类型还应符合生产率高、体积小、工艺性好、易于维修保养等技术经济要求。

三、执行机构运动方案

1. 机构的选择与评价

当机械的总功能分解为各执行构件的运动后，应考虑选用哪种类型的机构来实现。选择机构时可按照运动形式、运动速度和运动方向变换等需要，通过检索表 2-1 和图 2-2 选取合适的机构。在表 2-2 所示的冲压机冲压机构部分运动方案中，方案 1、2、5 是运用机构组合法构思出来的机构，方案 3、4、6 是运用机构串联组合法构思出来的。对现有功能类似机械中的机构进行分析，取其精华，在继承的基础上也可构思出符合设计要求的机构。这样便可以构思出众多满足运动要求的运动方案。对这些方案，应根据机构选择的一般要求，从机构功能、功能质量和经济适用性三方面列出相关项目进行分析比较，从中选出最佳方案。对难以直接作出判断的，经定量评价后再选出最佳方案。

例如冲压机的冲压机构，根据功能要求，考虑功能参数（如生产率、生产阻力、行程和行程速度变化系数等）及约束条件，可以构思出一系列运动方案，见表 2-2。

表 2-2　冲压机冲压机构部分运动方案

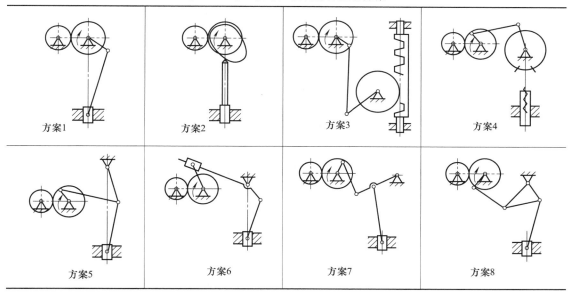

对以上方案进行初步分析，结果见表 2-3。从表中不难看出，方案 1、2、3、4 的性能明显较差；方案 6 尚可行；方案 5、7、8 有较好的综合性能，且各有特点，这三个方案可作为备选方案，待运动设计、运动学和动力学分析后，通过定量评价选出最优方案。

2. 执行机构系统运动方案的形成

机器中各执行机构都可按前述方法构思出来，并进行评价，从中选出最佳方案。将这些机构有机地组合起来，即可形成一个运动和动作协调配合的执行机构系统。为使各执行构件的运动、动作在时间上相互协调配合，各机构的原动件通常由同一构件（分配轴）统一控制。例如冲压机中的冲压机构采用表 2-2 中的方案 5，送料机构采用凸轮机构与摇杆滑块机构组合。由于送料动作与冲压动作必须协调一致，故将冲压机构的原动件曲柄与送料机构的原动件凸轮由同一构件（分配轴）统一控制，组成冲压机构系统，如图 2-1 所示。

表 2-3　冲压机构部分运动方案定性分析

方案号	主要性能特征										
	功能		功能质量			经济适用性					
	运动变换	增力	加压时间①	一级传动角②	二级传动角②	工作平稳性	磨损与变形	效率	复杂性	加工装配难度	成本	运动尺寸
1	满足	无	较短	较小	—	一般	一般	高	简单	易	低	最小
2	满足	无	长	小	—	冲击	剧烈	较高	简单	较难	一般	较小
3	满足	弱	较长	小	大	平稳	一般	高	复杂	最难	较高	大
4	满足	强	短	较大	—	平稳	强	低	最复杂	最难	较高	较大
5	满足	强	较长	小	较大	一般	一般	高	较简单	易	低	最大
6	满足	较强	较短	最大	较大	一般	一般	高	较简单	较难	低	较大
7	满足	较强	较长	大	最大	一般	一般	高	较简单	易	低	较大
8	满足	较强	较长	较大	大	一般	一般	高	较简单	易	低	较大

① 加压时间是指在相同施压距离内,下压模移动所用的时间,时间越长则越有利。
② 一级传动角指四杆机构的传动角;二级传动角指六杆机构中后一级四杆机构的传动角。
注: 评价项目因机构功能不同而不同。

当机械对各执行构件之间的动作无严格协调配合要求时,为简化机构,方便布置,经技术经济评价后,各机构也可单独设原动机驱动。机械中的各机构的动作要求协调配合时,通常用工作循环图表明在机械的一个工作循环中各机构的运动配合关系。由工作循环图确定的机构协调运动参数,是各机构运动设计的必要条件之一,也是机械系统装配及调试的重要依据。机构工作循环图的编制可参见有关资料。

第二节　机械传动装置类型与选择

机械传动装置的功能是根据机械的总体布置要求,解决原动机与执行机构系统之间的运动联系及运动速度和运动方向变换,使它们之间运动参数相匹配。设计时要先确定传动方案,画出传动系统运动简图。

一、传动机构类型的比较

选择传动机构的类型是拟定传动方案的重要一环,通常应考虑机器的动力、运动和其他要求,再结合各种传动机构的特点和适用范围,通过分析比较,合理选择。常用传动机构的性能及适用范围见表 2-4。

表 2-4　常用传动机构的性能及适用范围

传动机构 选用指标		平带传动	V 带传动	链传动	圆柱齿轮传动
功率(常用值)/kW		小 (≤20)	中 (≤100)	中 (≤100)	大 (最大达 50000)
单级传动比	常用值	2~4	2~4	2~5	3~5
	最大值	5	7	6	8
传动效率		中	中	中	高
许用的线速度		≤25	≤25~30	≤40	6 级精度≤18

続表

传动机构 选用指标	平带传动	V带传动	链传动	圆柱齿轮传动
外廓尺寸	大	大	大	小
传动精度	低	低	中等	高
工作平稳性	好	好	较差	一般
自锁性能	无	无	无	无
过载保护作用	有	有	无	无
使用寿命	短	短	中等	长
缓冲吸振能力	好	好	中等	长
要求制造及安装精度	低	低	中等	高
要求润滑条件	不需	不需	中等	高
环境适应性	不能接触酸、碱、油、爆炸性气体		好	一般

在某些简单机械中，常用减速器作为主要传动装置。常用减速器的形式、特点及其应用见表 2-5。

表 2-5 常用减速器的形式、特点及其应用

名称	简图	传动比一般范围	最大值	特点及应用
单级锥齿轮减速器	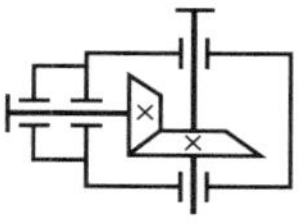	直齿≤3 斜齿≤5	10	用于输入轴与输出轴相交的传动
单级圆柱齿轮减速器	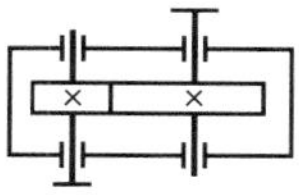	直齿（≤4） 斜齿（≤6）	10	轮齿可为直齿、斜齿或人字齿。箱体常用铸铁铸造，支承多采用滚动轴承，只有重型或特高速时才采用滑动轴承
两级展开式圆柱齿轮减速器	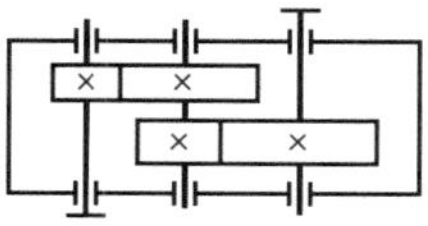	8～40	60	是两级减速器中应用最广泛的一种。齿轮相对于轴承不对称，要求轴具有较大的刚度。输入输出轴上的齿轮常布置在远离轴输入输出端的一边，以减小因弯曲变形所引起的载荷沿齿宽分布不均。高速级常用斜齿，低速级可用斜齿或直齿。建议用于载荷较平稳场合
两级分流式圆柱齿轮减速器	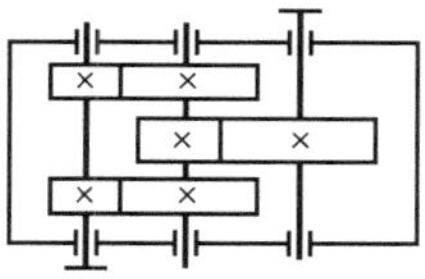	8～40	60	低速轴上的齿轮相对于轴承为对称布置，载荷沿齿宽分布较均匀。中间轴危险断面上的转矩是传递转矩的一半。高速级多用斜齿，同一轴上齿轮一边右旋，另一边左旋，轴向力可抵消，结构较复杂，需多用一对齿轮，轴向尺寸较大。建议用于变载荷场合

（圆柱齿轮减速器）

名 称		简 图	传动比一般范围	最大值	特点及应用
圆柱齿轮减速器	两级同轴式圆柱齿轮减速器		8～40	60	箱体长度较小,两大齿轮浸油深度可以大致相同。但减速器轴向尺寸及重量较大;高速级齿轮的承载能力不能充分利用;中间轴承润滑困难;中间轴较长,刚度差;仅能有一个输入端和输出端,限制了传动布置的灵活性
	三级展开式圆柱齿轮减速器		40～200	400	传动比大,其余与两级展开式相同
锥齿轮减速器	单级锥齿轮减速器		直齿≤3 斜齿≤5	10	用于输入轴与输出轴相交的传动
	两级锥齿-圆柱齿轮减速器		8～15	直齿锥齿 20 斜齿锥齿 40	用于输入轴与输出轴相交而传动比较大的传动。锥齿轮应在高速级,以减小锥齿轮的尺寸。利于加工,轮齿可制成直齿或斜齿
	三级锥齿-圆柱齿轮减速器		25～75	200	用于输入轴与输出轴相交而传动比较大的传动。其他与两级锥齿轮-圆柱齿轮减速器相同
蜗杆减速器	单级蜗杆减速器 (a)蜗杆下置式 (b)蜗杆上置式		7～40	80	传动比大,结构紧凑,但传动效率低,用于中小功率,输入轴与输出轴垂直交错的传动。下置式蜗杆减速器润滑条件较好,应优先选用。当蜗杆圆周速度太高时,搅油损失大,应用上置式蜗杆。此时蜗轮齿浸油润滑,但蜗杆轴承润滑较差
	两级蜗杆减速器		300～800	3600	传动比很大,结构紧凑,但效率很低,用于小功率、传动比大而结构紧凑的场合
蜗杆-齿轮减速器			60～90	480	传动比较单级蜗杆减速器大,较两级蜗杆减速器小,但效率较两级蜗杆减速器高

二、传动形式的合理布置

采用几种传动形式组成多级传动时，要合理布置其传动顺序，通常考虑以下几点。

（1）带传动的承载能力较低，传递相同转矩时，结构尺寸较其他传动形式大，但传动平稳，能缓冲减振，因此宜布置在高速级（转速较高，在传递相同功率时转矩较小）。

（2）链传动运转不均匀，有冲击，不适用高速传动，应布置在低速级。

（3）蜗杆传动可以实现较大的传动比，传动平稳，但效率较低，适于中小功率、间歇运转的场合。当与齿轮传动同时布置时，最好布置在高速级，使传递的转矩较小，以减小蜗轮尺寸，节约有色金属，而且有较高的齿面相对滑动速度，以利于形成润滑油膜，提高效率，延长使用寿命。

（4）锥齿轮的加工比较困难，特别是大尺寸的锥齿轮，故锥齿轮传动一般应放在高速级，以减小其直径和模数。但是，当锥齿轮的转速过高时，还应考虑锥齿轮能否达到制造精度要求及成本问题。

（5）斜齿圆柱齿轮传动的平稳性较直齿圆柱齿轮传动好，常用在高速级或要求传动平稳的闭式传动中。此外，开式齿轮传动的工作环境一般较差，润滑条件不好，磨损较严重，寿命较短，应布置在低速级。

三、传动装置的传动方案

合理的传动方案首先应满足机器的工作要求，如所传递的功率及要求的转速。此外，还应保证机器的工作性能和可靠性，具有较高的传动效率、工艺性好、结构简单、成本低廉、结构紧凑和使用维护方便等。但同时达到这些要求是不容易的，因此在设计过程中，往往需要拟订多种方案以进行技术经济分析和比较。

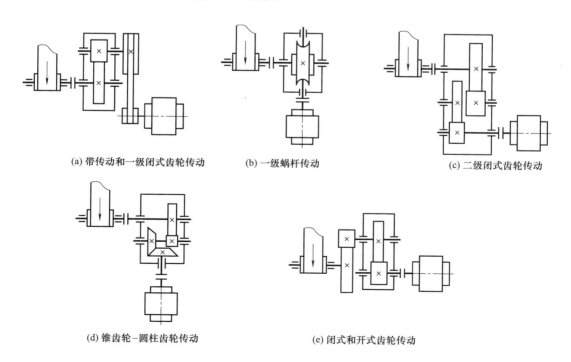

(a) 带传动和一级闭式齿轮传动　　　　(b) 一级蜗杆传动　　　　(c) 二级闭式齿轮传动

(d) 锥齿轮-圆柱齿轮传动　　　　(e) 闭式和开式齿轮传动

图 2-3　带式输送机的传动方案简图

图 2-3 给出了带式输送机的 5 种传动方案简图。在这 5 种传动方案中，除图 2-3（b）所示方案采用一级蜗杆传动外，其他均为二级减速传动。由于采用了不同类型的传动机构，因此各有其特点。图 2-3（a）所示方案选用了带传动和闭式齿轮传动。带传动布置在高速级，能发挥它的传动平稳、缓冲吸振和过载保护的优点。但是带传动一般不宜在易燃易爆场合下工作。该传动方案的宽度较大，带传动也不适应恶劣的工作环境。图 2-3（b）所示方案的结构紧凑，可实现较大的传动比。但由于蜗杆传动效率低，功率损失大，用于长期连续运转场合很不经济。图 2-3（c）所示方案的宽度虽然也较大，但采用了闭式齿轮传动，可得到良好的润滑与密封，能适应在繁重及恶劣的条件下长期工作，使用维护方便。图 2-3（d）所示方案可实现垂直轴传动，并且宽度尺寸比图 2-3（c）所示方案小，更适合布置在较窄的通道中，但加工锥齿轮比圆柱齿轮困难，成本也相对较高。图 2-3（e）所示方案采用了开式齿轮传动，成本也较图 2-3（c）所示方案低，适用于繁重的工作条件，但多尘的工作环境对开式齿轮的寿命有影响。上述各种方案应根据机器的具体情况，如机械系统的总传动比大小、载荷大小、性质，各机构的相对位置，工作环境，对整机结构要求等分析确定。

第三节　机械系统运动简图

机械系统运动简图反映了机械运动和动力的传递路线，以及各部件组成的连接关系。绘制机械系统运动简图时，首先应根据机器的功能要求，考虑功能参数及约束条件拟出一系列执行机构的运动方案，并根据机构类型选择的一般要求对机构进行分析、对比，从中选出最佳方案；然后再拟定出传动机构运动方案，并根据机器动力、运动和其他要求，结合各种传动机构的特点及适用范围，分析比较，合理选择；最后将执行机构和传动机构结合起来而成为机械系统运动方案。机械系统运动简图通常要选择与构件运动平行的平面，用规定的符号绘制。

【例 2-1】 拟订冲压机机械系统运动简图。

1. 原始参数和设计要求

（1）冲压机每小时冲压 3000 个零件。

（2）根据冲压机阻力，要求电动机额定功率为 4kW。

（3）要求电动机与执行机构入轴平行，传动系统有过载保护作用。

（4）要求性能良好，结构简单、紧凑，节省动力，寿命长，便于制造。

2. 拟订执行机构运动方案

冲压机执行机构运动方案设计如图 2-1 所示。

3. 电动机的选择

选择常用同步转速为 1500r/min 的电动机，根据电动机的额定功率查表 10-6 得其额定转速 $n_{ed} = 1440r/min$。根据冲压机的生产率，曲柄每转一周，冲压一个零件，则曲柄的转速为

$$n_{ed} = \frac{3000}{60} r/min = 50r/min$$

传动系统总传动比为

$$i = \frac{n_{ed}}{n_w} = \frac{1440}{50} = 28.8$$

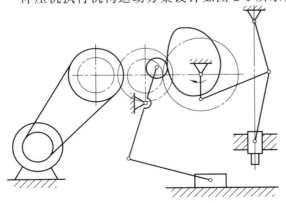

图 2-4　冲压机机械系统运动简图

4. 传动系统方案拟订

冲压机设计要求有过载保护，故考虑在传动系统中采用带传动；设计又要求电动机轴与执行机构输入轴平行，且传动系统传动比较大，考虑采用二级圆柱齿轮传动。按表 2-4 推荐的传动比范围，带传动比 i_b ＝ 2～4，圆柱齿轮传动比 i_g ＝ 3～5，则传动系统总传动比的范围 i' ＝ $i_b i_g^2$ ＝ $(2～4) \times (3^2～5^2)$ ＝ 18～100 要求的总传动比 i 在传动系统总传动比 i' 的范围内，可见传动系统采用带传动与二级圆柱齿轮传动是可行的。否则应调整电动机的转速或增减传动的级数。

5. 绘制机械系统运动简图

根据前面的分析，冲压机机械系统运动简图如图 2-4 所示。

第四节　执行机构的运动与动力学分析

一、执行机构构件几何尺寸确定

执行机构应在满足机械功能要求的条件下尽可能紧凑。确定构件尺寸时应满足机械的运动速度、行程和行程速度变化系数等运动要求和传动角等动力要求。确定构件尺寸可用图解法或解析法。一般尺规作图求解简单、直观，但精度较低。运用 AutoCAD 等软件作图可以提高设计精度。解析法精度高，但一般需要编程，应用不方便。

二、执行机构的运动分析

机构的运动分析主要是对执行构件的位移、速度和加速度等进行分析。这有利于检查执行机构的运动是否满足运动要求，分析机构的运动性能。机构运动分析可用解析法和图解法。解析法速度快、精度高，特别适用于分析机构各个位置的运动情况，了解运动参数随机构位置的变化。解析法应根据机构的不同类型分别建立运动方程，再通过编程求解。

三、执行机构的动力学分析

机构动力学分析的目的是确定机构中各构件所受载荷，它是分析机械动力性能、进行零件强度计算、确定零件结构尺寸及原动机功率等的重要依据。分析方法可用图解法或解析法。如果机构的速度较低，图解法分析时可略去构件的惯性力和惯性力矩，即只对机构进行静力分析。由于机构中构件所受载荷与原动件方位（如曲柄转角）有关，故图解法分析较烦琐。解析法有多种，常用的是矢量方程法和矩阵法，需要通过编程求解。机构运动学和动力学分析的结果一般以表格或图线的形式给出。

随着计算机技术的发展和各种大型应用软件的开发，机构运动学和动力学分析软件已经达到了较高的水平，不需要设计者编程，就能解决机构分析的问题。如美国 MDI 公司开发的机械系统运动学和动力学分析通用软件 ADAMS，只要设计者建立了机构的分析模型，就能对机构进行运动学和动力学分析与仿真。

第五节　电动机的选择

电动机一般由专业工厂按标准系列成批大量生产。在机械设计中，根据工作载荷（大小与性质）、工作要求（转速高低、允许偏差和调速要求、启动和反转频繁程度）、工作环境（尘土、金属屑、油、水、高温等）、安装要求及尺寸、重量有无特殊限制等条件从产品目录中选择电动机的类型和结构形式、容量（功率）和转速，并确定其具体型号。

一、选择电动机的类型和结构形式

1. 根据机械设备的负载性质选择电动机类型

（1）一般调速要求不高的生产机械应优先选用交流电动机。负载平稳、长期稳定工作的设备，如切削机床、水泵、通风机、轻工业用器械及其他一般机械设备，一般选用笼型三相异步电动机。

（2）启动、制动较频繁及启动、制动转矩要求较大的生产机械，如起重机、矿井提升机、不可逆轧钢机等，一般选用绕线转子异步电动机。

（3）对要求调速不连续的生产机械，可选用多速笼型电动机。

（4）要求调速范围大、调速平滑、位置控制准确、功率较大的机械设备，如龙门刨床、高精度数控机床、可逆轧钢机、造纸机等，多选用他励直流电动机。

（5）要求启动转矩大、恒功率调速的生产机械选用串励或复励直流电动机。

（6）要求恒定转速或改善功率因数的生产机械，如大中容量空气压缩机、各种泵等，可选用同步电动机。

（7）特殊场合下使用的电动机，如有易燃易爆气体存在或尘埃较多时，宜选用防护等级相宜的电动机。

（8）要求调速范围很宽，调速平滑性不高时，选用机电结合的调速方式比较经济合理。

2. 根据电动机的工作环境选择电动机类型

电动机的工作环境不同，应选择不同的防护形式。其防护形式有开启式（防护标志为IP11）、防护式（IP22、IP23）、封闭式（IP44）和防爆式4种。

（1）开启式电动机在定子两侧与端盖上有较大的通风口，散热条件好，价格便宜，但水气、尘埃等杂物容易进入，因此只在清洁、干燥的环境下使用。

（2）封闭式电动机又可分为自扇冷式、他扇冷式和密封式三种。前两种可在潮湿、多尘埃、高温、有腐蚀性气体或易受风雨的环境中工作；第三种可浸入液体中使用。

（3）防护式电动机在机座下方开有通风口，散热较好，能防止水滴、铁屑等杂物从上方落入电动机，但不能防止尘埃和潮气入侵，所以适宜于较清洁干净的环境中。

（4）防爆式电动机适用于有爆炸危险的环境中，如油库、矿井等。

同一类型的电动机，安装方式有卧式和立式两种，卧式电动机的价格较立式的便宜，所以通常情况下多选用卧式电动机，一般只在为简化传动装置且必须垂直运转时才选用立式电动机。

Y系列三相交流异步电动机适用于不易燃、不易爆、无腐蚀性气体的场合和要求具有较好启动性能的机械中，如金属切削机床、风机、运输机和农业机械等。由于Y系列电动机具有较好的启动性能，因此也适用于某些对启动转矩有较高要求的机械，如压缩机等。YB2系列隔爆型异步电动机具有效率高、堵转转矩高、隔爆结构先进合理、温升裕度大、安全可靠、性能优良等优点。此系列电动机采用全封闭外表轴向自扇冷却，适用于具有引燃温度组别分别为T1~T4组的可燃性气体或蒸气与空气形成的爆炸性混合物的场所。Y、YB2系列电动机技术参数见表10-4~表10-7，其他类型电动机的性能特点请查有关设计手册。

二、选择电动机的容量

电动机的容量（额定功率）选得合适与否，对电动机的工作和经济性都有影响。容量小于工作要求，则不能保证机器正常工作，或使电动机长期过载、发热而过早损坏。容量过大，则电动机价格高，能力又不能充分利用。由于经常不在满载下运行，效率和功率因数都较低，造成很大的浪费。

电动机的容量主要根据运行时发热条件决定，额定功率是连续运转下电动机发热不超过许用温度的最大功率，额定转速是指负荷相当于额定功率时的电动机的转速，同一类型电动机，按额定功率和转速的不同，具有一系列型号。对于长期连续运行的机械，要求所选电动机的额定功率 P_{ed} 应大于或等于电动机所需的功率 P_n，即 $P_{ed} \geqslant P_n$。通常可不必校验发热和启动力矩。

电动机所需的输出功率为

$$P_n = \frac{P_w}{\eta} \tag{2-1}$$

式中，P_w 为工作机所要求的输入功率，kW；η 为由电动机至工作机的总效率。

工作机要求功率 P_w 应由机器工作阻力和运动参数计算求得，在课程设计中，通常由设计任务书给定，按下式计算

$$P_w = \frac{Fv}{1000\eta_w} \tag{2-2}$$

或

$$P_w = \frac{T_w n_w}{9550\eta_w} \tag{2-3}$$

式中，F 为工作机的阻力，N；v 为工作机的线速度，m/s；T_w 为工作机的阻力矩，(N·m)；n_w 为工作机的转速，r/min；η_w 为工作机的效率。

对于工作机主动件上的力矩是变化的机械，可根据工作阻力求出主动件上所需的最大力矩，并按式（2-3）计算工作机功率，最大力矩的求解见本章机构动力分析的内容。

由电动机至工作机之间的传动装置总效率按下式计算。

$$\eta = \eta_1 \eta_2 \eta_3 \cdots \eta_n \tag{2-4}$$

式中，η_1、η_2、η_3、$\cdots$、η_n 分别为传动装置中每一传动副（齿轮、蜗杆、带或链传动等）、每对轴承及每个联轴器的效率。各种机械传动的效率概略值见表 10-3。

计算传动装置总效率时应注意以下几点。

（1）所取传动副效率中是否包括其轴承效率，如已包括，则不再计入轴承效率。

（2）轴承效率系指一对轴承而言的。

（3）同类型的几对传动副、轴承或联轴器要写成幂指数形式，例如双级圆柱齿轮传动，其齿轮传动效率为 η_g^2。

对于特殊工作条件下使用的电动机，其容量的选择应参考有关资料。

三、确定电动机的转速

容量相同的同类型的电动机，有不同的转速供设计者选用。低转速电动机的磁极对数多，外廓尺寸及重量都较大，价格高，但可使传动装置的传动比及结构尺寸都比较小，从而降低传动装置成本；高转速电动机则相反。因此，在确定电动机转速时，应与传动装置综合考虑，进行比较。

为使传动装置设计合理，可以根据工作转速要求和各传动副的合理传动比范围推算电动机转速的可选范围，即

$$n_d = i_a' n_w = (i_1' i_2' i_3' \cdots i_n') n_w \tag{2-5}$$

式中，n_d 为电动机可选转速范围，r/min；i_a' 为传动装置总传动比的合理范围；i_1'、i_2'、

i'_3、…、i'_n为各级传动副传动比的合理范围（表2-4）；n_w为工作机的转速，r/min。

设计中常选用同步转速为1000r/min或1500r/min的电动机，如无特殊要求，一般不选用转速为750r/min和3000r/min的电动机。

根据选定的电动机类型及所需的容量和转速可查出电动机的型号和主要技术数据，Y系列三相异步电动机的技术数据及外形尺寸见表10-7和表10-8。查出后将其型号、性能参数和主要尺寸列表备用，见表2-6。

表 2-6　电动机的型号及主要尺寸

型号	额定功率 P_{ed}/kW	额定转速 $n_{ed}/(r/min)$	同步转速 $n/(r/min)$	电动机中心高度 H/mm	外伸轴直径和长度 $D \times E/(mm \times mm)$

第六节　传动装置的总传动比及分配

电动机选定后，根据电动机的额定转速 n_{ed} 及工作机转速 n_w 即可确定传动装置的总传动比为

$$i = \frac{n_{ed}}{n_w} \tag{2-6}$$

总传动比 i 与各级传动比 i_1、i_2、i_3、…、i_n 的关系为

$$i = i_1 i_2 i_3 \cdots i_n \tag{2-7}$$

合理分配传动比，是传动装置设计中的一个重要问题，它将直接影响到传动装置的外廓尺寸、重量、润滑，以及减速器的中心距等很多方面。分配传动比主要应考虑以下几点。

（1）传动的传动比最好在推荐范围内选取，不应超过允许的最大值，见表2-4。

（2）充分发挥各级传动的承载能力，注意使各级传动件尺寸协调、结构匀称合理，避免各零件的干涉及安装不便。如图2-5所示，由于高速级传动比过大，使高速级大齿轮直径过大，而与低速级的轴相碰。

（3）考虑带传动的传动比大小对总体结构的影响，如传动比过大，则大带轮直径过大，与减速器总体尺寸相比不匀称，甚至与机座相干涉。推荐取其传动比 $i_b \leqslant 2.8$。

（4）应使传动装置的外廓尺寸尽可能紧凑。如图2-6所示的二级圆柱齿轮减速器的两种方案，其总中心距相同，总传动比相同，由于传动比分配不同，其外廓尺寸就有差别。图中实线所示方案具有较小的外廓尺寸。

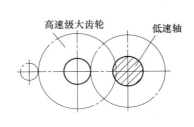

图 2-5　零件互相干涉

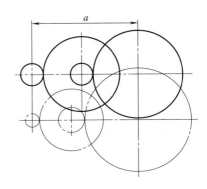

图 2-6　传动比分配不同的外廓尺寸比较

（5）在卧式齿轮减速器中，常使各级大齿轮直径相近，以使齿轮浸油深度大致相等，便于齿轮浸油润滑。由于低速级齿轮的圆周速度较低，一般其大齿轮直径稍大一些，浸油可稍深一些。

（6）总传动比分配还要考虑载荷性质。对平稳载荷，各级传动比可取简单的整数；对周期性变动载荷，为防止零件局部磨损严重，啮合传动的传动比应尽量取成小数。对标准减速器，各级传动比按标准分配。对非标准减速器，可参考下述数据分配传动比。

① 在二级圆柱齿轮减速器中，通常应使各级大齿轮直径相近，以便各级齿轮都能实现浸油润滑，避免某一级大齿轮浸不到油，另一级大齿轮又浸油过深而增加搅油损失。对于展开式二级圆柱齿轮减速器，一般可取传动比 $i_1 \approx (1.3 \sim 1.4) i_2$，$i_1$、$i_2$ 分别为高、低速级传动比。对于二级同轴式减速器，常近似取 $i_1 \approx i_2$。

② 对于锥齿轮-圆柱齿轮减速器，可取锥齿轮传动比为 $i_2 = 0.25i$（i 为减速器的总传动比，当 i 较小时，i_1 应略大一些），并应使 $i_1 \leqslant 3$，最大允许 $i_1 < 4$。

③ 对于蜗杆-齿轮减速器，可取齿轮传动比 $i_2 = (0.03 \sim 0.06)i$。

④ 对于二级蜗杆减速器，为了使其结构紧凑，应使 $a_2 \approx 2a_1$，这时可取 $i_1 = i_2 = \sqrt{i}$。

传动装置的实际传动比由于受到如齿轮齿数、标准带轮直径等因素的限制，因而与要求的传动比常有一定的差异。一般情况下，只要所选用的传动比使工作机的实际转速与要求转速的相对误差在 ±5% 范围内即可。

第七节　传动装置的运动和动力参数计算

传动装置的运动和动力参数，主要是指传动装置中各轴的转速、输入功率和输入转矩。它们是进行传动件设计计算的重要依据。现以图 2-7 所示的二级圆柱齿轮减速器传动装置为例，说明机械传动装置的运动和动力参数计算。

设 n_1、n_2、n_3 和 n_w 分别为 1、2、3 轴和工作机轴的转速。P_1、P_2、P_3 和 P_w 分别为 1、2、3 轴和工作机轴的输入功率。T_1、T_2、T_3 和 T_w 分别为 1、2、3 轴和工作机轴输入转矩。i_1、i_2、i_3 和 i_4 分别为电动机轴至 1 轴、1 轴至 2 轴、2 轴至 3 轴和 3 轴至工作机轴之间的传动比（本例 $i_1 = 1$，$i_4 = 1$），η_1、η_2、η_3 和 η_4 分别为电动机轴至 1 轴、1 轴至 2 轴、2 轴至 3 轴和 3 轴至工作机轴之间的传动效率，则传动装置的运动和动力参数计算如下。

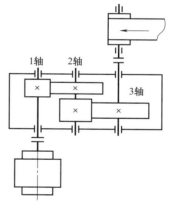

图 2-7　二级圆柱齿轮减速器
传动装置

一、各轴转速 n(r/min)

$$
\begin{cases}
n_1 = \dfrac{n_{\text{ed}}}{i_1} \\[2mm]
n_2 = \dfrac{n_1}{i_2} = \dfrac{n_{\text{m}}}{i_1 i_2} \\[2mm]
n_3 = \dfrac{n_2}{i_3} = \dfrac{n_{\text{ed}}}{i_1 i_2 i_3} \\[2mm]
n_4 = \dfrac{n_3}{i_{\text{w}}} = \dfrac{n_{\text{m}}}{i_1 i_2 i_3 i_4}
\end{cases}
\tag{2-8}
$$

式中，n_{ed} 为电动机的额定转速（r/min）。

二、各轴功率 P（kW）

$$\begin{cases} P_1 = P_n \eta_1 = P_n \eta_c \\ P_2 = P_1 \eta_2 = P_n \eta_c \eta_r \eta_g \\ P_3 = P_2 \eta_3 = P_n \eta_c \eta_r^2 \eta_g^2 \\ P_w = P_3 \eta_4 = P_n \eta_c \eta_r^3 \eta_g^2 \eta_c' \end{cases} \quad (2\text{-}9)$$

式中，P_n 为电动机输出功率，kW；η_c 为电动机和 1 轴之间联轴器的效率；η_r 为一对滚动轴承的效率；η_g 为一对齿轮传动的效率；η_c' 为 3 轴和工作机轴之间联轴器的效率。

三、各轴转矩 T（N·m）

$$\begin{cases} T_1 = 9550 \dfrac{P_1}{n_1} \\[2mm] T_2 = 9550 \dfrac{P_2}{n_2} \\[2mm] T_3 = 9550 \dfrac{P_3}{n_3} \\[2mm] T_w = 9550 \dfrac{P_w}{n_w} \end{cases} \quad (2\text{-}10)$$

这里需要指出，上述公式计算适用于小批生产的专用机器，故用电动机的实际输出功率 P_n 作为设计功率；如为大批生产的通用机器，则应用电动机的额定功率 P_{ed} 作为设计功率，即将上式中的 P_n 改用 P_{ed} 计算，显然后者计算偏于安全。

将以上计算结果，填入表 2-7 中供设计计算使用。

表 2-7　传动装置运动和动力参数计算结果

参数　＼　轴名	电动机轴	1 轴	2 轴	3 轴	工作机轴
转速 $n/(\text{r/min})$					
功率 P/kW					
转矩 $T/(\text{N·m})$					
传动比 i					
效率 η					

【**例 2-2**】　图 2-8 所示为一带式输送机的运动简图。已知输送带的有效拉力 $F = 3000\text{N}$，输送带速度 $v = 1.5\text{m/s}$，鼓轮直径 $D = 400\text{mm}$，工作机效率取 $\eta_w = 0.94$。在室内常温下长期连续工作，载荷平稳，单向运转。三相交流电源，电压 380V。试按所给运动简图和条件，选择合适的电动机；计算传动装置的总传动比，并分配各级传动比；计算传动装置的运动和动力参数。

解：

1. 选择电动机

（1）选择电动机类型　按已知工作条件和要求，选用 Y 系列一般用途的三相异步电

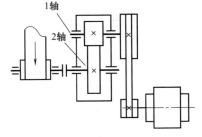

图 2-8　带式输送机的运动简图

动机。

（2）选择电动机的容量　工作机所需功率按式（2-2）计算

$$P_\mathrm{w}=\frac{Fv}{1000\eta_\mathrm{w}}$$

式中，$F=3000\mathrm{N}$，$v=1.5\mathrm{m/s}$，工作机的效率 $\eta_\mathrm{w}=0.95$，代入上式得

$$P_\mathrm{w}=\frac{Fv}{1000\eta_\mathrm{w}}=\frac{3000\times1.5}{1000\times0.95}=4.74\mathrm{kW}$$

电动机的输出功率按式（2-1）计算。

$$P_\mathrm{n}=\frac{P_\mathrm{w}}{\eta}$$

式中，η 为电动机至工作机轴的传动装置总效率。

由式（2-4）可知，$\eta=\eta_\mathrm{b}\eta_\mathrm{g}\eta_\mathrm{r}^2\eta_\mathrm{c}$。由表 10-3，取 V 带传动效率 $\eta_\mathrm{b}=0.95$；滚动轴承效率 $\eta_\mathrm{r}=0.99$；8 级精度齿轮传动（稀油润滑）效率 $\eta_\mathrm{g}=0.97$；联轴器效率 $\eta_\mathrm{c}=0.98$，则总效率

$$\eta=0.95\times0.97\times0.99^2\times0.98=0.885$$

故

$$P_\mathrm{n}=\frac{P_\mathrm{w}}{\eta}=\frac{4.74}{0.885}=5.35\mathrm{kW}$$

$$n_\mathrm{w}=\frac{6\times10^4v}{\pi D}=\frac{6\times10^4\times1.5}{3.14\times400}\mathrm{r/min}=71.66\mathrm{r/min}$$

因载荷平稳，电动机额定功率 P_ed 副只需略大于 P_n 即可。查表 10-6 中 Y 系列电动机技术数据，选电动机的额定功率 P_ed 为 5.5kW。

（3）确定电动机转速工作机轴转速

$$n_\mathrm{w}=\frac{6\times10^4v}{\pi D}=\frac{6\times10^4\times1.5}{3.14\times400}\mathrm{r/min}=71.66\mathrm{r/min}$$

按表 2-4 推荐的各级传动的传动比范围：V 带传动比范围 $i_\mathrm{b}'=2\sim4$，单级圆柱齿轮传动比范围 $i_\mathrm{g}'=3\sim5$，则总传动比范围为 $i_\mathrm{a}'=(2\times3)\sim(4\times5)=6\sim20$，可见电动机转速可选范围为 $n_\mathrm{d}'=i_\mathrm{a}'n_\mathrm{w}=(6\sim20)\times71.66\mathrm{r/min}=430.0\sim1433.2\mathrm{r/min}$。

符合这一范围的同步转速有 750r/min、1000r/min 两种，考虑重量和价格，由表 10-6 选常用的同步转速为 1000r/min 的 Y 系列异步电动机，型号为 Y132M2-6，其额定转速 $n_\mathrm{ed}=960\mathrm{r/min}$。电动机其他尺寸可查表 10-7，结果填入表 2-2 中，此处从略。

2. 计算传动装置的总传动比和分配各级传动比

（1）传动装置总传动比

$$i=\frac{n_\mathrm{ed}}{n_\mathrm{w}}=\frac{960}{71.66}=13.40$$

（2）分配传动装置各级传动比由图 2-8 可知，$i_\mathrm{b}=2.8$，为使带传动的外廓尺寸不致过大，取传动比 $i_\mathrm{b}=2.8$，则齿轮传动比

$$i_\mathrm{g}=\frac{i}{i_\mathrm{b}}=\frac{13.4}{2.8}=4.78$$

3. 计算传动装置的运动和动力参数

（1）各轴转速

1 轴转速 $\qquad n_1=\frac{n_\mathrm{ed}}{i_\mathrm{b}}=\frac{960}{2.8}\mathrm{r/min}=342.86\mathrm{r/min}$

2 轴转速
$$n_2 = \frac{n_{ed}}{i_g} = \frac{342.86}{4.78} \text{r/min} = 71.66 \text{r/min}$$

（2）各轴功率

1 轴功率
$$P_1 = P_n \eta_b = 5.35 \times 0.95 \text{kW} = 5.08 \text{kW}$$

2 轴功率
$$P_2 = P_1 \eta_r \eta_g = 5.08 \times 0.99 \times 0.97 \text{kW} = 4.88 \text{kW}$$

工作机轴功率
$$P_w = P_2 \eta_r \eta_c = 4.88 \times 0.99 \times 0.98 \text{kW} = 4.74 \text{kW}$$

（3）各轴转矩

电动机轴转矩
$$T_0 = 9550 \frac{P_n}{n_{ed}} = 9550 \times \frac{5.35}{960} \text{N} \cdot \text{m} = 53.22 \text{N} \cdot \text{m}$$

1 轴转矩
$$T_1 = 9550 \frac{P_1}{n_1} = 9550 \times \frac{5.08}{342.86} \text{N} \cdot \text{m} = 141.50 \text{N} \cdot \text{m}$$

2 轴转矩
$$T_2 = 9550 \frac{P_2}{n_2} = 9550 \times \frac{4.88}{71.66} \text{N} \cdot \text{m} = 650.5 \text{N} \cdot \text{m}$$

工作要转矩
$$T_w = 9550 \frac{P_w}{n_w} = 9550 \times \frac{4.74}{71.66} \text{N} \cdot \text{m} = 631.69 \text{N} \cdot \text{m}$$

计算结果填入表 2-7 中，以便设计传动零件时使用。

第三章 传动零件设计计算

传动零件是各种机械传动装置的核心部分，轴、箱体等其他起支承、连接作用零件的尺寸和结构将决定于传动零件的大小和数量。在传动装置总体设计完成后，为了给装配图的绘制准备条件，应先进行传动件的设计计算，确定各级传动零件的参数和主要尺寸，然后才根据运动简图，绘制装配草图，设计出轴、箱体等其他零件。

传动零件的设计计算方法，机械设计教材中已有详细的论述，本书不再重复。下面仅就课程设计中应注意的一些问题作简要的说明。

第一节 传动零件设计计算要点

（1）一般应该先进行减速器外传动零件的设计计算，使随后设计减速器内传动零件时，有较准确的原始条件。例如带轮直径标准化后，带传动的实际传动比已与总体设计时不同了，据此可以计算出减速器的传动比和各轴转矩的准确值。

（2）传动零件的参数和结构尺寸的确定，要本着由粗到细的原则，分阶段完成。在本阶段，只确定与装配草图的绘制有关以及与设计其他零件有关的主要参数和结构尺寸。例如对于圆柱齿轮传动，主要确定模数、齿数、螺旋角、分度圆、齿顶圆和齿根圆的直径、齿宽及中心距等。传动零件其他部分尺寸（如轮毂、轮辐等结构尺寸），应留在装配草图或零件图设计过程中确定。

（3）圆柱齿轮的传动中心距通常应不小于 105mm，以免减速器上轴承端盖之间相干涉；二级圆柱齿轮传动中心距之和通常不宜大于 330mm，以利于采用 1∶1 的比例绘图。

（4）要注意传动零件与其他零件的装配和结构协调关系。如带传动的带轮装到减速器轴上后是否会与机座相碰；高速级和低速级的大齿轮浸油深度是否合适；高速级大齿轮与低速轴是否干涉。

（5）对于计算结果，应分不同情况进行取标准值、圆整或保持其精确数值。例如 V 带长度、链条节距、齿轮模数、蜗杆直径必须取标准值。而轮毂长度、齿宽、蜗杆长度等结构尺寸，为了便于制造和测量，应加以圆整。对于节圆、分度圆和齿顶圆直径，螺旋角，分度圆锥角，锥顶距等啮合尺寸则应求出精确值。尺寸应精确到小数点后三位，角度应精确到秒。

（6）斜齿圆柱齿轮的传动中心距应取尾数为 0 或 5 的整数，至少应取为整数。

（7）传动件设计结束，应验算设计题目所要求的速度（转速）误差是否在允许范围内。

第二节 传动零件设计计算中的数据处理

下面以斜圆柱齿轮传动为例说明设计结果的处理，设计方法和详细步骤详见机械设计教材。

（1）取闭式软齿面小齿轮的齿数 $z_1 = 23$，$z_2 = i\,z_1 = 3.38 \times 23 = 77.74$，取 $z_2 = 78$，初选螺旋角度 $\beta = 10°$。

（2）按接触强度设计 $d_1 \geqslant 66.78\text{mm}$，则齿轮的模数为

$$m_n = \frac{d_1 \cos\beta}{z_1} = \frac{66.78 \times \cos 10°}{23}\text{mm} = 2.86\text{mm}$$

按第一系列取模数 $m_n = 3\text{mm}$（模数若与第二系列接近，也可选择第二系列的模数）。

（3）确定中心距和螺旋角

$$a = \frac{m_n(z_1 + z_2)}{2\cos\beta} = \frac{3 \times (23 + 78)}{2 \times \cos 10°}\text{mm} = 153.84\text{mm}$$

圆整中心距，取 $a = 155\text{mm}$。

$$\beta = \arccos\frac{m_n(z_1 + z_2)}{2a} = \arccos\frac{3 \times (23 + 78)}{2 \times 155} = 12°11'57''$$

（4）计算分度圆直径和齿宽

$$d_1 = \frac{3 \times 23}{\cos 12°11'57''}\text{mm} = 70.594\text{mm}$$

$$d_2 = \frac{3 \times 78}{\cos 12°11'57''}\text{mm} = 239.406\text{mm}$$

$$b = \Phi_d d_1 = 0.9 \times 70.59\text{mm} = 63.535\text{mm}$$

取大齿轮的齿宽 $b_2 = 65\text{mm}$，小齿轮的齿宽 $b_1 = b_2 + (5 \sim 10)\text{mm} = 70 \sim 75\text{mm}$，取 $b_1 = 70\text{mm}$。

第四章 减速器装配草图设计

装配图是在机器设计、生产及维修等各阶段不可缺少的重要技术文件。装配图不仅表明机器的工作原理，而且反映出机器中主要零部件的组成关系、结构形状和尺寸要求。减速器是工业产品中广泛应用的速度转换装置，设计时应综合考虑整机及其零部件的工作条件、材料使用、强度及刚度、生产工艺、装拆操作、调整方法以及润滑和密封等要求，协调各零部件的结构尺寸和相互位置关系，同时还要对其外观造型、成本核算等方面给予足够的重视。在设计的初始阶段，所有这些思考和理念都是以减速器的装配草图为基础反映出来的。可以说，装配草图是原始设计思想的集中体现，必须给予足够的重视。由于绘制装配草图与设计构思过程是同步的，因此通常采取边绘图、边计算、边修改的方法逐步进行，一般可分为三个阶段，即装配草图设计的准备阶段、初绘装配草图及主要承载零件（键、轴与轴承等）校核阶段、完成装配草图及检查修改阶段。

第一节　装配草图设计的准备阶段

在画装配草图之前，首先应该认真阅读设计任务书，明确要进行的工作及相关要求，并有针对性地准备设计手册、图册等相关技术资料。如果有计算机编程、绘图或造型等方面的要求，还应该准备好相关计算机软件的参考文献。然后，通过观察或拆装减速器实物、观看有关音像资料、阅读减速器装配图，进一步了解各有关零部件的功用、结构和制造工艺，做到对设计内容心中有数。在此基础上，根据设计任务书中的具体要求和技术数据，按照前一阶段教学过程中及本书介绍的方法，选择、确定、计算有关零部件的结构形式和尺寸参数。具体内容如下。

（1）选择电动机型号，确定其外伸轴的直径、长度和中心高等。

（2）确定各级传动的传动比大小和各轴的转速、功率等运动及动力参数。

（3）计算与装配草图设计相关的传动零件的主要尺寸参数，如齿轮传动的中心距、分度圆直径、齿顶圆直径及齿宽等，带、链传动的中心距、带（链）轮外圆直径、轮缘宽等。这些零件的其他具体结构尺寸可暂不确定。

（4）初估轴径。为了绘制轴和轴承部件的结构，一般按许用扭转切应力的计算方法先初步估算轴径，常用的估算公式为

$$d \geqslant C \sqrt[3]{\frac{P}{n}}$$

式中，P 和 n 分别为该轴的功率（kW）和转速（r/min）；C 为计算常量，可根据轴的材料选取，对于 Q235、20 钢取 $C=160 \sim 135$，Q275、35 钢取 $C=135 \sim 118$，45 钢取 $C=118 \sim 107$，40Cr、35SiMn 等取 $C=107 \sim 98$，建议高速轴取偏大值，低速轴取偏小值，外伸端轴取偏大值。

初估轴径 d 常作为轴的最小直径。对于有键槽的轴段，轴径要相应加大，单键增大 3%，双键增大 7%，也可以参考主要参数类似的减速器来确定。

如果初估轴径 d 是外伸轴段的直径，并用联轴器与电动机或工作机的轴连接，则轴段

直径与长度必须满足联轴器的尺寸要求。若外伸轴段上安装带轮、开式齿轮等传动件，则估算轴径时应尽可能取标准值（表10-9），轴段长度可参考传动件结构尺寸荐用值确定。

（5）选择联轴器型号。通常减速器的高速轴宜选用弹性联轴器，低速轴宜选用刚性联轴器，其型号应根据转矩、转速和对孔径的要求确定。联轴器的种类、型号和主要结构尺寸可参见表15-1～表15-6。

（6）选择减速器箱体的结构方案。根据结构及制造方法等不同，减速器箱体一般有剖分式、整体式、铸造式、焊接式、卧式和立式等多种形式。铸造箱体一般用灰铸铁制造，刚性好，加工方便，尤其适用于形状较复杂的箱体，应用较广。图4-1和图4-2所示的减速器均采用铸造箱体。焊接箱体是由钢板焊接而成的（图4-3），重量较轻，但焊接时易产生变形，多用于单件小批量生产。传动件轴线位于剖分面内的剖分式箱体为齿轮减速器所广泛采用，也有少数减速器使用整体式箱体。一般情况下，为便于制造、装配及运动零部件的润滑，减速器多选用铸造的卧式剖分箱体。

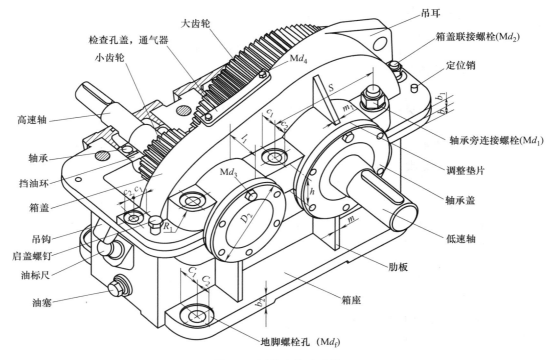

图 4-1　圆柱齿轮减速器

（7）选择轴承类型及润滑方式。闭式减速器中一般采用滚动轴承，直齿轮轴常选用深沟球轴承，斜齿轮轴应选用角接触球轴承或圆锥滚子轴承。轴承的润滑方式根据浸油零件的圆周速度 v 而定。由于 $v < 2m/s$ 时，实现油润滑比较困难，因此常采用脂润滑；而当 $v \geq 2m/s$ 时，则可采用油润滑。此外，闭式减速器中的齿轮等传动件常采用油浴润滑。

（8）选择轴承盖的结构形式。轴承盖一般有凸缘式和嵌入式两种。凸缘式轴承盖（图4-6和表17-4）的装拆和轴承间隙调整比较方便，应用较广；嵌入式轴承盖（图4-9和表17-3）省去了螺钉连接，使减速器外观显得简洁整齐，但加工较复杂，轴承间隙调整不便。

（9）确定轴承组合结构方案。合理选择滚动轴承组合结构方案，是保证轴承正常工作的重要步骤，要在认真分析轴承工作条件后进行。齿轮轴一般采用两端单向固定的组合结构。

以上工作完成后，即可转入装配图草图的初绘阶段。图4-1、图4-2分别为圆柱齿轮减

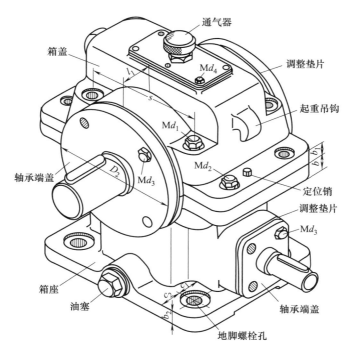

图 4-2　蜗杆减速器

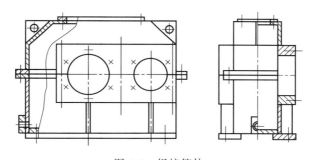

图 4-3　焊接箱体

速器和蜗杆减速器的轴测投影图，图中标注的结构尺寸见表 4-1 和表 4-2，在作适当圆整或取为标准值（如螺栓直径）后，可供草图设计时参考使用。

表 4-1　铸铁减速器箱体主要结构尺寸　　　　　　　　　单位：mm

名　　　称	符号		减速器形式及尺寸		
			齿轮减速器	一级锥齿轮减速器	蜗杆减速器
箱座壁厚 （取值不小于 8mm）	δ	一级	$0.025a+1 \geqslant 8$	$0.0125(d_{m1}+d_{m2})+1 \geqslant 8$ 或 $0.01(d_1+d_2)+1 \geqslant 8$ d_1、d_2—小、大锥齿轮的大 端直径；d_{m1}、d_{m2}—小、大 锥齿轮的平均直径	$0.04a+3 \geqslant 8$
		二级	$0.025a+3 \geqslant 8$		
		三级	$0.025a+5 \geqslant 8$		
箱盖壁厚 （取值不小于 8mm）	δ_1	一级	$0.02a+1 \geqslant 8$	$0.01(d_{m1}+d_{m2})+1 \geqslant 8$ 或 $0.085(d_1+d_2)+1 \geqslant 8$	蜗杆在上：≈ 8 蜗杆在下：$=0.85\delta \geqslant 8$
		二级	$0.02a+3 \geqslant 8$		
		三级	$0.02a+5 \geqslant 8$		

名　　称	符号	减速器形式及尺寸		
		齿轮减速器	一级锥齿轮减速器	蜗杆减速器
箱座凸缘厚度	b	1.5δ		
箱盖凸缘厚度	b_1	$1.5\delta_1$		
箱座底凸缘厚度	b_2	2.5δ		
地脚螺钉直径	d_f	$0.036a+12$	$0.018(d_{m1}+d_{m2})+1\geqslant12$ 或 $0.015(d_1+d_2)+1\geqslant12$	$0.036a+12$
地脚螺钉数目	n	$a\leqslant250$ 时，$n=4$ $a>250\sim500$ 时，$n=6$ $a>500$ 时，$n=8$	$n=\dfrac{箱座底凸缘周长之半}{200\sim300}\geqslant4$	4
轴承旁连接螺栓直径	d_1	$0.75d_f$		
箱盖与箱座连接螺栓直径	d_2	$(0.5\sim0.6)d_f$		
连接螺栓 d_2 的间距	l	$150\sim200$		
轴承端盖螺钉直径	d_3	$(0.4\sim0.5)d_f$		
窥视孔盖螺钉直径	d_4	$(0.3\sim0.4)d_f$		
定位销直径	d	$(0.7\sim0.8)d_2$		
d_f、d_1、d_2 至外箱壁距离	c_1	见表 4-2		
d_1、d_2 至凸缘边缘距离	c_2	见表 4-2		
轴承旁凸台半径	R_1	c_2		
凸台高度	h	根据低速级轴承座外径确定，以便于扳手操作为准		
外箱壁至轴承座端面距离	l_1	$c_1+c_2+(5\sim10)$		
大齿轮顶圆与内箱壁距离	Δ_1	$>1.2\delta$		
齿轮端面与内箱壁距离箱盖、箱座筋厚	Δ_2	$>\delta$		
轴承座加强肋厚度	m_1、m	$m_1\approx0.85\delta_1$，$m\approx0.85\delta$		
轴承端盖外径	D_2	轴承座直径 $+(5\sim5.5)d_3$		
轴承旁连接螺栓距离	S	尽量靠近，以 M_{d_1} 和 M_{d_3} 互不干涉为准，一般取 $S=D_2$		

注：多级传动时，a 取低速级中心距。对锥齿轮-圆柱齿轮减速器，按圆柱齿轮传动中心距取值。

表 4-2　连接螺栓装配尺寸　　　　　　　　　　　（单位：mm）

螺纹规格 d	M6	M8	M10	M12	M16	M20	M22	M24	M27
C_{1min}	10	13	16	18	22	26	28	34	36
C_{2min}	9	11	14	16	20	24	25	28	32
螺栓沉孔直径 D_0	15	20	24	26	32	40	42	48	54

第二节　初绘装配草图及主要承载零件校核阶段

一、确定图纸规格及图面布局

减速器装配草图一般有主视图、俯视图和左视图三个基本视图，按 $1:1$ 的比例进行绘制。考虑整机外形及结构的复杂程度，需要时再增加向视图或局部视图等。课程设计中，根据所要设计的减速器总体尺寸及表达方案，建议采用 A0（A1）图纸作图。进行图面布置时，要将视图个数、尺寸标注、零件序号位置以及减速器特性表和明细栏所占面积等因素全面考虑。图 4-4 给出的图面布置一般形式仅供参考。图面布置形式初步确定之后，应将传动零件的中心线或箱体轮廓线等主要作图基准画出，继而画主要零件轮廓、箱体内壁及对称线等，使草图雏形初现，如图 4-5 所示。

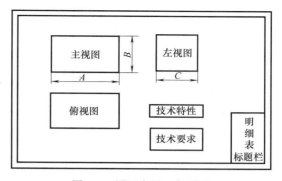

图 4-4　图面布置一般形式

（1）箱体外廓尺寸可根据传动零件的主要结构尺寸（如中心距、齿顶圆直径和轮宽等），或结构相近的参考图、实物、模型等进行估算。

（2）箱体内壁与大齿轮齿顶圆的距离 Δ_1、与小齿轮端面间的距离 Δ_2 见表 4-1，小齿轮齿顶圆与箱体内壁的距离暂不确定。

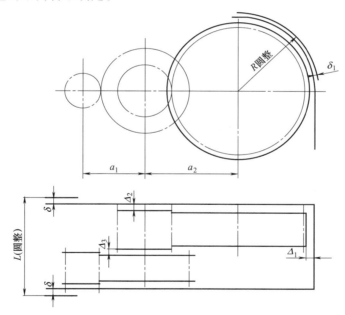

图 4-5　装配草图初始示例

（3）两级传动件之间距离 Δ_3 可取 8～15mm。

对于多级减速器，建议最好先画中间轴的轴线和传动件的轮廓线，然后向两侧展开；传动件的详细结构可暂时不画，待轴和轴承验算合格后再绘制，以便减少修改次数；还可以作出箱体的对称中心线，利用对称关系画图。

二、轴系结构的初步设计

1. 确定轴的尺寸

轴的结构设计在初估轴径的基础上进行，目的是确定轴的结构形状和全部尺寸。轴结构设计的影响因素包括：轴上零件的类型、尺寸及位置、定位和固定方式、载荷情况以及轴的强度、刚度、加工和装配工艺性等。

设计阶梯轴时，其径向尺寸（即各轴段直径）的变化是由轴上零件的受力、安装、固定情况，以及轴表面的加工精度要求决定的；其轴向尺寸（即各轴段长度）是由轴上零件的位置、配合长度及支承结构决定的。下面主要以图 4-6 给出的两种结构形式为例进行讨论。

（1）轴的径向尺寸　图中左轴头直径 d 是按许用切应力的计算方法初估的，应与外件（如联轴器）的孔径一致，并能保证键连接的强度要求，且尽可能圆整为标准尺寸值（表 10-9）。

轴段 d 与 d_1，形成定位轴肩，轴径的变化应大些，一般取轴肩高度 $a \geqslant (0.07\sim0.1)d$，$d_1 = d + 2a$。为了缓解应力集中和便于装配，轴肩处圆角应符合表 10-12 的规定。

轴段 d_1 与 d_2 的直径不同，仅为装配方便和区别加工表面，故其差值可小些，一般取 $d_2 = d_1 + (1\sim5)$mm。轴段 d_2 安装滚动轴承，轴径的尺寸及精度应符合轴承内径的尺寸配合要求。

轴段 d_2 与 d_3 的直径不同是为了区别加工表面，故取 $d_3 = d_2 + (1\sim5)$mm。

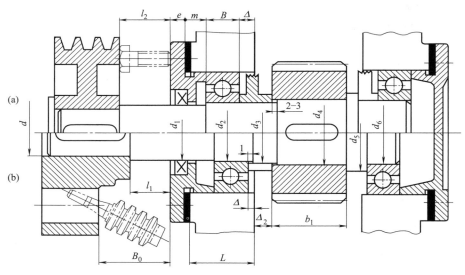

图 4-6　确定轴的尺寸

轴段 d_3 与 d_4 的直径变化除能区别加工表面外，还可以减小装配长度，便于齿轮键槽与轴上的键对正安装，故同样取 $d_4 = d_3 + (1\sim5)$mm。

轴段 d_6 也安装滚动轴承，直径一般与轴段 d_2 相同，以便在同一轴上选用型号相同的滚动轴承，且便于轴承座孔的加工。

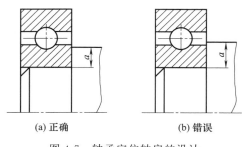

(a) 正确　　　　(b) 错误

图 4-7　轴承定位轴肩的设计

轴环 d_5 左侧与轴段 d_4 构成齿轮的定位轴肩，一般取轴肩高度 $a = (0.07\sim0.1)d_4$，$d_5 = d_4 + 2a$；右侧与轴段 d_6 形成轴承的定位轴肩，$d_6 = d_5 - 2a$。为便于轴承的拆卸，轴肩高度 a 应小于轴承内环厚度，其数值可查轴承的安装尺寸要求。图 4-7 是轴承定位轴肩的设计。轴环 d_5 应尽量同时满足左、右两侧定位轴肩的要求，若圆柱形轴段不能胜任，可设计成阶梯形或锥形轴段。

（2）轴的轴向尺寸　安装传动零件的轴段，长度主要由传动零件的轮毂宽度来决定，如齿轮轮毂宽度决定了轴段 d_4 的长度。需要特别指出的是，在确定这些轴段的长度时，应保证零件轴向固定的可靠性。为此，一般取轴段长度比轴上零件的宽度短 $2\sim3mm$，使轴上零件确实以端面接触的方式实现轴向固定。例如在图4-8所示的两种结构设计中，轴线以上结构正确，轴线以下由于轴上零件的宽度与轴段长度相等，而使零件的轴向固定处于不确定状态。同理，安装带轮或联轴器的轴段 d 的长度也应如此确定。

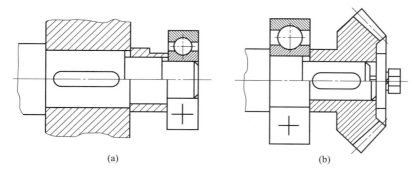

（a）　　　　　　　　　　　　（b）

图 4-8　轴向固定的可靠性

不安装零件或安装固定套筒的轴段（如轴段 d_1），应根据轴系整体结构，综合考虑轴上零件的相对位置，轴承孔长度 L，轴承盖凸缘厚度 e，齿轮端面与箱体内壁的距离 Δ_2 等因素后，再决定其长度尺寸。

外伸轴段的长度与外接零件及轴承端盖的结构有关。例如，使用联轴器时必须留有足够的装配空间，图4-6（b）中长度 B_0 就是为了保证联轴器弹性柱销的拆装而留出的，这时尺寸 l_1 即应根据 B_0 决定；采用凸缘式轴承盖时应考虑拆装端盖螺钉的装配空间，要取 l_2 足够长，以便能在不卸带轮或联轴器的情况下拆卸端盖螺钉 [图4-6（a）]，打开减速器箱盖；如果采用嵌入式轴承盖，则 l_2 可取得较短些（图4-9）。

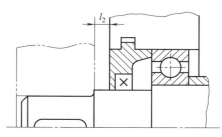

图 4-9　嵌入式轴承盖

2. 确定轴承的位置及相关结构尺寸

（1）在选定轴承类型、润滑方式及轴承内径的基础上，可按工作要求进一步确定轴承型号及其具体尺寸。同一根轴上的轴承一般取相同的型号。

（2）轴承的安装位置与其润滑方式有关。采用脂润滑时，由于要设挡油环，以防止箱体内润滑油流入轴承将润滑脂带走，因此轴承端面与箱体内壁的距离 Δ 要大些 [图4-6（a）]，一般取 $\Delta=10\sim15mm$；采用油润滑时，轴承端面与箱体内壁的距离应小些，可取 $\Delta=3\sim5mm$ [图4-6（b）]。

（3）轴承孔长度 L 的确定方法视箱体或轴承盖的结构而定。采用剖分式箱体时，L 主要由轴承旁连接螺栓的大小确定；考虑到螺栓装配的扳手空间（图4-10），应取 $L\geqslant\delta+c_1+c_2+(5\sim10)mm$。其中，箱座壁厚 δ 可查表4-1，c_1、c_2 可查表4-2。采用嵌入式轴承盖（图4-9）或轴承宽度较大时（一般为低速级轴承），可能会出现 $\Delta+B+m>\delta+c_1+c_2+(5\sim10)mm$ 的情况（图4-6和图4-10）。此时 L 可由轴承座孔内零件的相关轴向尺寸 $\Delta+B+m$ 来决定。

顺便指出，初步设计时应先画出低速级的轴和轴承部件，以便能确定该轴承座的外端面，然后将其他轴承座的外端面布置在同一平面上。

3. 确定轴承盖的尺寸

轴承盖的结构尺寸可参考表 17-3 和表 17-4 选取。凸缘式轴承盖的尺寸 m 由轴承孔长度 L 及轴承位置而定，一般取 $m > e$（e 为凸缘式轴承盖的凸缘厚度），但不宜太长或太短，以免拧紧连接螺钉时使轴承盖歪斜。

至此，轴系结构的初步设计基本完成。随后，应对轴与键连接的强度以及轴承寿命进行校核计算，再进一步对轴的形状和结构尺寸进行修改。

三、轴的强度校核计算

轴的强度校核可按以下步骤进行。

1. 定出轴的支承距离及轴上零件作用力的位置

通常，将轴上零件的作用力简化为集中力，其作用点取在轮缘宽度的中间；轴承支反力的作用点也定在轴承宽度的中间。若选用角接触球轴承或圆锥滚子轴承，并要求精确计算时，轴承支反力的作用点应取在距轴承端面为 a 的压力中心位置（图 4-11），a 值可参见表 14-3 和表 14-4。

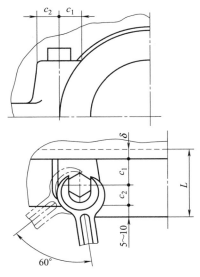

图 4-10　轴承孔长度的确定

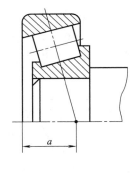

图 4-11　轴承支反力作用点

轴上零件的位置确定之后，轴的支承点和受力点及其相互距离均可从装配草图中获取，例如图 4-12 中的 A_1、B_1 和 C_1 等尺寸。

2. 建立轴的简化力学模型

以图 4-13 所示的结构（轴端装有联轴器）为例。首先将轴简化成一端为固定铰链，另一端为活动铰链的简支梁，然后计算出轴上零件（齿轮、带轮等）作用在轴上的力，包括切向力 F_t、径向力 F_r 和轴向力 F_a 等，并画在轴的简图上 [图 4-13（a）]；继而根据作用平面将这些力分为水平面的力与垂直面的力，把它们以及相应的支反力再分别画出 [图 4-13（b）、（c）]；最后根据静力平衡条件，求出两支点的水平反力 F_{H1}、F_{H2} 和垂直反力 F_{V1}、F_{V2}。

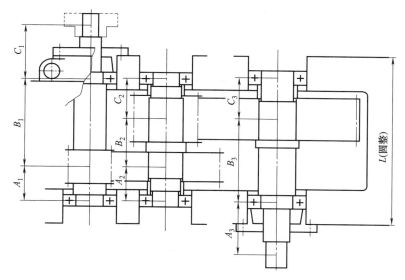

图 4-12 轴的支承点和受力点位置

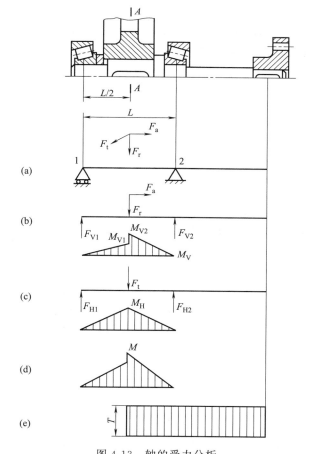

图 4-13 轴的受力分析

3. 作弯矩图

根据所求支反力，计算相应轴截面上的水平面弯矩和垂直面弯矩，画垂直面弯矩图〔图

4-13（b）］和水平面弯矩图［图 4-13（c）］。应用公式为

$$M=\sqrt{M_{\mathrm{H}}^2+M_{\mathrm{V}}^2}$$

计算合成弯矩，并画出合成弯矩图［图 4-13（d）］。

4. 作转矩图

根据轴的转速 n（r/min）和所传递的功率 P（kW），可算得转矩为

$$T=9.55\times10^6 P/n$$

画出如图 4-13（e）所示的转矩图。

5. 轴的校核计算

轴的强度校核计算应在危险截面处进行。轴的危险截面是指力矩较大、轴径较小且应力集中严重的截面，一般应在轴的结构图上标出其位置。例如在图 4-13 中，截面 A—A 由于力矩较大、开有键槽且存在应力集中而成为危险截面，因此，应对此截面进行强度校核计算。常用的强度校核计算方法如下。

（1）弯扭合成法　这种方法是将弯矩和扭矩合成为当量弯矩后，用其计算危险截面的应力，并与许用弯曲应力进行比较，具体内容见机械设计教材。

（2）安全系数法　对于既受弯矩又受扭矩的转轴，无论是在稳定载荷作用下，还是在变载荷作用下，其截面上的应力皆为变应力。因此，对于重要用途的轴，应对其危险截面进行疲劳强度安全系数校核计算，具体方法见机械设计教材。

如果计算结果表明轴的强度富余较多，可适当减小轴的直径。但在此阶段一般不宜急于修改轴的结构尺寸，应待键及轴承校核完成后，再综合考虑轴的结构尺寸修改。

四、轴承寿命校核

校核计算轴承寿命可按以下步骤进行。

（1）由式 $F_{\mathrm{r}}=\sqrt{F_{\mathrm{V}}^2+F_{\mathrm{H}}^2}$ 将已计算出的水平支反力和垂直支反力合成，作为轴承的径向载荷。

（2）对于角接触球轴承或圆锥滚子轴承，应综合考虑分析轴上作用的全部外载荷以及轴承的内部轴向力矩来确定其轴向载荷。具体方法见机械设计教材。

（3）根据轴承类型，计算轴承的当量动载荷 P。

（4）计算轴承寿命。滚动轴承的预期使用寿命可取为与减速器的使用寿命相等，以便节省维修费用。但当减速器的预期使用寿命较长时，会使所选滚动轴承的尺寸较大，从而导致减速器的整体结构不尽合理。因此，也常将滚动轴承的预期使用寿命规定为与减速器大修或中修的时间相等，这样可利用检修机会更换轴承，同样能满足节省维修费用的要求。

若计算出的轴承寿命不符合设计要求，一般可重新选择轴承系列或类型，但是否改变轴承内径（轴径）尺寸，应综合考虑轴的强度计算结果。

五、键连接的强度校核

键连接的类型是根据设计要求选用的。常用的普通型平键规格可根据轴径 d 从国家标准（表 13-25）中选择。键长 L 可参考轮毂宽度 B 确定，一般取 $L\leqslant B$，并且 $L\leqslant(1.6\sim1.8)d$。为便于装配时轮毂键槽与轴上键对准，轴上键与轴端面间的距离不宜太长。

普通型平键连接的主要失效形式是工作面的压溃，因此应主要验算挤压强度。若键连接的强度不够，在结构允许的情况下可适当增加轮毂宽及键长，也可采用双键。

第三节　完成减速器装配草图及检查修改阶段

一、完成装配草图的设计和绘制

在对初绘装配草图的轴、轴承及键连接进行校核计算和必要的修改之后，即可进一步画出传动零件、润滑与密封、固定装置以及减速器箱体和附件等的结构，完成装配草图的设计和绘制。

1. 齿轮的结构设计

齿轮的结构与所用材料、毛坯大小及制造方法有关。

锻造毛坯适用于齿顶圆直径 $d_a \leqslant 500\mathrm{mm}$ 的齿轮，一般制成腹板式（图4-14）。自由锻毛坯［图4-14（a）］适用单件小批量生产，模锻毛坯［图4-14（b）］经常在大批量生产条件下采用。

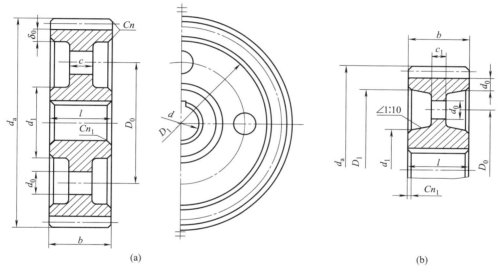

图 4-14　腹板式齿轮

当齿顶圆直径 $d_a < 200\mathrm{mm}$ 时，用轧制圆钢做毛坯，可制成实心结构，图4-15（a）、（b）分别给出了两种齿轮结构形式。

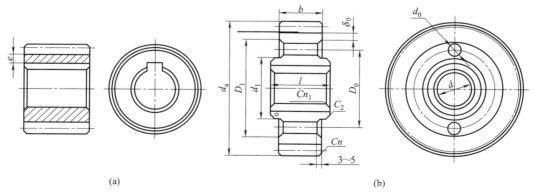

图 4-15　实心结构齿轮

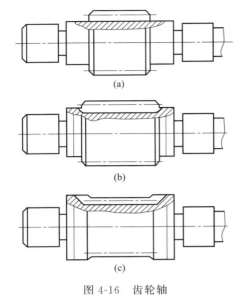

(a)

(b)

(c)

图 4-16　齿轮轴

在图 4-14、图 4-15 中，$d_1 = 1.6d$，$l = (1.2 \sim 1.8)d \geqslant b$，$c = 0.3b$，$c_1 = (0.2 \sim 0.3)b$，$\delta_0 = (2.5 \sim 4)m_n > 8\text{mm}$，$n = 0.5m_n$，$d_0 = 0.25(D_1 - d_1)$（$d_0$ 较小时不钻孔），$D_0 = 0.5(D_1 + d_1)$，$D_1 = d_a - 10m_n$（实心结构齿轮），n_1 根据轴的过渡圆角确定。

当齿顶圆直径很小，齿根圆与轮毂键槽顶面距离 $e \leqslant 2.5m_n$ 时，应将齿轮与轴制成一体，称为齿轮轴。图 4-16 显示了齿轮轴的三种形式。铸造毛坯适用于直径较大的齿轮（齿顶圆直径 $d_a > 400\text{mm}$），制成轮辐式结构。常用材料为铸钢或铸铁，结构尺寸可查阅有关资料。

2. 固定装置的结构

（1）滚动轴承内圈（或外圈）的周向固定是由轴承内圈与轴颈（或外圈与轴承座孔）之间的尺寸配合来保证的。轴承内圈（或外圈）的轴向固定可根据具体情况，采用定位轴肩轴套、轴端挡圈、弹性挡圈、螺母、轴承盖等（图 4-6）。应该注意的是，使用轴套时，套筒厚度不应超过轴承内圈高度，以便于轴承的拆卸，且避免轴套与轴承保持架发生干涉，如图 4-17 所示。对于其他零件或结构也存在同样的问题。

（2）传动零件的周向固定主要采用平键连接或其他轴毂连接形式来实现，有时也采用过盈配合的方式，可根据生产条件、轴与孔的对中性、连接的可靠性以及装拆方便等要求选定。传动零件的轴向固定可采用轴肩、轴环、轴套、螺母、轴端挡圈或弹性挡圈

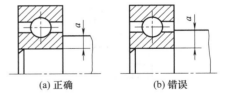

(a) 正确　　　　(b) 错误

图 4-17　轴套定位

等。对于轴端零件，也可采用圆锥面来实现单方向的轴向固定。

有关轴承盖的内容可参见本章第二节。

3. 密封装置的结构设计

减速器的密封通常针对轴外伸处、轴承内侧及箱座和箱盖接合面等三个主要部位。

在输入轴或输出轴的外伸处，为防止杂质浸入或润滑油外漏而引起轴承磨损，要求在端盖孔内采取密封措施。常见的密封形式如下。

（1）毡圈式密封（图 4-18）　主要用于脂润滑，且轴的圆周速度 $v \leqslant 3 \sim 5\text{m/s}$ 时。若采用图 4-18（b）、(c) 给出的结构，可通过压紧零件来调整毛毡与轴的密合程度。毡圈式密封有关结构尺寸见表 16-7。

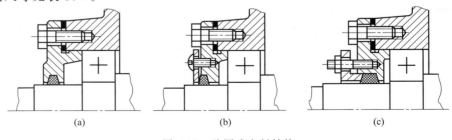

(a)　　　　　　　(b)　　　　　　　(c)

图 4-18　毡圈式密封结构

（2）橡胶圈密封（图 4-19）　利用唇形橡胶圈紧贴在轴表面而起到密封作用。安装时，密封唇可面向轴承（防油泄漏）或背向轴承（防尘）。这种密封形式可用于油润滑或脂润滑，轴的圆周速度 $v\leqslant7$m/s（轴外圆磨削）或 $v\leqslant15$m/s（轴外圆抛光），工作温度在 $-40\sim100℃$ 范围内。其相关结构尺寸见表 16-8 和表 16-11。

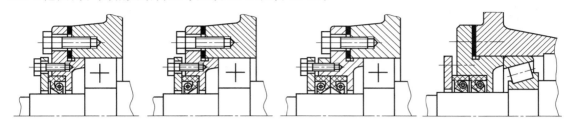

图 4-19　橡胶圈密封结构

（3）沟槽式间隙密封（图 4-20）　利用小的间隙［图 4-20（a）］或填满润滑脂的沟槽［图 4-20（b）、（c）］来获得密封效果，适用于工作环境清洁、轴承工作温度低于润滑脂滴点温度的场合。

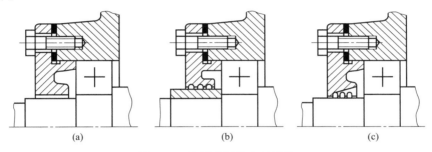

(a)　　　　　　　　(b)　　　　　　　　(c)

图 4-20　沟槽式间隙密封结构

（4）迷宫式间隙密封（图 4-21）　利用端盖与轴套间构成的曲折、狭小缝隙并填充润滑脂来实现密封。按缝隙方向可分为径向密封和轴向密封两种类型，其结构尺寸可参考有关规范。

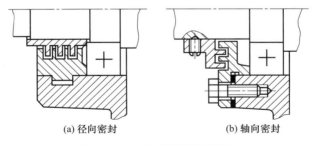

(a) 径向密封　　　　(b) 轴向密封

图 4-21　迷宫式间隙密封装置

在轴承内侧，一般采用挡油环或挡油盘等密封结构。

（1）挡油环（图 4-22）　用于脂润滑轴承，可将轴承室与箱体内部隔开，以防止润滑脂泄出或箱内润滑油溅进轴承室而稀释带走润滑脂。图示为利用离心力作用甩掉油及杂质的旋转式挡油环，是最常用的结构之一。

（2）挡油盘（图 4-23）　用于油润滑轴承，通常设置在靠近小圆柱斜齿轮的轴承内侧，以防止由于润滑油冲击轴承而使轴承的阻力增加并发热。挡油盘一般由钢板冲压而成，安装时与轴承座孔之间应留有间隙。

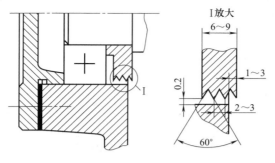

图 4-22　挡油环

采用剖分式箱体时常用两种密封方法：一种是在箱座和箱盖接合面上涂密封胶，另一种是在该接合面上加工出回油沟和回油道，使渗入接合面缝隙中的润滑油可通过回油沟和回油道流回箱体内。回油沟和回油道的结构如图 4-24 所示。

4. 减速器箱体的结构设计

箱体是减速器中形状比较复杂的重要零件，箱体结构对轴系零件的支承和固定、传动件的啮合精度以及润滑和密封等都有较大影响。

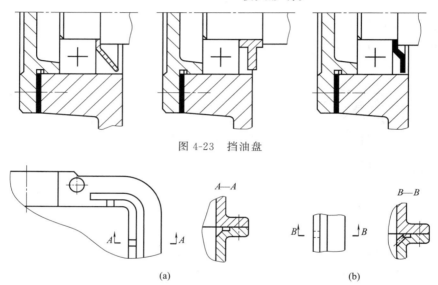

图 4-23　挡油盘

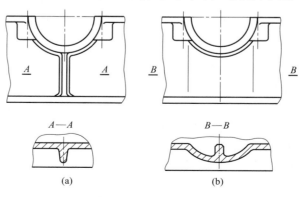

图 4-24　回油沟和回油道的结构

设计减速器箱体时应考虑的问题如下。

（1）箱体要有足够的刚度。为使箱体在工作中不会发生因变形导致轴承座孔中心线偏斜，从而影响正常使用的情况，设计箱体时应注意保证轴承座的刚度。除了使轴承座保持足够的壁厚外，还应在轴承座与箱座或箱盖结合的适当部位增设加强肋（图 4-25），可以设置

图 4-25　轴承座加强肋

在箱壁外侧［图 4-25（a）］或箱壁内侧［图 4-25（b）］。采用局部外凸的箱体结构（图 4-26）也能够加强轴承座的刚度。

对于剖分式轴承座，为保证其连接刚度，要在轴承座两侧设置凸台，并使连接螺栓尽量靠近轴承孔。图 4-27 中左侧所示结构刚性差，右侧所示结构刚性好。凸台的高度和顶部面积一般由能保证螺栓装配的扳手空间来确定，连接螺栓的位置通常以其中心线与凸缘式轴承盖外圆相切来确定。应该注意，要避免轴承旁连接螺栓的螺栓孔与端盖连接螺钉的螺纹孔产生干涉。另外，绘制轴承座旁凸台的投影图时，要注意遵守三面视图的投影对应关系。图 4-28 是两种凸台结构的表达。其中，图 4-28（a）是凸台向内延伸时没有超过箱盖外壁的情形，图 4-28（b）为凸台超过箱盖外壁的情形。

图 4-26　外凸式箱体结构

图 4-27　轴承座凸台

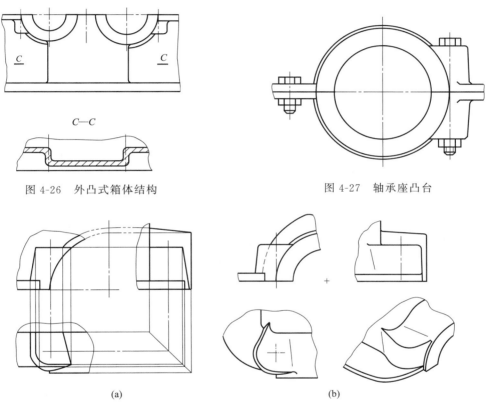

(a)　　　　　　　　　(b)

图 4-28　轴承座凸台结构表达

设计时还应注意，箱座底凸缘应朝箱内方向延伸超过箱体内壁，以便能直接承受箱体壁的压力而保证箱体的支承刚度，如图 4-29 所示。

（2）应满足箱盖与箱座接合紧密的要求。为保证箱体连接可靠及接合面的紧密性，箱盖与箱座的连接凸缘厚度应取大些（表 4-1），并可通过研磨使接合面紧密贴

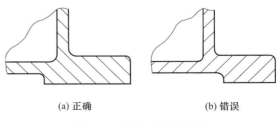

(a) 正确　　　　　(b) 错误

图 4-29　箱座底凸缘结构

合，达到防止润滑油外漏和保证镗制轴承孔精度的要求。另外，凸缘连接螺栓间的距离不宜太大，一般应小于 150～180mm。

（3）应保证箱内零件的润滑。

① 为满足减速器内部零件的润滑要求，箱体应具有一定高度，以使油池的最小深度既能储存足够的润滑油，也可避免因传动件搅动而泛起杂质。为此，规定大齿轮齿顶到油池底面的距离不小于 30～50mm；齿轮的浸油深度最小为一个齿高，但不小于 10mm（图 4-30）。当齿轮的圆周速度很低时（<1m/s），浸油深度可达齿轮半径的 1/6～1/4。

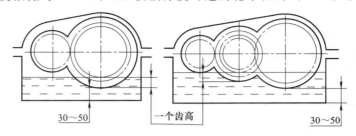

图 4-30　箱内润滑油高度

② 在二级齿轮减速器中，当高速级齿轮与低速级大齿轮直径相差较大时，为降低低速级大齿轮的浸油深度以便减少搅油损失，高速级齿轮可用溅油润滑装置进行润滑。

③ 当轴承采用油润滑时，应在箱体接合面上加工出输油沟，以使由于浸油零件旋转而溅到箱体内壁上的润滑油，可经输油沟流入轴承来实现润滑。在图 4-31 中，图 4-31（a）所示结构是铸造而成的，图 4-31（b）、（c）所示结构分别是用圆柱或盘状铣刀加工出来的。油沟深度取 3～5mm，油沟宽度取 6～10mm，油沟至箱体内壁的距离取 5～8mm。

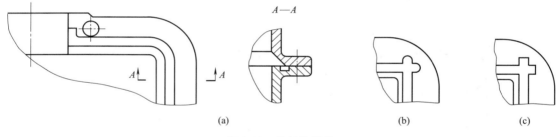

图 4-31　输油沟结构

④ 单级减速器内润滑油储量不应少于 0.35～0.7L/kW 的水平，二级减速器要增加一倍。

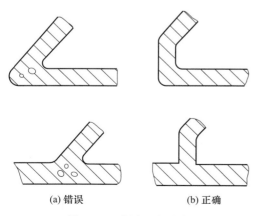

(a) 错误　　　　(b) 正确

图 4-32　壁厚过渡形式

（4）应使箱体铸件有良好的铸造工艺性。

① 考虑到浇注箱体铸件时液体金属的流动应畅通，因此减速器箱壁的厚度一般应符合最小壁厚的要求，而且各部分壁厚要均匀。对于箱壁截面形状或厚度有变化的部位，应满足过渡平缓、形状流畅的要求（表 10-17），并设计出过渡圆角（表 10-19 和表 10-20）；在铸件壁厚的过渡处，不应有形成锐角的倾斜肋或倾斜壁（图 4-32），以避免金属的局部积聚，避免冷却时产生裂纹或缩孔。

② 设计时应考虑起模方便，铸件沿起模方向要有 1∶20～1∶10 的起模斜度（见表 10-18）。

③ 为便于铸造，箱体铸件的造型应力求简单、对称。由于表面有凸起的铸件在造型时要设置活块，从而增加了造型难度。如在图 4-33 中，铸造图 4-33（a）所示铸件时，整体木模不能从砂型中取出［图 4-33（b）］，只能设置活块，以便先将木模主体取出［图 4-33（c）］，再将活块取出［图 4-33（d）］，这样来完成造型。因此，应尽量减少铸件表面的凸起部分；当凸起部分不可避免且较多时，应尽量将其连在一起（图 4-34）。

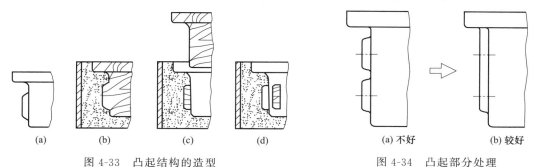

图 4-33　凸起结构的造型　　　　　图 4-34　凸起部分处理

（5）要满足机械加工工艺性要求。

① 设计零件结构时，应考虑尽量减少机械加工面积。例如在图 4-35 所示的箱座底面结构中，图 4-35（a）所示为不正确结构，图 4-35（b）所示是较好的结构；图 4-35（c）、（d）所示为中小型减速器可采用的结构。

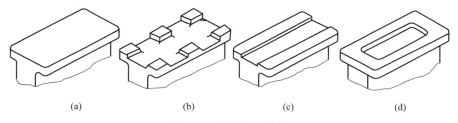

图 4-35　箱座底面结构

② 同一轴线的两轴承座，孔径最好保持一致，以便保证镗孔加工精度；箱体同侧的各轴承座，其外端面应该处在同一平面上，以便于加工。例如在图 4-36 中，图 4-36（a）所示两轴承座外端面结构的设计不正确，图 4-36（b）所示结构是正确的。

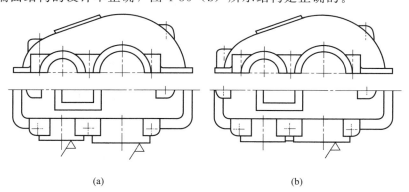

图 4-36　箱体结构正误对比

③ 箱体中的机械加工表面与非机械加工表面必须从结构上严格区分。例如，需要机械加工的轴承座端面应比不需机械加工的箱体外表面凸出，如图 4-37 所示。

④ 与螺栓头部或螺母接触的局部表面应进行机械加工，可将这些部分设计成凸台或锪平的沉孔，如图 4-38 所示，其结构尺寸可见表 4-2。

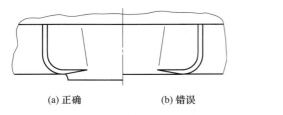

(a) 正确　　　(b) 错误

图 4-37　区分加工表面

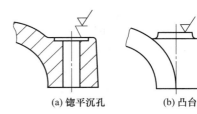

(a) 锪平沉孔　　(b) 凸台

图 4-38　螺栓连接有关结构

5. 减速器附件的结构设计

（1）油标　油标的作用是观测箱体内润滑油的储存情况，使油面保持适当高度。油标的结构形式有多种，具体结构尺寸可参见表 17-5、表 17-10 和表 17-11。图 4-39 是一般常用的带有螺纹和隔离套的油尺，查验时拔出油尺，可由尺上油痕来判断油面高度是否适当。油尺上的两条刻线与油面最低和最高位置相对应，油尺外面加装的隔离套是用来减少因润滑油被搅动而对观察油面高度产生的影响。

为便于观测，油标常设置在油面较稳定的低速级齿轮附近，设计时应注意油标座孔的加工工艺性和装配使用的方便性，如图 4-40 所示。

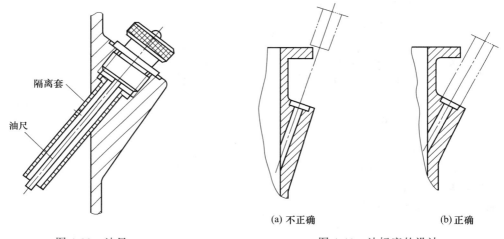

隔离套

油尺

图 4-39　油尺

(a) 不正确　　　(b) 正确

图 4-40　油标座的设计

（2）油塞　由于更换润滑油及清洗箱体时排除油污的需要，在箱座底部设有排油孔。油塞的作用就是封堵排油孔（加配封油垫圈）。

排油孔应设置在油池最低处，其结构设计要保证排油彻底且加工工艺性良好。如图 4-41 所示，图 4-41（a）为正确设计；图 4-41（b）基本正确，但由于螺孔有不完整的部分，使得加工工艺性较差；图 4-41（c）的设计不正确。螺塞的尺寸见表 17-9。

（3）检查孔及检查孔盖　检查孔的主要作用是检查齿轮的啮合情况，还可经此处灌注润滑油。检查孔的位置应设置在齿轮啮合区的上方，所占面积要尽量大些，以便于观察。

检查孔应为凸起结构，以便将其端面与不进行机械加工的箱体表面区分开，如图 4-42 所示。检查孔盖一般为钢板或铸件，其与检查孔端面接合的表面要进行机械加工，安装时用螺钉紧固在箱盖上，并加垫片密封。检查孔盖的尺寸可查有关手册或自行设计，表 17-1 列出的尺寸可供参考。

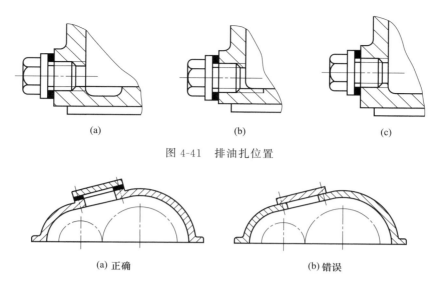

图 4-41　排油扎位置

图 4-42　检查孔结构

（4）通气器　通气器的作用是排出箱体内的热膨胀气体，以便维持箱体内外的压力平衡，保持箱体的密封性。通气器常设在箱体的最高处或检查孔盖上，有各种结构。简易的通气器可用带孔螺钉制成［图 4-43（a）］，较完备的通气器内部制成曲路并设有金属网，可以在减速器停止工作后减少灰尘的入侵［图 4-43（b）］。中小型减速器常用的通气器结构尺寸见表 17-6 和表 17-7。

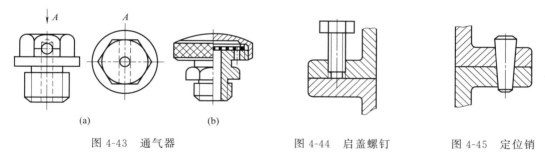

图 4-43　通气器　　　　　图 4-44　启盖螺钉　　　图 4-45　定位销

（5）启盖螺钉　启盖螺钉的作用是在需要打开减速器箱体时，拆卸掉连接螺栓后，先拧动启盖螺钉顶起箱盖，然后再将其搬移。启盖螺钉常设置在箱盖两侧边的凸缘上，可有 1～2 个，其螺纹长度应大于凸缘厚度，钉杆端部要制成半球形或圆柱形，以避免在使用过程中螺纹被破坏（图 4-44）。

（6）定位销（图 4-45）　定位销的主要作用是保证轴承座孔的镗制和装配精度，需要在箱体接合凸缘上安装两个。通常将定位销设置在箱体长度的对角方向，相距尽量远些，以便提高定位精度，但不宜对称布置。

定位销可采用圆柱销或圆锥销，其有效直径一般取 $d=(0.7\sim0.8)d_2$（d_2 为凸缘连接螺栓直径），长度应大于箱盖箱座凸缘的总厚度，具体尺寸见表 13-27。

（7）吊环螺钉、吊钩和吊耳　吊环螺钉、吊钩和吊耳均设置在减速器箱盖上，是搬运、移动减速器的起吊装置。吊环螺钉（图 4-46）是标准件，可按减速器重量选用（表 17-2）。装配时必须把螺钉完全拧入箱盖，使其台肩抵紧支承面以保证装配牢固性。吊环螺钉一般只用来吊运箱盖，而不允许吊运整台减速器。

吊钩或吊耳是沿减速器长度方向在箱体上直接铸出的，其结构尺寸可查表 17-2。在箱座接合凸缘以下部位铸出的吊钩（见图 4-47 及图 4-2，一般每侧两个），可用来搬运减速器整体；在箱盖上铸出的吊钩或吊耳（见图 4-48 及图 4-1，一般每侧一个），是用来吊运减速器箱盖的，一般不能吊运整台减速器。只有重量不大的小型减速器，才允许用吊耳或吊环螺钉整体搬移。

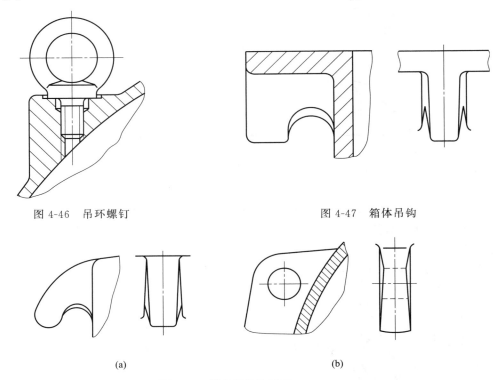

图 4-46　吊环螺钉　　　　　　　　　　　　　　图 4-47　箱体吊钩

(a)　　　　　　　　　　　　　　　　　(b)

图 4-48　箱盖吊钩和吊耳

二、装配草图的检查修改

1. 装配草图的检查

装配草图初绘完成后，应从以下各方面进行全面检查修改，然后才能进入正式装配图的绘制阶段。

（1）视图选择是否合理，能否清楚表达减速器的工作原理和装配关系，各视图间的投影对应关系是否正确。

（2）传动件、密封件、箱体及其附件的结构是否合理，相对位置是否恰当，表达是否符合制图标准。

（3）各种零件的铸造工艺性、机械加工工艺性以及装配工艺性是否良好。

（4）机器的调整、拆卸、检查、维修是否方便。

（5）润滑、密封方式和结构的选择是否合理。

（6）重要零件的尺寸与设计计算的结果是否一致，选用的尺寸配合是否适当，有关结构尺寸的取值是否进行了圆整且符合标准尺寸系列。

2. 减速器装配图常见错误示例分析

在减速器装配图的绘制过程中，有一些结构上的设计错误经常出现。图 4-49～图 4-51

以正误对比的方式，列举了部分常见的不正确设计以及修改后的正确结构，希望对读者有所帮助。

在图 4-49 中，各序号所指部位的问题如下。

① 带轮左侧的轴向定位不可靠（带轮左端面与轴端面平齐），右侧没有轴向定位。

② 带轮没有轴向定位。

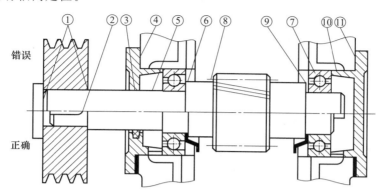

图 4-49　轴系结构设计正误示例之一

③ 轴承盖中未设计密封结构，轴承盖过孔与轴之间应有间隙。

④ 左右两轴承盖与箱体之间均无调整垫片，无法调整轴承间隙。

⑤ 安装左右轴承的两轴段精加工面过长，且使轴承装拆不方便。

⑥ 轴承的定位轴肩过高，影响轴承拆卸。

⑦ 右端角接触球轴承的安装方向不对，而且轴承左侧没有轴向定位。

⑧ 斜齿轮的齿根圆小于轴肩，未考虑滚齿加工的条件。

⑨ 两轴承内侧应设计挡油盘，以避免过多的润滑油进入轴承。

⑩ 输油沟中的润滑油无法进入轴承。

⑪ 轴承座与轴承端盖接合处无凸台，轴承座端面与箱体表面没能区分开。

在图 4-50 中，各序号所指部位的问题如下。

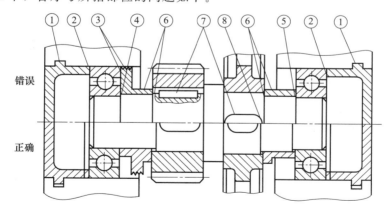

图 4-50　轴系结构设计正误示例之二

① 嵌入式轴承盖与轴承座在此部位应有间隙。

② 轴承盖与轴承之间缺少调整环节，轴承间隙无法调整。

③ 挡油盘端面不能紧靠轴承，而且其外圆与轴承座孔之间应留有间隙。

④ 由于挡油盘宽度与其所在轴段长度相等，使左轴承右侧的轴向定位不可靠。

⑤ 由于套筒宽度与其所在轴段长度相等，使右轴承左侧的轴向定位不可靠。

⑥ 小齿轮左侧和大齿轮右侧的轴向定位不可靠，原因之一是轮毂宽度与其所在轴段长度相等，原因之二是挡油盘凸缘或套筒的径向厚度过小。

⑦ 同一根轴上的齿轮、键连接的位置应设计在相同的圆周方向上。

⑧ 键槽端部距轴肩太近，既不便于加工，又增大了轴的应力集中。

在图 4-51 中，各序号所指部位的问题如下。

① 轴承盖连接螺钉不能设置在箱体的剖分面上。

② 普通螺栓连接的螺栓与螺栓过孔之间没留间隙。

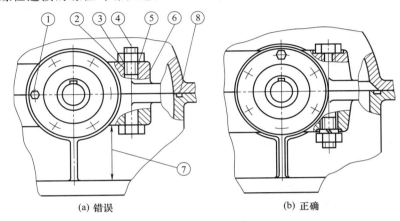

(a) 错误　　　　　　　　　(b) 正确

图 4-51　轴系结构设计正误示例之三

③ 螺栓连接没有防松装置。

④ 连接螺栓的位置距轴承座轴线较远，不利于提高连接刚度。

⑤ 螺母支承面和螺栓头部与箱体接合面处未设计出凸台或沉孔。

⑥ 轴承座、加强肋及轴承座旁凸台未考虑拔模斜度。

⑦ 箱座底凸缘至轴承座凸台底面之间的高度小于连接螺栓长度，无法使螺栓按图示方向安装。

⑧ 箱壁上的润滑油无法流入输油沟去润滑轴承。

第四节　锥齿轮减速器设计要点

锥齿轮减速器的设计方法和步骤与圆柱齿轮减速器基本相同，下面仅就其设计过程的不同之处和设计要点分述如下。

一、设计要点

(1) 锥齿轮减速器或锥齿轮-圆柱齿轮减速器的有关尺寸可查表 4-1 和表 4-2。在初绘草图时，大锥齿轮轮毂宽度 l 应为轴孔直径的 $1.0 \sim 1.2$ 倍，或暂取 $l = (1.6 \sim 1.8)b_1$（图 4-52）。

(2) 锥齿轮减速器应以小锥齿轮中心线作为机体的对称线，以利于加工和装配，如图 4-52 中的 I—I 线。

(3) 小锥齿轮为悬臂梁支承结构，为保证支承刚度，l_1 不宜太小（图 4-53），一般轴承支点间距离应为小齿轮悬臂梁长度的 2 倍，即 $l_1 = 2l_2$，或取 $l_1 = 2.5d$，d 为轴颈直径。

(4) 为保证锥齿轮的啮合精度，装配时要保证两个锥齿轮锥顶重合，因此大、小锥齿轮的轴向位置应设计成可调的结构。例如将小齿轮放在套杯内（图4-54），用套杯凸缘端面与轴承座外端面之间的一组调整垫片 m 调整小锥齿轮的位置。图4-54 中轴线以上的部分为锥齿轮轴的轴系结构方案，轴线以下的部分为锥齿轮与轴分开制造的轴系结构方案。

（5）小锥齿轮轴上的滚动轴承润滑比较困难，可用润滑脂润滑，并在小锥齿轮与轴承之间加挡油环，以防润滑脂流失。当采用油润滑时，应在机座上开输油沟，将润滑油导入轴承，如图4-54 所示。

（6）安装小锥齿轮轴系的箱体凸缘外径 D（图4-54）应不大于箱体宽度，否则将使箱体结构复杂，影响其工艺性。

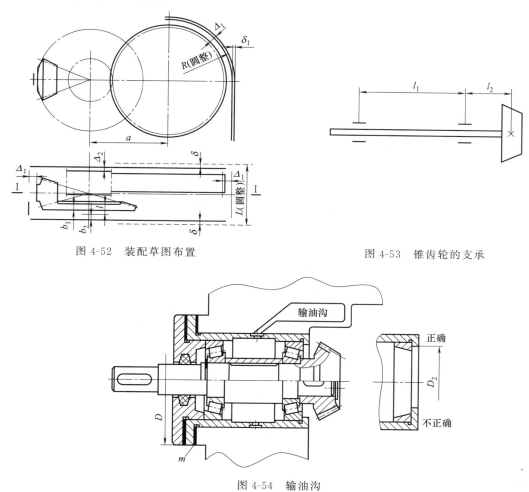

图 4-52　装配草图布置　　　　　　　　　图 4-53　锥齿轮的支承

图 4-54　输油沟

二、锥齿轮

锥齿轮的结构与圆柱齿轮类似，依据尺寸的大小，锥齿轮有实心式和腹板式。当 e 大于1.6倍的模数时，齿轮与轴应分开（图4-55）。腹板式锥齿轮的结构与尺寸如图4-56所示。

三、小锥齿轮轴系部件常见错误分析

锥齿轮减速器装配图设计与圆柱齿轮减速器相比，其主要差别是小锥齿轮轴系部件的设

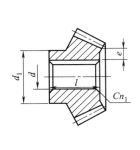

图 4-55 实心式锥齿轮

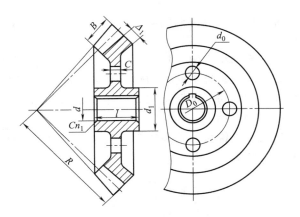

图 4-56 腹板式锥齿轮

$d_1 = 1.6d$，$l = (1 \sim 1.2)d$，$\Delta_1 = (0.1 \sim 0.2)B \geqslant 10$

$C = (3 \sim 4)m$，倒角 n_1 按轴过渡圆角确定，D_0、d_0 按结构定

计。在设计过程中，有一些结构上的设计错误经常出现。图 4-57～图 4-60 以正、误对比的方式，列举了部分常见的不正确设计以及修改后的正确结构，希望对读者有所帮助。

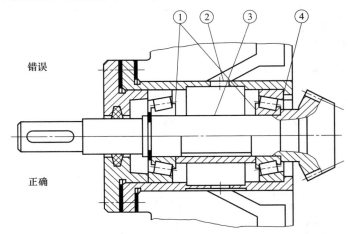

图 4-57 小锥齿轮轴系结构设计正误示例之一

在图 4-57 中，各序号所指部位的问题如下。

① 轴承内圈未轴向固定，轴系轴向移动，轴向载荷无法传递。

② 装配时，输油沟不一定与套杯进油孔对准，油路有可能堵塞。

③ 右端轴承内圈的装拆长度及轴精加工表面过长。

④ 套杯挡肩高度太大，轴承外圈拆卸困难。

在图 4-58 中，各序号所指部位的问题如下。

① 两轴承外圈顶住，轴承游隙无法调整。

② 两轴承内圈相对轴颈无轴向定位和固定，轴可向右边脱出。套筒应改为直径较大的轴段。

在图 4-59 中，各序号所指部位的问题如下。

① 配合面应适当减小。

② 右端轴承内圈无法装入，轴承游隙无法调整。

③ 若为脂润滑轴承，则应设挡油环。

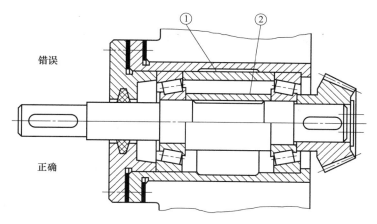

图 4-58　小锥齿轮轴系结构设计正误示例之二

在图 4-60 中，各序号所指部位的问题如下。

① 无调整垫片组，齿轮（轴系）轴向位置无法调整。

② 两端轴承内圈端面均需轴向固定。

③ 右端轴承的装配路线及轴精加工表面较长。

④ 轴承外圈挡住，轴承无法向右移动。

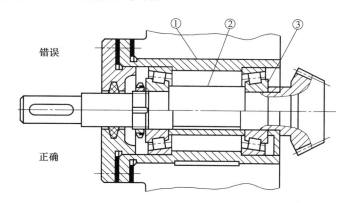

图 4-59　小锥齿轮轴系结构设计正误示例之三

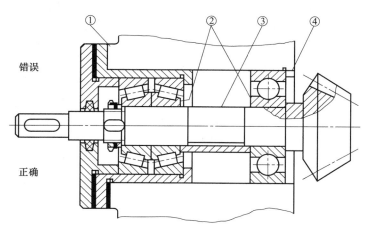

图 4-60　小锥齿轮轴系结构设计正误示例之四

第五节 蜗杆减速器设计要点

蜗杆减速器的设计步骤和方法基本上与圆柱齿轮相同，现以一级蜗杆减速器为例说明其设计要点。

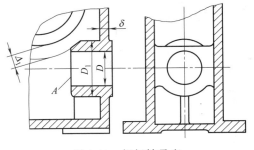

图 4-61 蜗杆轴承座

一、设计要点

（1）蜗杆减速器设计步骤可参阅本章第一节～第四节，蜗杆减速器的有关尺寸可查表 4-1 和表 4-2。

（2）为提高蜗杆刚度，应尽量缩短支点距离，为此箱体轴承座孔常伸到机座内部（图 4-61），其端面 A 的位置应保证蜗轮外圆与轴承座保持 $\Delta_1 \geqslant 1.2\delta$，$\delta$ 为箱体壁厚。

（3）蜗杆轴的支承结构形式有以下两种。

① 当蜗杆较短时（≤300mm），可以采用两端固定式支承结构，如图 4-62 所示。图中 H 按传递功率大小所需油量确定。

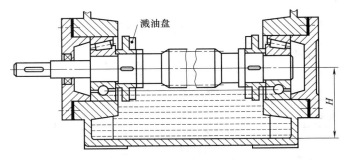

图 4-62 蜗杆两端固定式支承

② 当蜗杆轴较长，应采用一端固定、一端游动的支承结构（图 4-63），以防止轴承运转不灵活，过早损坏轴承。

（4）蜗杆下置并采用浸油润滑时，浸油深度一般为 0.75～1 倍的全齿高，但油面高度不应超过最下方滚动体的中心，否则轴承浸油过多，会使效率降低，引起发热。两项要求如有矛盾，可在蜗杆轴上加溅油盘（图 4-62），蜗杆啮合部位靠溅油盘带油润滑，同时也减少轴承的浸油深度。浸油深度决定以后，即可按传递功率大小定出所需油量，以保证散热。对于单级蜗杆传动，每传递 1kW 的功率所需油量为 0.35～0.7L；对于多级传动，浸油深度按级数成比例增加，如不满足，应适当加高机座高度，以保证足够的油池容积。

蜗杆转动时，螺旋齿会将油推向一边，充入轴承，为此在蜗杆轴靠近轴承处加挡油盘，这也有助于外伸轴处密封，防止漏油，如图 4-63 所示。

（5）箱体宽度的确定既要考虑蜗轮的结构设计要求，同时也要考虑蜗杆轴承座凸缘直径 D_2，一般 $D_2 \leqslant B$，B 为箱体宽度，如图 4-64 所示。

（6）箱体可以采用整体式，也可以采用剖分式，采用剖分式箱体时，剖分面应为通过蜗轮轴线的平面。

箱体尺寸大小除考虑结构方面的要求外，还要考虑热平衡条件，当热平衡条件不满足时

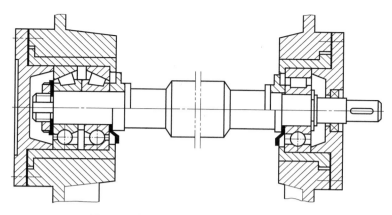

图 4-63　蜗杆一端固定、一端游动式支承

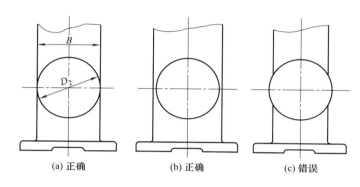

(a) 正确　　　　　(b) 正确　　　　　(c) 错误

图 4-64　凸缘直径与箱体宽度关系

应适当增加箱体尺寸或加散热片。设计散热片时应使其方向与空气流动方向一致，并考虑铸造工艺性，以便于拔模，如图 4-65 所示。

　　蜗杆传动发热严重时，还可增设风扇，在油池中设置蛇形冷却水管，或改用循环润滑系统，以降低油温，如图 4-66 所示。

　　（7）蜗杆下置时，蜗轮轴的轴承直接借助飞溅润滑比较难于实现，因此蜗轮轴轴承可以采用润滑脂润滑。为防止润滑脂流失，应在轴承内侧设置挡油环。若蜗轮轴轴承采用油润滑，应设置刮油板，将飞溅在蜗轮端面上的润滑油刮入输油沟，流入轴承处润滑轴承，如图 4-67 所示。

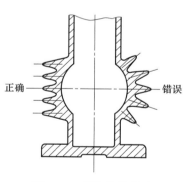

图 4-65　箱体的散热片

二、蜗杆和蜗轮的结构

1. 蜗杆的结构

　　蜗杆多为钢制，并与轴制成一体，称为蜗杆轴。结构尺寸如图 4-68 所示。蜗杆上安装滚动轴承处的轴肩或轴环的高度应符合滚动轴承标准中安装尺寸要求。

2. 蜗轮的结构

　　蜗轮的结构形式有装配式和整体式两种，其结构如图 4-69 所示，尺寸见表 4-3。为节省贵重有色金属，青铜蜗轮多数制成装配式结构。

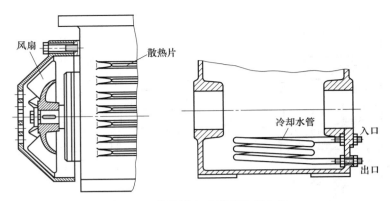

图 4-66　增设风扇或蛇形冷却水管

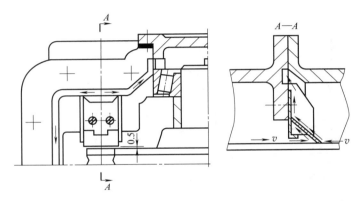

图 4-67　刮油板和输油沟

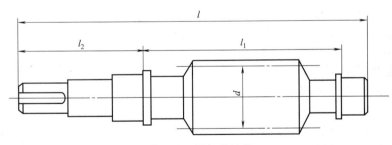

图 4-68　蜗杆的结构

表 4-3　蜗轮的结构尺寸　　　　　　　　　　　　　　　　单位：mm

参　数	计　算　式	参　数	计　算　式
a, b	$a = b = 2m \geqslant 8$	d_4	$(1.2 \sim 1.5)m \geqslant 6$
d_1	$1.6d$		$d_{a2} + 2m(z_1 = 1)$
d_2	mz_2	d_{e2}	$d_{a2} + 1.5m(z_1 = 2)$
d_3	配合 $\dfrac{\text{H7}}{\text{s6}}\left(\dfrac{\text{H7}}{\text{r6}}\right)$		$d_{a2} + m(z_1 = 4)$
e	≈ 10	l	$(1.2 \sim 1.8)d$
f	$\geqslant 1.7m$	l_1	$3d_4$
C	$1.5m \geqslant 10$	n	$2 \sim 3$
B	$0.75d_{a1}(z_1 = 1, 2)$	d_3, d_0	由结构确定
	$0.67d_{a1}(z_1 = 4)$	z_1	蜗杆头数

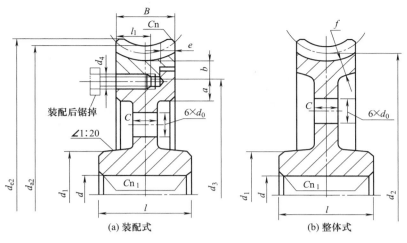

图 4-69　蜗轮的结构

(a) 装配式　　　(b) 整体式

三、蜗杆轴部件常见结构错误分析

在蜗杆轴设计过程中，有一些结构上的设计错误经常出现。图4-70～图4-72以正误对比的方式，列举了部分常见的不正确设计以及修改后的正确结构，可作为绘制装配图或检查修改时参考。

在图4-70中，各序号所指部位的问题如下。

① 两端轴承座孔直径不相等，镗孔不便，难以保证两孔的同轴度。

② 无挡油环装置。

③ 轴承外圈被顶住，轴承不能轴向游动。

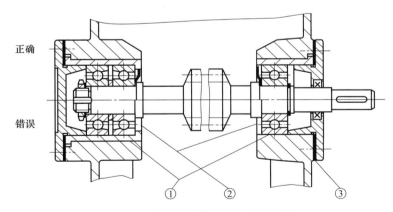

图 4-70　蜗杆轴系结构设计正误示例之一

在图4-71中，各序号所指部位的问题如下。

① 轴承外圈应轴向固定。

② 蜗杆浸油深度不够，应改用溅油轮。

在图4-72中，各序号所指部位的问题如下。

① 蜗杆轴支承距离大于300mm，一般应采用一端固定，一端游动式支承，正确结构如图4-63、图4-70和图4-71所示。

② 溅油轮直径大于轴承座孔直径，轴系无法装入箱体，并且溅油轮上端易与蜗轮干涉。

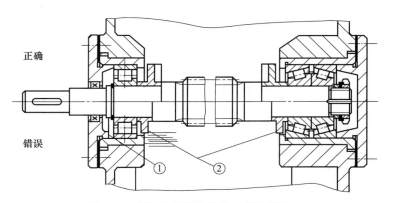

正确

错误

①　②

图 4-71　蜗杆轴系结构设计正误示例之二

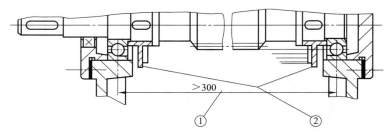

>300

①　②

图 4-72　蜗杆轴系结构设计正误示例之三

第五章　减速器装配图设计

在完成装配草图设计，并经过修改、审查后，即可进行装配工作图的绘制。

装配工作图是了解机器结构和进行机器装配、调整、检验及绘制零件工作图的依据。

装配工作图的主要内容有：表达减速器结构的各个视图、重要尺寸和配合、技术特性、技术要求、零件编号、零件明细栏和标题栏等。

绘制装配工作图时，要做到视图完整、清晰、符合制图规范。必须表达的内部结构，可采用局部视图或局部剖视图。

装配工作图的质量不仅与设计能力有关，还取决于对一些细节问题的处理及兢兢业业的工作态度。

第一节　标注尺寸

装配工作图中应标注的尺寸主要包括：外形尺寸、安装尺寸、特性尺寸和配合尺寸及与装配、使用、搬运等有关的尺寸。

1. 外形尺寸

外形尺寸主要表明减速器外形轮廓的大小，即总长、总宽和总高。它将为包装、运输和安装时所占的空间大小提供数据。外形尺寸可在图样上量出。但要注意，若有断裂画法的零件，应按实长标注。

2. 安装尺寸

与减速器的安装及其他零、部件连接相关的尺寸，称为安装尺寸。如减速器的中心高、箱体底面尺寸、地脚螺栓孔的直径和位置尺寸、减速器外伸轴的长度和直径等。

3. 特性尺寸

特性尺寸主要是表明减速器性能的尺寸。它也是设计、了解和选用该减速器的依据。如传动零件的中心距及极限偏差等。

4. 配合尺寸

减速器中凡属零件与零件之间有配合关系的尺寸均属配合尺寸。在装配工作图中需标注配合之处，要注明公称尺寸和配合代号。

选择配合性质时应注意以下问题。

① 优先选用基孔制。

② 滚动轴承的特殊标注。滚动轴承外圈与箱体座孔的配合常用基轴制；滚动轴承内孔与轴颈的配合常用基孔制，且只需标注与滚动轴承相配合的箱体座孔和轴颈的公差带代号，如图 5-1 所示的配合尺寸 $\phi 90J7$ 和 $\phi 40k5$。

③ 不同基准制配合的应用。当零件的一个表面同时与两个（或更多）零件相配合且配合性质又互不相同时，往往采用不同的基准制配合。如图 5-1 中的箱体座孔同时与轴承外圈和轴承端盖配合，分别选用 $\phi 90J7$ 和 $\phi 90 \frac{J7}{f9}$。类似这种情况，$\phi 90J7$ 可以省去不标。减速器装配工作图中主要配合按表 12-5 选择。

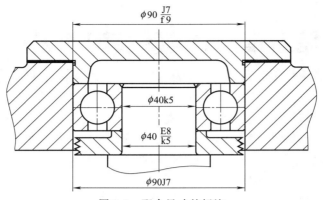

图 5-1 配合尺寸的标注

第二节 编写零件序号

为了便于看图，做好生产准备工作及图样管理，有必要对每个不同的零件（或组件）编写一个序号，其方法如下。

（1）对结构、尺寸规格和材料等完全相同的零件应标出一个序号，不同的零件要分别标出序号。序号编写的常见形式是在所指零件的可见轮廓内画一个圆点，然后从圆点开始画指引线（细实线），在指引线的另一端画一横线或小圆（均为细实线），如图 5-2（a）所示，序号字高应比装配图中尺寸数字高度大一号。

（2）指引线尽可能分布均匀，且不要彼此相交。当它通过有剖面线区域时，应尽量不与剖面线平行。必要时指引线可画成折线，但只允许曲折一次，如图 5-2（b）所示。

（3）对一组连接件或装配关系清楚的零件，允许采用公共指引线，如图 5-3 所示。

（4）图中的标准部件（如滚动轴承、油标等）看成为一个整体，只编写一个序号。

（5）零件序号应沿水平或垂直，按顺时针（或逆时针）方向顺序不重不漏排列整齐。

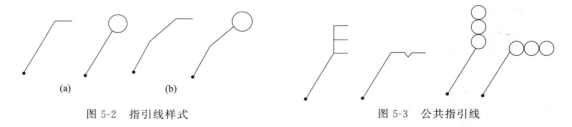

(a)   (b)

图 5-2 指引线样式   图 5-3 公共指引线

第三节 编写零件明细栏和标题栏

明细栏是减速器装配图中全部零件的详细目录。对于每一个编号的零件，在明细栏上都要按序号列出其名称、数量、材料及规格等。

标题栏布置在图纸的右下角，用来注明减速器的名称、比例、图号、设计者姓名等。

一、装配图明细栏

明细栏的参考格式如图 5-4 所示。

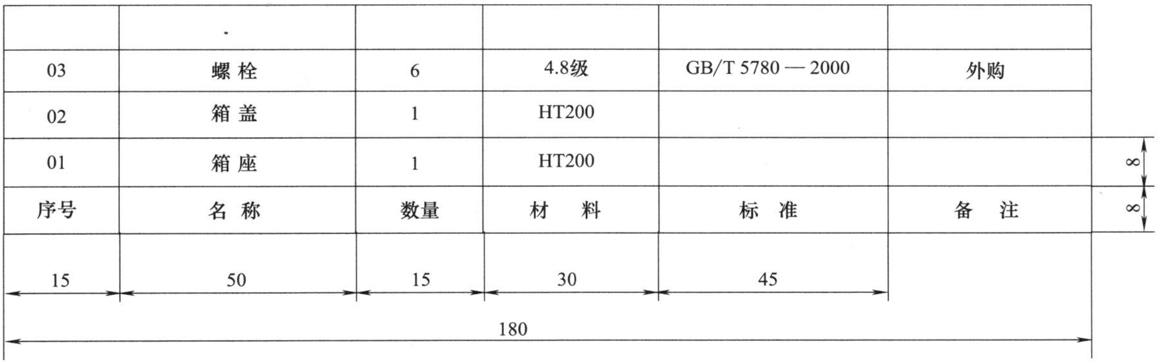

03
螺 栓
6
4.8级
GB/T 5780 — 2000
外购
02
箱 盖
1
HT200
01
箱 座
1
HT200
序号
名 称
数量
材 料
标 准
备 注
8
8
15
50
15
30
45
180

图 5-4 明细栏

二、装配图标题栏

标题栏的参考格式如图 5-5 所示。

50
30
减速器
材料
比例
第( )张
共( )张
设计
(签名)
(日期)
绘图
审核
机械设计
课程设计
校名班号
40
8
8
20
35
25
50
180

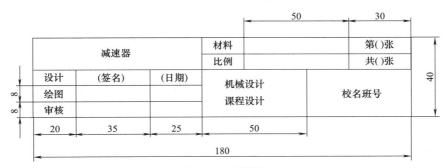

图 5-5 标题栏

第四节 减速器的技术特性

减速器的技术特性表明减速器输入功率、转速、传动效率、各级传动比、各级传动的主要参数（对齿轮传动为 m_n、z_1、z_2、β；对蜗杆传动为 m、d_1、z_1、z_2、γ）和精度等级等。其位置一般置于明细栏或技术要求的上方。

减速器的技术特性一般列表说明。减速器的技术特性示例见表 5-1。

表 5-1 减速器的技术特性示例

输入功率 P/kW	输入转速 n /(r/min)	效率 η	传动比 i	传动特性			
				m_n	z_2/z_1	β	精度等级

第五节 减速器的技术要求

装配工作图技术要求主要是指在视图上无法表达，但需要说明的内容。减速器的技术要求通常包括以下几方面的内容。

一、对装配前零件的要求

（1）滚动轴承用汽油清洗，其他零件用煤油清洗。所有零件和箱体内不许有任何杂物存在。箱体内壁和齿轮（或蜗轮）等未加工表面先后涂两次不被机油侵蚀的耐油漆，箱体外表面先后涂底漆和颜色油漆（按主机要求配色）。

（2）零件配合面洗净后涂以润滑油。

二、安装和调整要求

1. 滚动轴承的安装

滚动轴承安装时，轴承内圈应紧贴轴肩，要求缝隙不得通过 0.05mm 厚的塞尺。

2. 轴承轴向间隙

对游隙不可调的轴承（如深沟球轴承），其游隙为 0.25～0.4mm；对游隙可调的轴承（如圆锥滚子轴承），轴承游隙值见表 14-9。

3. 齿轮（蜗轮）啮合的齿侧间隙

圆柱齿轮齿侧间隙的确定方法见表 18-7 或表 18-9。锥齿轮和蜗杆传动齿侧间隙分别查表 18-22 和表 18-41。

检查方法：可用塞尺或压铅法进行。所谓压铅法是将铅丝放在齿槽上，然后转动齿轮而压扁铅丝，测量齿两侧被压扁的铅丝厚度之和即为侧隙大小。

4. 齿面接触斑点

圆柱齿轮接触斑点见表 18-15，锥齿轮接触斑点见表 18-18，蜗杆接触斑点见表 18-40。

检查方法：在主动齿面上涂颜色，主动轮转动 2～3r 后，观察从动轮齿面的着色情况，以分析接触区位置和接触面积大小。

调整方法：齿面刮研和跑合；对锥齿轮、蜗杆传动，可调整传动件位置。

在多级传动中，当齿侧间隙和接触斑点的要求不同时，应分别写明技术要求。

三、密封要求

（1）箱体剖切面间不允许填任何垫片，但可以涂密封胶或水玻璃以保证密封。

（2）装配时，在拧紧箱体螺栓前，应使用 0.05mm 的塞尺检查箱盖和箱座接合面之间的密封性。

（3）轴伸密封处应涂以润滑脂。各密封装置应严格按要求安装。

四、润滑要求

（1）润滑油和润滑脂的类型与牌号。

（2）箱座内油面高度的测量方法：如轴承脂润滑时，测量润滑脂的填充量（一般为可加脂空间的 1/2～2/3）。

（3）润滑油应定期更换，新减速器第一次使用时，运转 7～14 天后换油，以后可根据情况每隔 3～6 个月换一次油。

五、试验要求

（1）空载运转。在额定转速下正、反运转 1～2h。

（2）负荷试验。在额定转速、额定载荷下运转（根据要求可单向或双向运转），至油温平衡为止。对齿轮减速器，要求油池温升不超过 35℃，轴承温升不超过 40℃。对蜗杆减速器，要求油池温升不超过 60℃，轴承温升不超过 65℃。

（3）全部试验过程中，要求运转平稳，噪声小，连接固定处不松动，各密封、接合处不渗油、不漏油。

六、包装和运输要求

（1）外伸轴及其附件应涂油包装。

（2）搬运、起吊时不得使用吊环螺钉及吊耳。

以上技术要求不一定全部列出，有时还需另增项目，主要由设计的具体要求而定。完成以上工作后即可得到完整的装配工作图，减速器装配工作图示例见本书第三篇。

第六章 零件工作图设计

零件工作图是在完成装配图设计的基础上绘制的。零件工作图是零件制造和检验的主要技术文件。因此，它应完整清楚地表达零件的结构和尺寸，图上应注出尺寸偏差、几何公差和表面粗糙度，写明材料、热处理方式及其他技术要求等。

零件工作图既要反映出设计意图，又要考虑到制造的可能性及合理性。正确的零件工作图可以降低生产成本、提高生产率和机器的使用性能等。

机器的零件有外购件（一般指标准零部件）和自制件两类。外购件不必绘出零件工作图，只需列出清单进行采购即可。自制件则必须绘制出每个零件的零件工作图，以便组织生产。

课程设计中，由于受学时所限，绘制出具有代表性的几个主要零件工作图即可。

零件工作图中所表达的结构和尺寸应与装配图一致。如需更改，装配图上的对应零件也要修改。

第一节 零件工作图的内容及要求

一、视图

所选取的视图应充分而准确地表示出零件内部和外部的结构形状和尺寸大小，而且视图及剖视图等数量应力求最少。

二、尺寸标注

零件工作图中的尺寸是制造和检验零件的依据，所以要仔细标注。尺寸既要完整，又不应重复。在标注尺寸前，应根据零件的加工工艺过程，正确选择基准面，以利加工和检验，避免在加工时作任何计算。大部分尺寸最好标注在最能反映零件结构特征的视图上。

三、尺寸公差和几何公差

零件工作图上所有的配合部位和精度要求较高的地方都应标注公称尺寸和极限偏差数值。如配合的孔、中心距等。

对于没有配合关系，而且精度要求不高的尺寸极限偏差可不注出，以简化图样标注。但对未注尺寸公差应在图样和技术文件中采用 GB/T 1804 的标准号和未注公差等级符号表示。如选用中等级时可表示为：GB/T 1804—m。

零件工作图上要标注必要的几何公差。因为零件在装配时，不仅尺寸误差，而且几何形状和相对位置误差都会影响零件装配，降低零件的承载能力，甚至加速零件的损坏。

几何公差值可用类比法或计算法确定，但要注意各公差值的协调，应使形状公差小于位置公差，位置公差小于尺寸公差。

对于配合面，当缺乏具体推荐值时，通常可取形状公差为尺寸公差的 $25\%\sim63\%$。

四、表面粗糙度

零件的表面都应注明表面粗糙度。表面粗糙度的选择，一般可根据对各表面的工作要求和尺寸精度等级来决定，在满足工作要求的条件下，应尽量放宽对零件表面粗糙度的要求。

五、技术要求

技术要求是指一些不便在图上用图形或符号表示，但在制造或检验时又必须保证的要求。它的内容随不同零件、不同要求及不同加工方法而异。其中主要应注明以下内容。

（1）齿轮、蜗轮类零件的啮合特性及部分公差要求。

（2）对加工的要求。如轴端是否保留中心孔，是否需要在装配中加工，是否与其他零件一起配合加工（如有的孔要求配钻、配铰）等。

（3）对材料的要求。如热处理方法（正火、调质、淬火等）及热处理后表面应达到的硬度等。

（4）表面处理（渗碳、氰化、渗氮、喷丸等）、表面涂层或镀层（油漆、发蓝、镀铬、镀镍等）以及表面修饰（去毛边、清砂）等。

（5）给出图中未注明的尺寸。如圆角、倒角、铸造斜度等。

（6）对线性尺寸未注公差和未注几何公差的要求。

（7）其他特殊要求。如许用不平衡力矩以及检验、包装、打印等要求。

技术要求中，文字应简练、明确、完整，不应含混，以免引起误会，而且各要求中所述内容和表达方法均应符合机械制图标准的规定。

六、零件图标题栏

在图样右下角应画出零件图标题栏。零件图标题栏参考格式如图 6-1 所示。

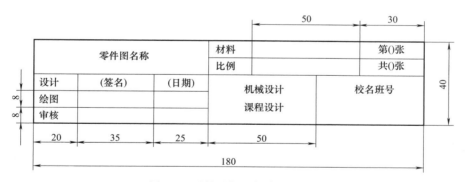

图 6-1　零件图标题栏参考格式

第二节　轴类零件工作图

一、视图

轴类零件的工作图，一般只需一个主视图。在有键槽和孔的地方，可增加必要的局部剖视图，对于退刀槽、中心孔等细小结构必要时应绘制局部放大图，以便确切地表达出形状并标注尺寸。

二、标注尺寸

轴类零件一般都是回转体，因此主要是标注直径尺寸和轴向长度尺寸。标注直径尺寸时应特别注意有配合关系的部位。当各轴段直径有几段相同时，都应逐一标注不得省略。即使是圆角和倒角也应标注无遗，或者在技术要求中说明，不致给机械加工造成困难或给操作者带来不便。因此需要考虑基准面和尺寸链问题。

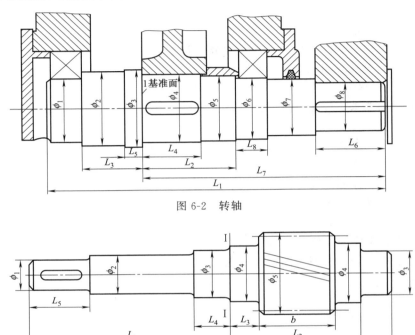

图 6-2　转轴

图 6-3　齿轮轴

标注轴向尺寸时应以工艺基准面作为标注轴向尺寸的主要基准面。如图 6-2 所示，其主要基准面选择在轴肩Ⅰ—Ⅰ处，它是大齿轮的轴向定位面，同时也影响其他零件在轴上的装配位置。只要正确定出轴肩Ⅰ—Ⅰ的位置，各零件在轴上的位置就能得到保证。

图 6-3 所示为齿轮轴的实例，它的轴向尺寸主要基准面选择在轴肩Ⅰ—Ⅰ处，该处是滚动轴承的定位面，图上是用轴向尺寸 L_2 确定这个位置的。这里应特别注意，保证两轴承间的相对位置尺寸 L_2。

应该注意，在标注轴向尺寸时，尺寸链不要封闭。

三、标注尺寸公差和几何公差

1. 尺寸公差

安装齿轮、蜗轮、带轮、联轴器以及滚动（滑动）轴承等零件的轴径，应按装配图中已选定的配合种类查出上、下极限偏差数值，标注在相应的尺寸上。键槽尺寸公差应符合键槽的剖面尺寸规定，见表 13-25。

在减速器设计中一般不进行尺寸链的计算，所以长度尺寸公差不必标注。

2. 几何公差

表 6-1 列出了轴类零件工作图上应标注的几何公差推荐项目，供设计时参考。

表 6-1 轴类零件形位公差推荐项目

类别	项　目	等级	作　用
形状公差	轴承配合表面的圆度或圆柱度	6～7	影响轴与轴配合的松紧和对中性
	传动轴孔配合的圆度或圆柱度	7～8	影响传动件与轴配合的松紧和对中性
位置公差	轴承孔配合表面对轴线的圆跳动	6～8	影响传动件及轴承的运动偏心
	轴承定位端面对轴线的圆跳动	6～8	影响轴承的定位及受载均匀性
	传动轴承孔配合表面对轴线的圆跳动	6～8	影响齿轮等传动件的正常运转
	传动定位端面对轴线的圆跳动	6～8	影响齿轮等传动件的定位及受载均匀性
	键槽对轴线的对称度	7～9	影响键受载的均匀性及装拆的难易程度

轴的尺寸公差和几何公差标注方法如图 6-4 所示，具体公差数值可查相关表。

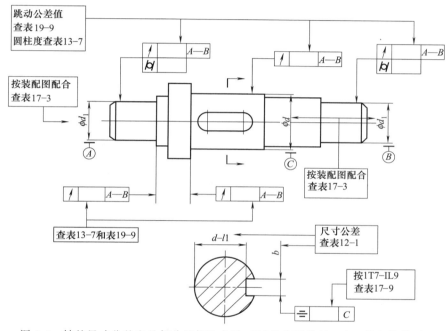

图 6-4　轴的尺寸公差和几何公差标注方法（ϕd 处安装齿轮，ϕd_1 处安装轴承）

四、标注表面粗糙度

轴的各个表面都要加工，故各表面都应注明表面粗糙度。其表面粗糙度可查表 12-13。

五、撰写技术要求

轴类零件的技术要求包括下列几个方面。

（1）热处理要求，如热处理方法、热处理后的硬度、渗碳深度及淬火深度等。

（2）对加工的要求，如是否要保留中心孔，若需保留，应在零件图上画出或说明。

（3）对未注明的圆角、倒角的说明。

（4）对线性尺寸未注公差和未注几何公差的要求。

（5）对个别部位的修饰加工的要求。

（6）对较长的轴进行毛坯校直的要求。

轴类零件工作图示例见图 20-16。

第三节　齿轮类零件工作图

一、视图

齿（蜗）轮类零件工作图一般需要两个主要视图。可视具体情况根据机械制图的规定画法对视图作些基本简化。有轮辐的齿轮应画出轮辐结构的横剖面图。

对组装的蜗轮，应分别绘出组装前的零件图（齿圈和轮芯）和组装后的蜗轮图。切齿加工是在组装后进行的，因此组装前的零件相关的尺寸应留出余量，待组装后再加工到最后需要的尺寸。

齿轮轴和蜗杆轴可参照图 20-10 和图 20-12 所示轴类零件工作图的方法绘制。

二、标注尺寸

齿轮零件图中应标注径向尺寸和轴向尺寸。各径向尺寸以轮毂孔中心线为基准标注，轴向尺寸以端面为基准标注。

齿轮类零件的分度圆直径虽然不能直接测出，但它是设计的基本尺寸，应该标注。齿根圆直径在齿轮加工时无需测量，在图样上不标注。

径向尺寸还应标注轮毂外径和内孔直径、轮缘内侧直径以及腹板孔的位置和尺寸等。

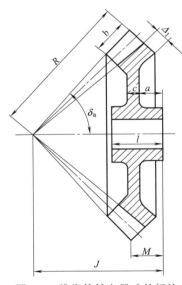

图 6-5　锥齿轮轴向尺寸的标注

轴向尺寸应标注轮毂长、齿宽及腹板厚度等，锥齿轮还应标注安装距 J（分度圆锥顶至基准端面的距离）以及腹板距基准端面的距离 a 和锥距 R 等，见图 6-5。

当绘制装配式蜗轮的组件图时，还应注出齿圈与轮芯的配合尺寸与配合代号，如图 20-13 所示。

齿轮上轮毂孔的键槽尺寸及其极限偏差的标注查表 13-25。

三、标注尺寸公差与几何公差

1. 以轮毂孔为基准标注的公差

轮毂孔不仅是装配的基准，也是切齿和检测加工精度的基准，孔的加工质量直接影响到零件的旋转精度。齿轮孔的尺寸精度按齿轮的精度查表 18-1。以孔为基准标注的尺寸偏差和几何公差见图 6-6～图 6-8。几何公差有基准端面跳动、顶圆或顶锥面跳动公差，数值查齿坯公差。对蜗轮还应标注蜗轮孔中心线至滚刀中心的尺寸偏差（加工中心距偏差），见图 6-7 中的 $a \pm \Delta a$，Δa 值参阅表 18-39 下面的表注查表确定。

2. 以端面为基准标注的公差

轮毂孔的端面是装配定位基准，也是切齿时定位基准，它将影响安装质量和切齿精度。所以，应标出基准端面对孔中心线的垂直度或端面圆跳动公差。

以端面为基准标注毛坯尺寸偏差。对锥齿轮为基准端面至锥体大端的距离（轮冠距）$M + \Delta M$（图 6-8），ΔM 数值查表 18-35；对蜗轮为基准端面至蜗轮中间平面的距离 $M \pm \Delta M$（图 6-7），规定这个尺寸偏差是为了保证在切齿时滚刀能获得正确的位置，以满足切齿精度的要求。ΔM 参阅表 18-39 下面的表注查表。

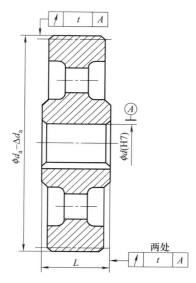

图 6-6　圆柱齿轮毛坯尺寸及公差

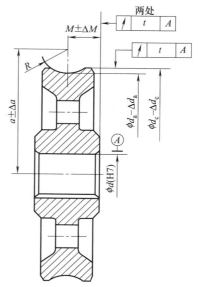

图 6-7　蜗轮毛坯尺寸及公差

3. 齿顶圆柱面的公差

齿轮的齿顶圆作为测量基准时有两种情况：一是加工时用齿顶圆定位或找正，此时需要控制齿顶圆的径向圆跳动；另一种情况是用齿顶圆定位检验齿厚偏差，因此应标注出尺寸偏差和几何公差，如图 6-6 和图 6-7 所示。

对于锥齿轮，还要标出顶锥角极限偏差（如图 6-8 中 $\delta_a + \Delta\delta_a$，$\Delta\delta_a$ 数值查表 18-35）和大端顶圆（外径尺寸）极限偏差，查表 18-32。

四、表面粗糙度

轮齿工作面和其他加工表面的粗糙度按齿轮类别和精度等级从表 12-13 或表 18-1 中选取。

五、啮合特性表

啮合特性表的内容包括：齿轮的主要参数及检验项目。齿轮的啮合特性表详见工作图示例（图 20-9～图 20-11）。

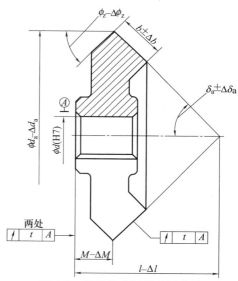

图 6-8　锥齿轮毛坯尺寸及公差

六、技术要求

（1）热处理要求。如热处理方法、热处理后的硬度、渗碳深度及淬火深度等。

（2）对未注明的倒角、圆角半径的说明。

（3）对铸件、锻件或其他坯件的要求。

（4）对大型高速齿轮的平衡试验的要求。

七、图例

齿轮、蜗轮零件工作图示例见图 20-9～图 20-15。

第四节　铸造箱体零件工作图

一、视图

铸造箱体通常设计成剖分式，由箱座和箱盖组成。因此箱体工作图应按箱座和箱盖两个零件分别绘制。

为了正确、完整、清晰地表达出箱座和箱盖的结构形式和尺寸，其工作图通常需绘三个视图，并加以必要的剖视图、局部视图。当两孔不在一条轴线上时，可采用阶梯剖表示。对于油标尺孔、放油孔、窥视孔、螺钉孔等细节结构，可用局部视图表示。

二、标注尺寸

由于箱体形状多样，尺寸繁多，所以它的尺寸标注远较轴类零件和齿轮类零件复杂。标注尺寸时，既要考虑铸造工艺、加工工艺及测量的要求，又要清楚明晰。箱体尺寸可分为形状尺寸和定位尺寸两类，标注时应注意两者间的区别。

1. 形状尺寸

形状尺寸是表示箱体各部位形状大小的尺寸。如箱座和箱盖的壁厚、各种孔径及其深度、螺纹孔尺寸、凸缘尺寸、圆角半径、槽的宽度及深度、加强肋的厚度及高度、各曲线的曲率半径、各倾斜部分的斜度及箱体的长、宽、高等。这类尺寸应直接标出，而不需经任何运算，壁厚和轴承座孔的标注如图 6-9、图 6-10 所示。

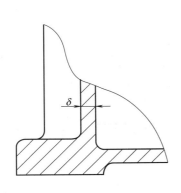

图 6-9　壁厚的标注

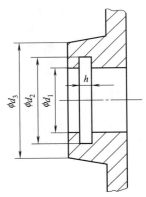

图 6-10　轴承座孔的标注

2. 定位尺寸

定位尺寸是确定箱体各部位相对于基准的位置尺寸。如孔的中心线、曲线的曲率中心及其他部位的平面与基准的距离等。对于这些尺寸，一是防止遗漏，二是应特别注意定位尺寸应从基准（或辅助基准）直接注出。图 6-10 所示尺寸是以轴承孔中心线作为基准进行标注的。

在标注定位尺寸时，一定要正确选择尺寸标注的基准，同时注意箱盖与箱座彼此对应的尺寸要排在相同的位置上，因为很多工序是箱盖与箱座组合后进行加工的。现就箱座定位尺寸的标注方法简述如下（箱盖尺寸的标注方法基本相同）。

（1）高度方向的尺寸　高度方向按所选基准面，可分为两个尺寸组：第一尺寸组，以箱座底平面为主要基准进行标注，如箱体高度、放油孔和油标孔位置的高度，以及底座的厚度等；第二组尺寸，以分箱面为辅助基准进行标注，如分箱面的凸缘厚度，轴承旁螺栓凸台的高度等。此外，某些局部结构的尺寸，也可以毛面为基准进行标注，如起吊钩凸台的高度等。

（2）宽度方向的尺寸　宽度方向的尺寸应以减速箱体的对称中心线（如图 20-18 中的 $L—L$ 视图）为基准进行标注，如螺栓（钉）孔沿宽度方向的位置尺寸、箱体宽度和起吊钩厚度等。

（3）长度方向的尺寸　沿长度方向的尺寸，应以轴承座孔为主要基准进行标注。图 20-18 俯视图中是以尺寸 150mm 先确定轴承座孔 $\phi 85$ 的位置，再以轴承座孔为基准标注其他尺寸，如轴承座孔中心距、轴承旁螺栓孔的位置尺寸等。

（4）地脚螺钉孔的位置尺寸　地脚螺钉孔沿长度和宽度方向的尺寸均应以箱体底座的对称中心线为基准进行布置和标注。此外，还应特别注明地脚螺栓与轴承座孔的定位尺寸（图 20-18 中所示的尺寸 80mm），为减速器安装定位所用。

除以上主要尺寸以外，其余尺寸如检查孔、加强肋、油沟和吊钩等应按具体情况选择合适的基准进行标注。

三、标注几何公差

（1）箱体轴承座孔中心距极限偏差

$$\Delta A_0 = \pm (0.7 \sim 0.8) f_a$$

式中，$\pm f_a$ 为中心距极限偏差，可查表 18-16；系数 $\pm (0.7 \sim 0.8)$ 是考虑滚动轴承误差和因配合间隙而引起轴线偏移的补偿系数。

（2）箱体轴承座孔的轴线在两个相互垂直平面内的平行度公差 T_x 和 T_y。

箱体孔轴线平面内平行度公差

$$T_x = (0.3 \sim 0.4) f_{\Sigma\delta}$$

箱体孔轴线垂直平面内平行度公差

$$T_y = (0.3 \sim 0.4) f_{\Sigma\beta}$$

式中，$f_{\Sigma\delta}$、$f_{\Sigma\beta}$ 分别为齿轮副轴线平面内平行度公差和垂直平面内平行度公差，查表 18-4；计算确定的 T_x 值应满足 $T_x \leqslant 0.8 f_a$；系数（$0.3 \sim 0.4$）是考虑制造误差和配合间隙而引入的补偿系数。

（3）轴承座孔（基准孔）端面对轴线的垂直度公差。垂直度公差值与轴承类型和公差等级有关，可查表 12-6～表 12-11。

（4）两轴承座孔的同轴度公差。通常非调心球轴承座孔同轴度公差为 IT6，非调心滚子轴承座孔同轴度公差为 IT5，查表 12-8。

（5）轴承座孔的圆柱度公差。当直接安装滚动轴承时，圆柱度公差为孔尺寸公差 0.3 倍。其余情况，圆柱度公差不大于孔尺寸公差的 0.4 倍，与 0 级和 6 级向心轴承配合的座孔圆柱度公差值查表 14-7。

（6）锥齿轮减速器箱体零件图上还应标注轴交角极限偏差，以控制传动的接触精度，轴交角极限偏差查表 18-25。

（7）蜗杆减速器箱体零件图上还应标注蜗杆轴承座孔的轴线相对蜗轮轴承座孔轴线的轴交角极限偏差

$$f'_{\Sigma} = (0.7 \sim 0.8) f_{\Sigma} \frac{L}{B}$$

式中，f_{Σ} 为蜗杆和蜗轮传动轴交角极限偏差，可查表 18-39；B 为蜗轮宽度；L 为蜗杆两轴承之间的距离。

箱体各加工表面推荐用的粗糙度数值见表 12-14；箱体接合面的平面度公差值见表 12-10；轴承座半孔的对称度公差值查表 12-9。

四、技术要求

箱体零件工作图的技术要求包括下列几个方面的内容。

（1）箱盖与箱座的轴承座孔应在连接后装入定位销，然后进行配镗。镗孔时，接合面处禁放任何衬垫。

（2）剖分面上定位销孔的加工，应在镗轴承座孔之前进行。箱座和箱盖用螺栓连接后配钻、配铰，以保证起到定位的作用。

（3）箱盖和箱座合箱后，边缘对齐，相互错位每边不大于 2mm。

（4）箱座和箱盖铸成后，应清理铸件，并进行时效处理。

（5）箱座、箱盖的内表面需用煤油清洗，并涂防腐漆，防止润滑油的侵蚀并便于清洗。

（6）未注铸造斜度、倒角及圆角的说明。

（7）未注线性尺寸公差和几何公差的说明。

铸造箱体工作图示例如图 20-18 所示。

第五节　焊接箱体零件工作图

焊接是一种较常用的不可拆的连接方法。它主要是利用电弧或火焰，在零件间连接处加热或加压，使其局部熔化，并填充（或不填充）熔化的金属，将被连接的零件熔合而连接在一起。焊接因其工艺简单、连接可靠、节省材料、劳动强度低，所以应用日益广泛。

焊接箱体与铸造箱体的不同点是：铸造箱体需制作砂型，然后把熔化后的铁液浇入砂型中，铁液冷却后，形成铸造箱体；而焊接箱体是根据需要把几块厚铁板或薄铁板，利用电弧或火焰，将它们熔合而连接在一起，形成焊接箱体。焊接箱体更适用于单件小批量生产。

焊接箱体的视图选择、尺寸公差、几何公差的标注、技术要求都与铸造箱体类似，可参照铸造箱体进行（图 20-18）。常见焊缝的基本符号和标注示例见表 10-22 和表 10-23。

第七章　机械零件的三维设计与装配

装配草图设计完成后，即进入正式装配图设计阶段。这个阶段通常用手工在绘图纸上绘制或用二维绘图软件如 AutoCAD、CAXA 等在计算机上绘制。运用软件既减轻了设计者的工作强度，又提高了设计质量和速度。但是，随着计算机技术的发展和三维设计软件如 CATIA、UG 和 MDT 等的出现，设计已逐步从平面上升到三维平台设计。设计者不仅可以直接观察零件的空间结构形状，而且还可以进行有限元分析、生成数控加工代码等，使设计向着无图纸的数字化设计方向发展。三维设计是机械设计发展的必然趋势。因此，本章结合 UG 软件介绍机械零件的三维设计、装配及二维平面图的生成。

第一节　机械零件的三维造型

减速器由许多零件组成，这些零件主要是轴类、盘类和箱体类等零件，下面介绍这些典型零件的三维造型。

一、轴类零件的三维造型

通常轴类零件的横截面为圆形，同时为了轴上零件轴向定位，轴的形状多为阶梯形回转体。因此，可利用软件的旋转特征生成轴的基本形状，或利用拉伸特征逐段拉伸，然后再利用挖槽特征添加键槽等。UG 创建阶梯轴的步骤如下。

（1）草图平面上绘制轴的轴剖面，并添加尺寸约束和几何约束，如图 7-1 所示。

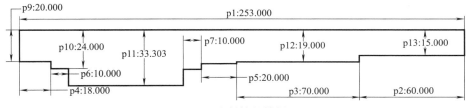

图 7-1　绘制轴的轴剖面

（2）退出草图，以水平轴为旋转轴线，生成轴的基本形状，如图 7-2 所示。

（3）在轴的基本形状基础上，挖出键槽，添加倒角和圆角，轴的三维造型如图 7-3 所示。

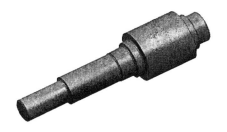

图 7-2　轴的基本形状图

图 7-3　轴的三维造型图

二、盘类零件三维造型

各种齿轮、带轮、轴承端盖和定位套筒等一类回转体零件都属于盘类零件，这类零件的基本形状可采用旋转特征生成，再利用打孔、挖槽等添加其他结构特征。UG 创建齿轮坯的步骤如下。

（1）在草图平面上绘制齿轮的轴剖面，并添加尺寸约束和几何约束，如图 7-4 所示。

（2）退出草图，以水平轴为旋转轴线，生成齿坯的基本形状，如图 7-5 所示。

（3）在齿坯基本形状的基础上，添加键槽、腹板孔、倒角及圆角，齿轮坯的三维造型如图 7-6 所示。

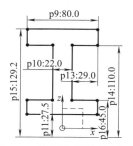

图 7-4　绘制齿轮的轴剖面

图 7-5　齿轮的基本形状

图 7-6　齿轮坯的三维造型

三、箱体类零件三维造型

箱体类零件结构复杂，特征多。因此，创建箱体类零件时首先将箱体形状分解成若干个软件能创建的基本形状特征。这些基本形状特征可以通过拉伸、挖槽、旋转和打孔等来实现。UG 创建减速器下箱体的步骤如下。

（1）在草图平面上绘制箱体的截面，添加尺寸约束和几何约束，以便通过拉伸创建其基本形体。箱体截面草图如图 7-7 所示。

（2）以箱体长度为拉伸距离，对图 7-7 所示的草图进行拉伸，生成箱体的基本形状，如图 7-8 所示。

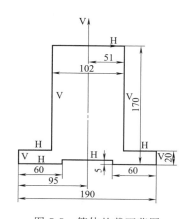

图 7-7　箱体的截面草图

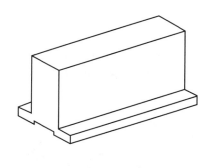

图 7-8　箱体的基本形状

（3）通过拉伸添加凸缘、轴承座、凸台后，箱体如图 7-9 所示。

（4）继续添加其他特征，创建出完整结构的箱体，如图 7-10 所示。

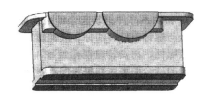

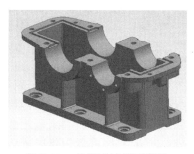

图 7-9 添加凸缘、轴承座和凸台后的箱体　　　　　图 7-10 单级减速器下箱体

第二节　机械零件的三维装配

零件造型完成后就可以着手装配，装配的目的在于检查零件间装配关系是否合理，是否有合适的间隙以及结构是否会干涉等。用三维软件装配零件的顺序与实际装配过程类似，即零件装配成小的部件（如轴系部件），小的部件和零件组装成大的部件（如减速器部件）或机器。这样的装配层次为以后的编辑、修改带来方便。装配时切忌无层次地把所有零件一次装配成很大的部件。另外，装配前应把装配所用到的零件相对集中地分类放置在文件夹中，装配后不要改变文件夹的相对路径，也不要改变文件夹或文件的名称，否则装配图中可能无法显示相关零件或部件。

装配实质是在零件或部件的面或线等要素之间添加一定的约束。UG 装配约束的类型如图 7-11 所示。这些约束包括把零件作为机架的固定约束、零件与零件固定在一起的要素、线与线重合的同轴约束、面与面重合的接触约束、平面与平面相距一定距离的偏移约束、平面与平面成一定角度的角度约束等。

一、轴系部件装配

把轴上的零件如滚动轴承、键、齿轮和定位套等与轴装配成一体即成为轴系部件。图 7-12 所示为减速器轴系部件的装配。装配时轴系部件作为整体装配到减速器中。

图 7-11 装配约束的类型图　　　　　　图 7-12 减速器的轴系部件的装配

二、轴承端盖、垫片及螺钉装配

把轴承端盖、垫片和螺钉装配在一起，作为整体装配到减速器中，实践表明，这样装

配比把各个零件分别装配到减速器中效率要高得多。端盖、垫片及螺钉装配如图 7-13 所示。

三、减速器装配

软件装配与减速器实际装配过程类似，把箱体零件和轴系部件组装起来即成为减速器。一般装配时，先固定下箱体，然后把轴系部件、轴承端盖与螺钉组件、油标、放油螺塞等装配到下箱体上，合上箱盖，安装定位销和上下箱体连接螺栓，再安装窥视孔盖等，如图7-14 所示。根据虚拟装配可以检查各零件的相对位置、齿轮的啮合关系，如果装配不正确或存在零部件之间的干涉，应分析原因。一般可以通过修改装配约束或修改零件的轴向、径向尺寸，以达到正确装配的目的。

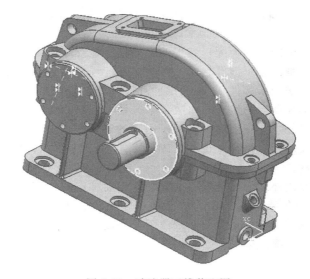

图 7-13　减速器三维装配图

图 7-14　减速器三维装配

第三节 机械零件和部件的视图

利用 CATIA、UG 等软件完成零件造型和三维装配后，通过软件可以自动生成平面视图。视图包括三视图、向视图、局部视图等。

一、机械零件视图

根据创建的三维零件，可以很方便地生成零件的视图。如使用 CATIA 软件，在其下拉菜单中选择"开始"—"机械设计"—"绘图"，在创建新绘图的对话框中选择自动布局、设置图面的大小和绘图比例，如图 7-15 所示。有四种布局可以选择，若选择其中的空白布局，确定后即进入二维绘图模块，单击 基本视图 按钮，即可自动生成零件基本视图。根据需要，设计者还可以添加其他视图，如单击 剖视图 按钮，可生成剖视图。UG 生成轴的视图如图 7-16 所示。

二、减速器部件装配视图

部件装配视图的生成方法与零件视图的生成方法相同。UG 生成的减速器装配视图如图 7-17 所示。

UG 生成视图后，应在视图上标注尺寸公差、几何公差和表面粗糙度等要求。标注可以在 UG 的绘图模块中进行，也可以把 UG 生成的视图另存为".dwg"类型的文件，然后转入到 AutoCAD 中进行编辑和设计。最后在绘图机上打印输出减速器装配图。

图 7-15 新绘图创建对话框

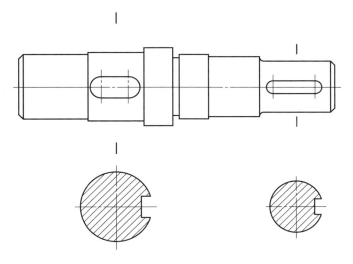

图 7-16 CATIA 生成的轴的视图

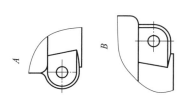

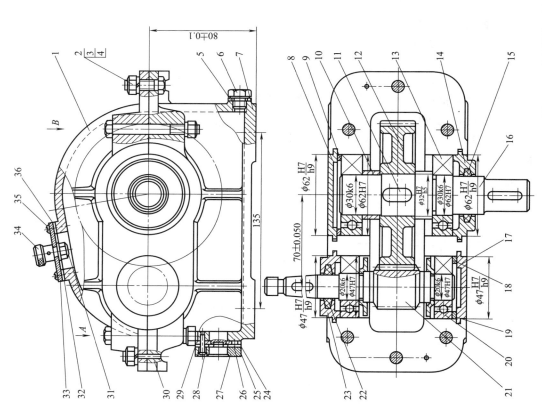

图 7-17 减速器装配图

技术要求

1. 装配前所有零件进行清洗，箱体内壁涂涂油漆
2. 减速箱表面涂灰色油漆
3. 作空载正反转各1h,要求平稳,负载运转油池油温度不超过35℃

第八章 编写设计计算说明书

第一节 设计计算说明书的内容

机械设计课程设计的设计计算说明书是设计计算的整理和总结，是设计的理论依据，是审核设计是否合理、经济及可靠的技术文件。因此，编写设计计算说明书是设计工作极其重要的组成部分。说明书的内容与设计任务所规定的题目密切相关，对于以减速器为主的机械传动装置的设计而言，说明书的内容大致包括以下内容。

（1）目录（标题及页码）。

（2）设计任务书（设计题目）。

（3）传动方案的拟定与分析（附传动方案简图并简要说明）。

（4）电动机的选择和动力参数计算。（总传动比及各级传动比分配，各轴功率、转速和转矩计算）。

（5）传动零件的设计计算。

（6）轴的设计计算及校核。

（7）滚动轴承的选择计算。

（8）键连接的选择及验算。

（9）联轴器的选择（写出型号并进行必要的验算）。

（10）箱体设计（主要结构尺寸及附件，对蜗杆传动热平衡验算）。

（11）润滑方式和密封装置的选择（润滑油牌号，装油量，密封类型）。

（12）设计小结（对课程设计的体会、设计的优缺点及改进意见）。

（13）参考资料（资料编号，作者，书名，出版单位和出版年份）。

机械系统中含有执行机构时，说明书的内容还应包括：执行机构运动方案与评价，执行机构运动简图及机械系统运动简图，执行机构运动与动力分析。

此外，对制造和使用有一些必须加以说明的技术要求，例如装配、拆卸、安装和维护时的注意事项，需采取的重要措施等，也可以写入。

第二节 设计计算说明书的要求

设计计算说明书要求文字简洁通顺，书写工整，条理清晰，层次分明。除较系统地说明设计过程中所涉及的全部计算项目外，尚应对设计的合理性、经济性以及对装拆等方面的有关问题作必要的阐述。同时注意下列事项。

（1）说明书的标题应层次分明，标题层次应紧扣内容且合乎逻辑，标题既应准确表明正文，又应简要醒目。根据国际通用的章节编号方法，推荐采用分级阿拉伯数字编号法。这种方法的突出优点是一目了然，其示例见第三节中的说明书格式。

（2）对计算内容，只需写出计算公式，代入相应数据，得出计算结果并注明单位。对校核计算，在计算结果栏内应附上"满足"或"安全"等简要结论性用语，不必写出中间运算过程。

（3）说明书应结合文字叙述与计算，并附上必要的简图，如执行机构运动简图、机械系统运动简图、轴的结构设计简图、轴的受力分析图、弯矩图及轴承受力分析图等。

（4）说明书中所引用的重要计算公式和有关参数应注明其出处，或在该公式和数据的右上角标出参考文献的编号及页码。主要参数尺寸的计算结果应写在说明书用纸右侧留出的宽30mm的计算结果栏内，以便查阅。

（5）设计说明书应使用设计专用纸按上述要求的内容及规定的格式用蓝色或黑色墨水钢笔或圆珠笔书写，也可以用计算机打印。标出页码、编好目录后装订成册。

第三节　设计计算说明书的书写格式

为使设计计算说明书的书写规范化，一般设计说明书每页分为两栏，左侧书写主要设计计算过程，右侧书写计算的主要结果。说明书的书写格式示例见表 8-1。

表 8-1　说明书的书写格式示例

设　计　过　程	计　算　结　果
…… 二、选择电动机 　1. 电动机类型的选择 　根据动力源和工作条件,选用 Y 系列三相异步电动机。 　2. 电动机功率的选择 　工作机所需要的有效功率 P_w 为 $$P_w = \frac{F\nu}{1000\eta_w} = \frac{8000 \times 0.57}{1000 \times 1} \text{kW} = 4.56 \text{kW}$$ 其中,η_w 为工作机的传动效率。 　传动装置总效率为 $$\eta = \eta_1 \eta_2^2 \eta_3^3 \eta_4 = 0.95 \times 0.97^2 \times 0.98^3 \times 0.99 = 0.833$$ 其中,各传动机构的效率,根据表 10-3 可查出: 　$\eta_1 = 0.95$,为带传动的效率; 　$\eta_2 = 0.97$,为一级圆柱齿轮传动的效率; 　$\eta_3 = 0.98$,为一对滚动轴承传动的效率; 　$\eta_4 = 0.99$,为刚性联轴器的效率。 　电动机所需功率 P_d 为 $$P_d = \frac{P_w}{\eta} = \frac{4.56}{0.833} \text{kW} = 5.474 \text{kW}$$ 由表 10-6 可选取电动机的额定功率为 5.5kW。 　3. 电动机转速的选择 　电动机通常采用的同步转速有 1000r/min 和 1500r/min 两种,现对两种转速作对比。 　由表 10-6 可知,同步转速是 1000r/min 的电动机,其满载转速 n_m 是 960r/min;同步转速是 1500r/min 的电动机,其满载转速 n_m 是 1440r/min。 　工作机的转速为 $$n_w = \frac{60 \times 1000\nu}{\pi D} = \frac{60 \times 1000 \times 0.57}{3.14 \times 450} \text{r/min} = 24.204 \text{r/min}$$ 　总传动比 $i = n_m/n_w$,其中 n_m 为电动机的满载转速。 　现将两种电动机的有关数据列于表 8-2 作比较。	$P_w = 4.56 \text{kW}$ $\eta = 83.3\%$ $P_d = 5.474 \text{kW}$ $n_w = 24.204 \text{r/min}$

表 8-2　两种电动机的数据比较

方案	电动机型号	额定功率 /kW	同步转速 /(r/min)	满载转速 /(r/min)	总传动 比 i
Ⅰ	Y132M2-6	5.5	1000	960	39.663
Ⅱ	Y132S-4	5.5	1500	1440	59.494

由表 8-2 可知,方案 Ⅱ 总传动比过大,为了使传动装置结构紧凑,选用传动方案 Ⅰ 较合理。

设计过程	计算结果
4. 电动机型号的确定 根据电动机功率和同步转速,选定电动机的型号为 Y132M2-6。查表 10-6 和表 10-7,知电动机有关参数如下: 电动机的额定功率 $P=5.5\text{kW}$ 电动机的满载转速 $n_\text{m}=960\text{r/min}$ 电动机的外伸轴直径 $D=38\text{mm}$ 电动机的外伸轴长度 $E=80\text{mm}$ 三、传动装置的运动学和动力学参数计算 1. 总传动比及其分配 总传动比 $i=n_\text{m}/n_\text{w}=960/24.204=39.663$; 根据表 2-4,选 V 带传动的传动比 $i_1=3.170$; 减速器的传动比 $i_\text{f}=i/i_1=39.663/3.17=12.512$。 考虑两级齿轮润滑问题,两级大齿轮应有相近的浸油深度。根据式(2-5),两级齿轮减速器高速级传动比 i_2 与低速级传动比 i_3 的比值取 1.3,即 $i_2=1.3i_3$,则 $$i_2=\sqrt{1.3i_\text{f}}=\sqrt{1.3\times12.512}=4.033$$ $$i_3=i_\text{f}/i_2=12.512/4.033=3.102$$ 2. 传动装置中各轴的转速计算 根据传动装置中各轴的安装顺序,对轴依次编号为:0 轴、Ⅰ 轴、Ⅱ 轴、Ⅲ 轴、Ⅳ 轴。 $$n_0=n_\text{m}=960\text{r/min}$$ $$n_\text{I}=n_\text{m}/i_1=\frac{960}{3.170}\text{r/min}=302.839\text{r/min}$$ $$n_\text{II}=n_\text{I}/i_2=\frac{302.839}{4.033}\text{r/min}=75.090\text{r/min}$$ $$n_\text{III}=n_\text{II}/i_3=\frac{75.090}{3.102}\text{r/min}=24.207\text{r/min}$$ $$n_\text{IV}=n_\text{III}=n_\text{w}=24.207\text{r/min}$$ 3. 传动装置中各轴的功率计算 $$P_0=P_\text{d}=5.474\text{kW}$$ $$P_\text{I}=P_\text{d}\eta_1=5.474\times0.95\text{kW}=5.200\text{kW}$$ $$P_\text{II}=P_\text{I}\eta_2\eta_3=5.200\times0.97\times0.98\text{kW}=4.943\text{kW}$$ $$P_\text{III}=P_\text{II}\eta_3\eta_2=4.943\times0.98\times0.97\text{kW}=4.699\text{kW}$$ $$P_\text{IV}=P_\text{III}\eta_3\eta_4=4.699\times0.98\times0.99\text{kW}=4.559\text{kW}$$ 4. 传动装置中各轴的输入转矩计算 $$T_0=T_\text{d}=9550P_\text{d}/n_\text{m}=\frac{9550\times5.474}{960}\text{N}\cdot\text{m}=54.455\text{N}\cdot\text{m}$$ $$T_\text{I}=9550P_\text{I}/n_\text{I}=\frac{9550\times5.200}{302.839}\text{N}\cdot\text{m}=163.982\text{N}\cdot\text{m}$$ $$T_\text{II}=9550P_\text{II}/n_\text{II}=\frac{9550\times4.943}{75.090}\text{N}\cdot\text{m}=628.654\text{N}\cdot\text{m}$$ $$T_\text{III}=9550P_\text{III}/n_\text{III}=\frac{9550\times4.699}{24.207}\text{N}\cdot\text{m}=1853.821\text{N}\cdot\text{m}$$ $$T_\text{IV}=9550P_\text{IV}/n_\text{IV}=\frac{9550\times4.559}{24.207}\text{N}\cdot\text{m}=1798.589\text{N}\cdot\text{m}$$ 将传动装置中各轴的功率、转速、转矩列表,如表 8-3 所示	电动机型号: Y132M2-6 额定功率: $P=5.5\text{kW}$ 满载转速: $n_\text{m}=960\text{r/min}$ 总传动比: $i=39.663$ 带传动的传动比: $i_1=3.170$ 高速级的传动比: $i_2=4.033$ 低速级的传动比: $i_3=3.102$ $n_0=960\text{r/min}$ $n_\text{I}=302.839\text{r/min}$ $n_\text{II}=75.090\text{r/min}$ $n_\text{III}=24.207\text{r/min}$ $n_\text{IV}=24.207\text{r/min}$ $P_0=5.474\text{kW}$ $P_\text{I}=5.200\text{kW}$ $P_\text{II}=4.943\text{kW}$ $P_\text{III}=4.699\text{kW}$ $P_\text{IV}=4.559\text{kW}$ $T_0=54.455\text{N}\cdot\text{m}$ $T_\text{I}=163.982\text{N}\cdot\text{m}$ $T_\text{II}=628.654\text{N}\cdot\text{m}$ $T_\text{III}=1853.821\text{N}\cdot\text{m}$ $T_\text{IV}=1798.589\text{N}\cdot\text{m}$

表 8-3 各轴的运动和动力参数

参数	轴 名				
	0 轴	Ⅰ 轴	Ⅱ 轴	Ⅲ 轴	Ⅳ 轴
转速 n /(r·min^{-1})	960	302.839	75.090	24.207	24.207
功率 P/kW	5.474	5.200	4.943	4.699	4.559
转矩 T/(N·m)	54.455	163.982	628.654	1853.821	1798.589
传动比 i	3.170	4.033	3.102	1	

第九章 答 辩

第一节 答辩的准备

答辩是机械设计课程设计的最后环节。通过准备及答辩可以在回顾和总结的基础上加深对设计方法和步骤的领会理解，发现从方案分析、强度计算、结构设计等诸方面所涉及的工艺性、经济性及可靠性等方面存在的问题，从而明确所作设计的优缺点及以后应改进的方向。因此，充分做好课程设计的答辩准备非常重要。为使答辩能顺利进行，在答辩之前应做好如下准备。

（1）按机械设计课程设计任务的要求完成全部图样和设计计算说明书，并将图纸按制图标准规定折叠，连同设计题目、设计计算说明书和设计草图装入档案袋内。档案袋封面应标明袋内包含内容、班级、姓名、指导教师和完成日期。

（2）对设计过程做好总结，包括对设计过程中所牵涉的理论知识和设计经验进行系统地复习；对所绘制的减速器装配图、零件工作图及设计计算说明书做认真的检查，并提出改进意见；把在设计中尚未弄懂，不甚清楚以及考虑不周的问题搞透彻，以便在提高机械设计能力方面取得更大的收益。

第二节 复习思考题

为便于顺着设计思路系统地回顾和总结，发现从方案设计、运动受力分析、强度计算结构设计等诸方面存在的问题，特备以下思考题供复习时参考。这些思考题是根据某些具体设计内容提出来的，但由于读者的设计题目和内容不同，采用的设计手段和方法不同，每个读者设计过程中涉及的知识点也不同，因此在复习时应针对与自己的设计内容有关的问题进行思考，重点是把自己在整个设计实践过程中所涉及的问题搞清、弄懂。

1. 机械系统的方案设计

（1）机械系统主要由哪几部分组成？

（2）传动装置的作用有哪些？合理的传动方案应满足哪些要求？

（3）为何通常带传动布置在高速级，而滚子链传动布置在低速级？

（4）在锥齿轮-圆柱齿轮减速器中，为何锥齿轮一般布置在高速级？

（5）在多级传动中为何通常将蜗杆传动布置在高速级？

2. 机械系统运动、动力参数计算

（1）执行机构运动和动力分析的目的是什么？

（2）工业生产中应用广泛的是哪些类型的电动机？它们具有哪些特点？

（3）如何确定工作机所需的功率？它与电动机的输出功率是否相同？电动机额定功率是怎样确定的？设计传动零件时采用哪一功率进行计算？为什么？

（4）传动装置的总效率如何确定？计算总效率时应注意哪些问题？

（5）电动机的转速如何确定？高转速电动机与低转速电动机各有何优缺点？电动机的满

载转速与同步转速的含义是什么？设计中采用哪种转速计算？

（6）合理分配各级传动比有什么意义？分配传动比时通常要考虑哪些原则？

（7）分配的传动比与传动零件的实际传动比是否相同？工作机的实际转速与设计要求的误差范围不符合时如何处理？

（8）同一轴的输入功率与输出功率是否相同？设计传动零件或轴时采用哪一功率？

3. 传动零件设计计算

（1）在传动装置设计中为什么一般要先设计传动零件？而传动零件设计通常先设计减速器外传动零件？

（2）在什么条件下齿轮与轴应制成整体的齿轮轴？

（3）锥齿轮的锥距能否加以圆整？为什么？

（4）如何估算蜗杆传动中齿面的相对滑动速度 v_s 的大小？设计结果的实际滑动速度与初估不一致时应怎样重新计算？

（5）如果将圆柱齿轮传动的中心距圆整成尾数为 0 或 5，应如何调整模数 m、齿数 z 及螺旋角 β 等参数？

（6）齿轮传动参数和尺寸中，哪些应取标准值？哪些应加以圆整？哪些必须精确计算？

（7）开式齿轮传动的设计要点有哪些？

（8）齿轮设计应考虑哪些问题？主要步骤是什么？

（9）齿轮结构形式有几种？应如何选择？

（10）齿轮的主要失效形式有哪些？开式和闭式齿轮传动的失效形式有哪些不同？设计时如何考虑？

（11）齿轮材料的选择原则是什么？常用齿轮材料和热处理方法有哪些？

（12）什么是软齿面齿轮？什么是硬齿面齿轮？分别在什么情况下选用？为何一般软齿面齿轮大小齿轮的材料或热处理不同？

（13）蜗杆传动有何特点？宜在什么情况下采用？

（14）为什么蜗杆传动只计算蜗轮齿的强度，而不计算蜗杆齿的强度？

（15）为什么闭式连续工作的蜗杆传动要进行热平衡计算？可采取哪些措施改善散热条件？

（16）蜗杆减速器，蜗杆在什么情况下放在蜗轮下面？在什么情况下放在蜗轮上面？为什么？

（17）齿轮传动为什么要有侧隙？侧隙用哪些公差项目来保证？

（18）锥齿轮或蜗轮为什么需要调整轴向位置？如何调整？

（19）如何选择齿轮或蜗轮的精度等级？通过哪些检验项目来保证？

（20）为什么小圆柱齿轮的齿宽比大圆柱齿轮大些？反之是否可以？

（21）斜齿圆柱齿轮公法线长度和跨齿数如何确定？为什么要规定公法线长度上下极限偏差？

（22）齿轮精度分为哪几个等级？什么精度等级范围需要磨齿？什么精度等级范围只需插齿？如何选择齿轮精度？

（23）锥齿轮传动中，大小齿轮的齿宽是否相等？

（24）闭式齿轮传动的小齿轮齿数如何确定？开式齿轮传动的小齿轮齿数怎样确定？

（25）传动比大小对带传动有何影响？为什么要限制最大传动比？

4. 轴的设计计算

（1）对轴的材料有什么要求？碳钢及合金钢各适用于什么情况？用合金钢代替碳钢对提

高轴的强度和刚度效果如何？为什么？

（2）设计轴的结构应考虑哪些方面问题？

（3）降低轴上应力集中可采取哪些措施？

（4）提高轴的疲劳强度及刚度可采用哪些措施？

（5）阶梯轴各轴段的直径和长度如何确定？

（6）如何保证齿轮在轴上轴向固定可靠？为确保滚动轴承的拆卸，其轴肩高度如何确定？

（7）轴端中心孔有几种形式？各在什么情况下采用？

（8）减速器中轴的外伸端与轮毂相配的直径与长度如何确定？

（9）轴的设计中，定位轴肩和非定位轴肩的高度如何确定？

（10）在轴的强度计算中，计算弯矩 $M_{ca} = \sqrt{M^2 + (\alpha T)^2}$ 中，α 的含义是什么？其大小如何确定？

（11）在用安全系数法对轴进行疲劳强度校核时，危险截面如何确定？同一截面上有几种应力集中源时，综合影响系数 K_σ 如何确定？

（12）轴肩处圆角与齿轮毂孔倒角有什么关系？轴哪些部位需要设置退刀槽？哪些部位需要留有砂轮越程槽？

（13）轴的哪些轴段直径必须圆整成标准值？轴颈的直径尺寸如何确定？

（14）轴的零件工作图上应标注哪些公差项目？为什么？

（15）轴的零件工作图上，其轴向尺寸标注原则是什么？

（16）轴的几何公差有哪些？标注的目的是什么？怎样对这些几何公差进行检测？

（17）为什么轴常设计成阶梯轴？若将其改成光轴应从哪些方面着手？

（18）轴在不同轴段上有两个键槽时，其位置如何？为什么？

5. 滚动轴承的选择、计算及组合设计

（1）滚动轴承的类型和尺寸如何确定？如何初选轴承的直径系列？

（2）轴承内圈与轴的配合、外圈与箱体孔的配合有什么差异？为什么？

（3）如何提高轴承的支承刚度及旋转精度？

（4）蜗杆轴上轴承组合设计可采用哪些结构形式？

（5）如何考虑轴承的安装与拆卸？

（6）角接触球轴承和圆锥滚子轴承的轴向间隙为什么需要调整？间隙的数值如何确定？如何进行调整和检查？

（7）如何确定角接触球轴承或圆锥滚子轴承的当量动载荷？内圈固定和外圈固定在计算上有什么差异？

（8）如何确定作用在角接触轴承上的轴向载荷和径向载荷？

（9）滚动轴承寿命计算中为什么要考虑载荷系数及温度系数？静载荷计算时要考虑这两个系数吗？为什么？

（10）设计轴承组合结构时，如何考虑角接触轴承的布置（面对面还是背对背）？

（11）滚动轴承的游动端视采用的轴承类型不同而不同，它们在轴向固定上有何不同？内外圈可分离轴承怎样固定？内外圈不可分离轴承又怎样固定？

6. 键连接的选择与计算

（1）轴毂连接主要有哪些类型？键连接有哪些类型？其中最常用的是什么键连接？原因何在？

（2）普通型平键中，A型、B型、C型的结构有何不同？如何合理选用？

（3）矩形花键和渐开线花键的定心方式是什么？

（4）轴毂连接如果同时采用过盈配合和平键连接，应如何计算？

（5）普通型平键有哪些失效形式？主要失效形式是什么？怎样进行强度校核？若按经验算法发现强度不足时，可采取哪些措施？

7. 联轴器的选择

（1）常用联轴器有哪些类型？怎样选择？

（2）试述弹性联轴器的特点，并说明为何弹性套柱销联轴器多用于高速轴与电动机轴之间的连接。

（3）电动机轴与减速器输入轴在什么情况下可采用刚性联轴器？

（4）选择联轴器的主要依据是什么？

（5）选择十字滑块联轴器主要考虑哪些因素？

（6）齿轮联轴器为什么能补偿所连接的两轴间的综合偏移？

8. 箱体结构设计及其附件

（1）箱体零件的设计，在制造工艺上都考虑了哪些问题？箱体尺寸的标注原则是什么？

（2）箱体分箱面上的输油沟和回油沟功用各是什么？是如何加工出来的？

（3）减速器箱体壁厚度是根据什么参数来确定的？怎样确定？

（4）箱体高度是如何确定的？其长度和宽度又是如何确定出来的？

（5）试说明箱体的机械加工过程和定位基准。

（6）箱盖上所开检查孔的功用是什么？其位置怎样确定？

（7）箱体表面的肋起什么作用？置于箱体内和箱体外的优缺点各是什么？

（8）减速器轴承孔的长度如何确定？轴承应布置在轴承孔的哪个位置比较合适？

（9）箱座与箱盖的定位销起什么作用？通常应有几个？布置位置怎样考虑？销孔应如何加工？在什么条件下加工？

（10）定位销的尺寸怎样确定？选用圆锥销与圆柱销有何不同？

（11）箱体上的放油塞功用是什么？应布置在什么位置？结构上有什么特点和要求？

（12）箱体上启盖螺钉的功用是什么？其布置位置应怎样考虑？一般应设置几个？

（13）箱盖上为何要设置透气塞？其作用如何？应布置在什么位置？

（14）箱体上的吊耳及箱盖上的吊环螺钉起什么作用？应布置在什么位置？

（15）箱体上的油标有什么作用？其位置和结构应如何确定？

（16）箱体的轴承孔如何加工？如何保证轴承孔的正确形状？

（17）箱座凸缘厚度如何确定？

（18）箱盖凸缘厚度如何确定？

（19）箱座底凸缘厚度如何确定？

（20）地脚螺栓直径及数目怎样确定？

（21）轴承旁连接螺栓的直径和螺栓间距离是如何确定的？

（22）箱盖与箱座的连接螺栓直径如何确定？

（23）轴承端盖连接螺钉直径如何确定？

（24）箱体上螺栓连接处的扳手空间根据什么来确定？

（25）为保证箱体上连接螺栓的轴线与螺母或螺栓头支承面垂直，箱体结构应如何设计？

（26）箱体上的吊环螺钉的直径根据什么参数来估计？

（27）箱体加工面的几何公差应怎样考虑？

（28）箱体上同一轴线的两轴承孔直径为何尽量相等？

9. 润滑与密封

（1）减速器箱体内润滑油面的高度如何确定？最低油面怎样确定？

（2）齿轮或蜗轮（蜗杆）的润滑剂牌号根据什么来确定？润滑方式如何？

（3）滚动轴承采用脂润滑还是油润滑的根据是什么？

（4）什么情况下滚动轴承旁加挡油板？什么情况下蜗杆轴上要加甩油环？

（5）减速器内润滑油的容量如何确定？油从箱体上何处注入，又从箱体上何处放出？

（6）为什么上下箱体接合面处不允许使用垫片密封？应如何密封？

（7）轴外伸部位与轴承透盖之间有哪些密封形式？各用于什么场合？

（8）滚动轴承中润滑脂的添加量大致多少？

（9）放油塞在什么情况下必须有密封？无密封在结构上能否实现？

（10）考虑到润滑的充分性，在两级齿轮减速器中传动件转向如何确定？

10. 装配、安装与调整

（1）试述轴承间隙的调整方法？

（2）如果采用嵌入式轴承盖，滚动轴承游隙如何调整？

（3）上下箱体装配时用什么定位？目的是什么？

（4）如何保证一对直齿锥齿轮锥顶交于一点？小锥齿轮轴如何进行装配？

（5）装配时螺纹连接的防松装置是怎样考虑的？

（6）双头螺柱连接，螺柱的拧入端如何防止松脱？

（7）试述减速器的装配过程，齿轮接触斑点如何检验？齿轮副侧隙如何检查？

（8）滚动轴承游隙调整中，垫片厚度如何确定？

（9）蜗杆轴如何进行装配？

（10）螺钉的长度和拧入深度如何确定？

（11）齿轮副的接触斑点偏向一端时，采用什么办法解决？

（12）试述减速器的装配工艺过程。

11. 装配图与零件图设计

（1）装配图中应标注哪几类尺寸？齿轮与轴的配合性质应如何选择？其配合代号怎样标注？

（2）滚动轴承孔与轴颈配合代号为何要写成 $\phi50k6$ 而不能写成 $\phi\frac{50H7}{k6}$？

（3）装配图中技术要求的作用是什么？包括哪些内容？

（4）齿轮或蜗轮零件工作图上所标注公差项目的意义是什么？

（5）装配图的作用是什么？哪些细节可以省略不画？

第二篇 设 计 资 料

第十章 一般标准和规范

第一节 一 般 标 准

表 10-1 图纸幅面（摘自 GB/T 14689—1993） （单位：mm）

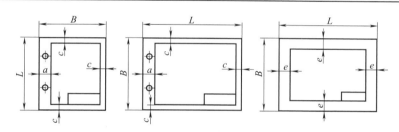

装订   不装订

幅面代号	A0	A1	A2	A3	A4
$B \times L$	841×1189	594×841	420×594	297×420	210×297
a			25		
c		10			5
e		20		10	

注：必要时，也允许选用加长幅面；可将表中 B 加长整数倍，如 A1×3 的幅面尺寸为 841mm×1783mm。

表 10-2 绘图比例（摘自 GB/T 14690—1993）

种类	优先采用的比例	必要时允许采用的比例
原值比例	1:1	
放大比例	2:1 5:1 10:1 2×10^n:1 5×10^n:1 10×10^n:1	2.5:1 4:1 2.5×10^n:1 4×10^n:1
缩小比例	1:2 1:5 1:10 1:2×10^n 1:5×10^n 1:10^n	1:1.5 1:2.5 1:3 1:4 1:1.5×10^n 1:2.5×10^n 1:3×10^n 1:4×10^n

注：1. n 为正整数。

2. 绘制同一机件的一组视图时应采用同一比例，当需要用不同比例绘制某个视图时，应当另行标注。

3. 当图形中孔的直径或薄片的厚度等于或小于 2mm，斜度和锥度较小时，可不按比例而夸大绘制。

表 10-3　常见机械传动效率的概略值

种类		效率 η	种类		效率 η
圆柱齿轮传动	经过跑合的 6 级精度和 7 级精度齿轮传动(油润滑)	0.98～0.99	带传动	平带无张紧轮的传动	0.98
	8 级精度的一般齿轮传动(油润滑)	0.97		V 带传动	0.96
	9 级精度的齿轮传动(油润滑)	0.96	链传动	滚子链	0.96
	加工齿的开式齿轮传动(脂润滑)	0.94～0.96		齿形链	0.97
锥齿轮传动	经过跑合的 6 级精度和 7 级精度齿轮传动(油润滑)	0.97～0.98	滑动轴承	润滑不良	0.94(一对)
	8 级精度的一般齿轮传动(油润滑)	0.94～0.97		润滑良好	0.97(一对)
	开式齿轮传动(脂润滑)	0.92～0.95		润滑很好(压力润滑)	0.98(一对)
蜗杆传动	自锁蜗杆(油润滑)	0.40～0.45		液体摩擦润滑	0.99(一对)
	单头蜗杆(油润滑)	0.70～0.75	滚动轴承	球轴承	0.99(一对)
	双头蜗杆(油润滑)	0.75～0.82			
	三头和四头蜗杆(油润滑)	0.80～0.92		滚子轴承	0.98(一对)
联轴器	弹性联轴器	0.99～0.995	丝杠传动	滑动丝杠	0.30～0.60
	金属滑块联轴器	0.97～0.99		滚动丝杠	0.85～0.95
	齿轮联轴器	0.99			
	万向联轴器	0.95～0.98	卷筒		0.94～0.97

表 10-4　常用电动机的特点及用途

类别	系列名称	主要性能及结构特点	用途	工作条件	安装形式	型号及含义
一般异步电动机	Y 系列(IP44)封闭式三相异步电动机	效率高,耗电少,性能好,噪声低,振动小,体积小,重量轻,运行可靠,维修方便。为 B 级绝缘,结构为全封闭、自扇冷式,能防止灰尘、铁屑、杂物等侵入电动机内部,冷却方式为 IC0141	适用于灰尘多,土扬水溅的场合,如农业机械、矿山机械、搅拌机、碾米机、磨粉机等,为一般用途电动机	1. 海拔不超过 1000m; 2. 环境温度不超过 40℃; 3. 额定电压为 380V,额定频率为 50Hz; 4. 3kW 以下为 Y 连接,4kW 及以上为 △ 连接; 5. 工作方式为连续使用	B3 B5 B35	Y132S2-2 Y 为异步电动机; 132 为中心高(mm); S2 为机座长(S 为短机座,M 为中机座,L 为长机座,2 号铁芯长); 2 为极数
	Y 系列(IP23)防护式笼型三相异步电动机	为一般用途防滴式电动机,可防止直径大于 12mm 的小固体异物进入机壳内,并防止沿垂线成 60° 角或小于 60° 角的淋水对电动机的影响。同样机座 IP23 比 IP44 提高一个功率等级,主要性能同 IP44。绝缘等级为 B 级,冷却方式为 IC01	适用于驱动无特殊要求的各种机械设备,如金属切削机床、鼓风机、水泵、运输机械等			Y160L2-2 Y 为异步电动机; 160 为中心高(mm); L2 为机座长(L 为长机座,2 号铁芯长); 2 为极数

表 10-5　电动机安装形式及代号

电动机类型	示意图	代号	安装形式	备　注
Y 系列电动机		B3	安装在基础构件上	有底脚,有轴伸
		B35	借底脚安装在基础构件上,并附用凸缘安装	有底脚,有轴伸,端盖上有凸缘

电动机类型	示意图	代号	安装形式	备　注
Y 系列电动机		B5	借凸缘安装	无底脚,有轴伸
		V1	借凸缘在底部安装	无底脚,轴伸向下
		V15	安装在墙上并附用凸缘在底部安装	有底脚,轴伸向下
YZR、YZ 系列电动机		IM1001		
		IM1003		锥形轴伸
		IM1002		
		IM1004		锥形轴伸

表 10-6　Y 系列 (IP44) 三相异步电动机的技术数据

电动机型号	限定功率/kW	满载转速/(r/min)	堵转转矩额定转矩	最大转矩额定转矩	质量/kg	电动机型号	限定功率/kW	满载转速/(r/min)	堵转转矩额定转矩	最大转矩额定转矩	质量/kg
同步转速3000r/min,2极						同步转速1500r/min,4极					
Y801-2	0.75	2825	2.2	2.3	16	Y801-4	0.55	1390	2.4	2.3	17
Y802-2	1.1	2825	2.2	2.3	17	Y802-4	0.75	1390	2.3	2.3	18
Y90S-2	1.5	2840	2.2	2.3	22	Y90S-4	1.1	1400	2.3	2.3	22
Y90L-2	2.2	2840	2.2	2.3	25	Y90L-4	1.5	1400	2.3	2.3	27
Y100L-2	3	2870	2.2	2.3	33	Y100L1-4	2.2	1430	2.2	2.3	34
Y112M-2	4	2890	2.2	2.3	45	Y100L2-4	3	1430	2.2	2.3	38
Y132S1-2	5.5	2900	2.0	2.3	64	Y112M-4	4	1440	2.2	2.3	43
Y132S2-2	7.5	2900	2.0	2.3	70	Y132S-4	5.5	1440	2.2	2.3	68
Y160M1-2	11	2930	2.0	2.3	117	Y132M-4	7.5	1440	2.2	2.3	81
Y160M2-2	15	2930	2.0	2.2	125	Y160M-4	11	1460	2.2	2.3	123
Y160L-2	18.5	2930	2.0	2.2	147	Y160L-4	15	1460	2.2	2.3	144
Y180M-2	22	2940	2.0	2.2	180	Y180M-4	18.5	1470	2.0	2.2	182
Y200L1-2	30	2950	2.0	2.2	240	Y180L-4	22	1470	2.0	2.2	190
Y200L2-2	37	2950	2.0	2.2	255	Y200L-4	30	1470	2.0	2.2	270
Y225M-2	45	2970	2.0	2.2	309	Y225S-4	37	1480	1.9	2.2	284
Y250M-2	55	2970	2.0	2.2	403	Y225M-4	45	1480	1.9	2.2	320
同步转速1000r/min,6极						Y250M-4	55	1480	2.0	2.2	427
Y90S-6	0.75	910	2.0	2.0	23	Y280S-4	75	1480	1.9	2.2	562
Y90L-6	1.1	910	2.0	2.0	25	Y280M-4	90	1480	1.9	2.2	667
Y100L-6	1.5	940	2.0	2.0	33	同步转速750r/min,8极					
Y112M-6	2.2	940	2.0	2.0	45	Y132S-8	2.2	1.8	2.0	2.0	63
Y132S-6	3	960	2.0	2.0	63	Y132M-8	3	1.8	2.0	2.0	79
Y132M1-6	4	960	2.0	2.0	73	Y160M1-8	4	1.8	2.0	2.0	118
Y132M2-6	5.5	960	2.0	2.0	84	Y160M2-8	5.5	1.8	2.0	2.0	119
Y160M-6	7.5	970	2.0	2.0	119	Y160L-8	7.5	1.8	2.0	2.0	145
Y160L-6	11	970	2.0	2.0	147	Y180L-8	11	1.8	1.7	2.0	184
Y180L-6	15	970	1.8	2.0	195	Y200L-8	15	1.8	1.8	2.0	250
Y200L1-6	18.5	970	1.8	2.0	220	Y225S-8	18.5	1.8	1.7	2.0	266
Y200L2-6	22	970	1.8	2.0	250	Y225M-8	22	1.8	1.8	2.0	292
Y225M-6	30	980	1.7	2.0	292	Y250M-8	30	1.8	1.8	2.0	405
Y250M-6	37	980	1.8	2.0	408	Y280S-8	37	1.8	1.8	2.0	520
Y280S-6	45	980	1.8	2.0	536	Y280M-8	45	1.8	1.8	2.0	592
Y280M-6	55	980	1.8	2.0	596	Y315S-8	55	1.8	1.6	2.0	1000

注:电动机型号意义,以Y132S2-2-B3为例,Y表示系列代号,132表示机座中心高,S表示短机座(M为中机座,L为长机座),第2种铁芯长度,2为电动机的级数,B3表示安装形式。

表 10-7　机座带底脚、端盖无凸缘（B3、B6、B7、B8、V5、V6 型）电动机的安装及外形尺寸

（单位：mm）

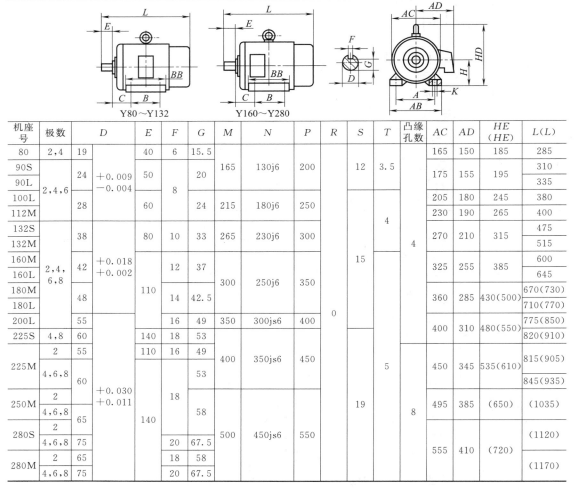

Y80～Y132　　　Y160～Y280

机座号	极数	D	E	F	G	M	N	P	R	S	T	凸缘孔数	AC	AD	HE(HE)	L(L)
80	2,4	19	40	6	15.5								165	150	185	285
90S		24	50		20	165	130j6	200		12	3.5		175	155	195	310
90L	2,4,6	24		8	20											335
100L		28	60		24	215	180j6	250					205	180	245	380
112M		28									4		230	190	265	400
132S		38	80	10	33	265	230j6	300				4	270	210	315	475
132M		38														515
160M	2,4,6,8	42		12	37	300	250j6	350		15			325	255	385	600
160L		42														645
180M		48	110	14	42.5								360	285	430(500)	670(730)
180L		48														710(770)
200L		55		16	49	350	300js6	400	0				400	310	480(550)	775(850)
225S	4,8	60	140	18	53											820(910)
225M	2	55	110	16	49	400	350js6	450			5		450	345	535(610)	815(905)
	4,6,8	60			53											845(935)
250M	2	55	140	18									495	385	(650)	(1035)
	4,6,8	65			58						19	8				
280S	2	65	140	18	58	500	450js6	550					555	410	(720)	(1120)
	4,6,8	75		20	67.5											
280M	2	65		18	58											(1170)
	4,6,8	75		20	67.5											

表 10-8　机座不带底脚、端盖有凸缘（B5、V3、Ⅵ型）电动机的安装及外形尺寸　　（单位：mm）

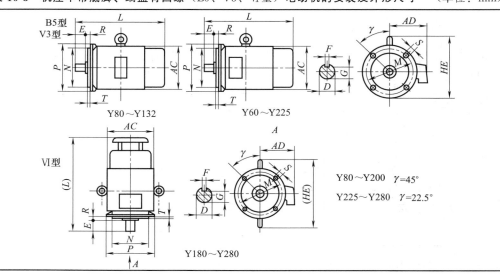

B5型 V3型　　Y80～Y132　　　Y60～Y225

Ⅵ型　　Y180～Y280

Y80～Y200　γ=45°
Y225～Y280　γ=22.5°

续表

机座号	极数	D	E	F	G	M	N	P	R	S	T	凸缘孔数	AC	AD	HE(HE)	L(L)
80	2,4	19	40	6	15.5	165	130j6	200	0	12	3.5	4	165	150	185	285
90S	2,4,6	24 (+0.009/−0.004)	50	8	20								175	155	195	310
90L																335
100L		28	60		24	215	180j6	250			4		205	180	245	380
112M													230	190	265	400
132S	2,4,6,8	38	80	10	33	265	230j6	300		15			270	210	315	475
132M																515
160M		42	110	12	37	300	250j6	350					325	255	385	600
160L																645
180M		48 (+0.018/+0.002)		14	42.5								360	285	430(500)	670(730)
180L																710(770)
200L		55		16	49	350	300js6	400					400	310	480(550)	775(850)
225S	4,8	60	140	18	53											820(910)
225M	2	55	110	16	49	400	350js6	450		19	5		450	345	535(610)	815(905)
	4,6,8	60 (+0.030/+0.011)	140	18	53											845(935)
250M	2	60			58							8	495	385	(650)	(1035)
	4,6,8	65														
280S	2	65	140	18	58	500	450js6	550					555	410	(720)	(1120)
	4,6,8	75		20	67.5											
280M	2	65		18	58											(1170)
	4,6,8	75		20	67.5											

表 10-9　标准尺寸（直径、长度和高度等）（摘自 GB/T 2822—2005）（单位：mm）

R10	R20	R40	R_a10	R_a20	R_a40	R10	R20	R40	R10	R20	R40	R10	R20	R40
16.0	16.0	16.0	16	16	16		45.0	45.0	125	125	125	400	400	400
		17.0			17			47.5			132			425
	18.0	18.0		18	18	50.0	50.0	50.0		140	140		450	450
		19.0			19			53.0			150			475
20.0	20.0	20.0	20	20	20		56.0	56.0	160	160	160	500	500	500
		21.2			21			60.0			170			530
	22.4	22.4		22	22	63.0	63.0	63.0		180	180		560	560
		23.6			24			67.0			190			600
25.0	25.0	25.0	25	25	25		71.0	71.0	200	200	200	630	630	630
		26.5			26			75.0			212			670
	28.0	28.0		28	28	80.0	80.0	80.0		224	224		710	710
		30.0			30			85.0			236			750
31.5	31.5	31.5	32	32	32		90.0	90.0	250	250	250	800	800	800
		33.5			34			95.0			265			850
	35.5	35.5		36	36	100	100	100		280	280		900	900
		37.5			38			106			300			950
40.0	40.0	40.0	40	40	40		112	112	315	315	315	1000	1000	1000
		42.5			42			118			335			1060
										355	355		1120	1120
											375			1180

注：标准适用于机械制造业中有互换性或系列化要求的主要尺寸。其他结构尺寸也应尽量采用。数值必须圆整时，可在相应的 R_a 化整值系列中选取（表中 R_a10、R_a20、R_a40）。

表 10-10 圆柱形轴伸（摘自 CB/T 1569—2005） （单位：mm）

d 基本尺寸	公带差	L 长系列	L 短系列	d 基本尺寸	公带差	L 长系列	L 短系列	d 基本尺寸	公带差	L 长系列	L 短系列
6	j6	16	—	19	j6	40	28	40	k6	110	82
7		16	—	20		50	36	42		110	82
8		20	—	22		50	36	45		110	82
9		20	—	24		50	36	48		110	82
10		23	20	25		60	42	50		110	82
11		23	20	28		60	42	55		110	82
12		30	25	30		80	58	60	m6	140	105
14		30	25	32		80	58	65		140	105
16		40	28	35	k6	80	58	70		140	105
18		40	28	38		80	58	75		140	105

第二节　零件的结构要素

表 10-11　齿轮滚刀外径尺寸（摘自 GB/T 6083—2001）　　　　（单位：mm）

模数系列		2	2.25	2.5	2.75	3	3.25	3.5	3.75	4	4.5	5	5.5	6
滚刀外径 D	AA 级精度	80		90		100				112		125		140
	A、B 级精度	63		71		80				90		100		112

注：AA 级用于滚切 7 级精度齿轮，A 级用于 8 级，B 级用于 9 级。

表 10-12　配合表面处的圆角半径和倒角尺寸（摘自 GB/T 6403.4—2008）　　（单位：mm）

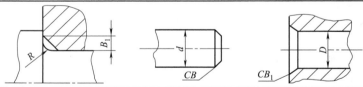

轴（孔）直径 d(D)	>10～18	>18～30	>30～50	>50～80	>80～120	>120～180
R 及 B	0.8	1.0	1.6	2.0	2.5	3.0
B_1	1.2	1.6	2.0	2.5	3	4.0

注：1. 与滚动轴承相配合的轴及轴承座孔处的圆角半径参见轴承的安装尺寸 r。

2. 图中 C 表示倒角为 45°，如采用 30°或 60°倒角，则标注为 B×30°(60°)。

3. B_1 的数值不属于 GB/T 6403.4—1986，仅供参考。

表 10-13　砂轮越程槽（摘自 GB/T 6403.5—2008）　　　　（单位：mm）

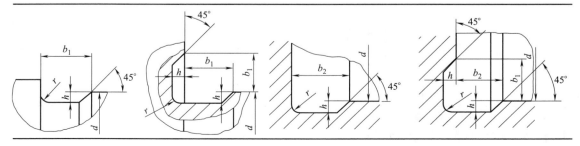

b_1	0.6	1.0	1.6	2.0	3.0	4.0	5.0	8.0	10
b_2	2.0	3.0		4.0		5.0		8.0	10
h	0.1	0.2		0.3		0.4	0.5	0.8	1.2
r	0.2	0.5		0.8		1.0	1.6	2.0	3.0
d	~10			>10~50		>50~100		>100	

表 10-14 中心孔（摘自 GB/T 145—2001） （单位：mm）

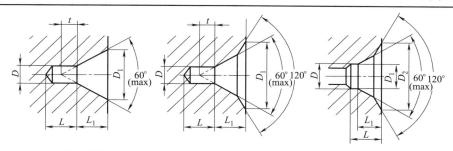

A型不带护桩中心孔　　　B型不带护锥中心孔　　　C型带螺纹的中心孔

	A、B 型					C 型					选择中心孔参考数据		
	A 型			B 型							原料端部最小直径 D_0	轴状原料最大直径 D_c	工件最大质量/kg
D	D_1	参考		D_1	参考		D	D_1	D_2	L	参考 L		
		L_1	t		L_1	t								
2.5	5.30	2.42	2.2	8.0	3.20	2.2	M3	3.2	5.8	2.6	1.8	10	>18~30	200
3.15	6.70	3.07	2.8	10.0	4.03	2.8	M4	4.3	7.4	3.2	2.1	12	>30~50	500
4.0	8.5	3.9	3.5	12.5	5.05	3.5	M5	5.3	8.8	4.0	2.4	15	>50~80	800
6.3	13.2	5.95	5.5	18.0	7.36	5.5	M6	6.4	10.5	5.0	2.8	25	120~180	1500
10.0	21.2	9.7	8.7	28.0	11.7	8.7						35	180~220	2500

注：1. A 型和 B 型中心孔的长度 L 取决于中心钻的长度，此值不应小于 t 值；
2. 括号内的尺寸尽量不采用。

表 10-15 中心孔表示法（摘自 GB/T 4459.5—1999） （单位：mm）

要　求	标准示例	解　释	在图样上的标注
在完工的零件上要求保留中心孔	B3.15/10	要求加工出 B 型中心孔 $D=3.15$，$D_1=10.0$，在完工的零件上要求保留中心孔	2×A4/8.5 Ⓐ
在完工的零件上可以保留中心孔	A4/8.5	用 A 型中心孔 $D=4$，$D_1=8.5$，在完工的零件上是否保留都可以	同一轴的两端中心孔相同，可只在其一端标注，但应注出数量。中心孔表面粗糙度代号和以中心孔轴线为基准时基准代号可在引出线上标出
在完工的零件上不允许保留中心孔	A4/8.5	用 A 型中心孔 $D=4$，$D_1=8.5$，在完工的零件上不允许保留中心孔	

表 10-16 圆柱形零件自由表面过渡圆角半径 （单位：mm）

$D-d$	2	5	8	10	15	20	25	30	35	40	50	55	65	70
R	1	2	3	4	5	8	10	12	12	16	16	20	20	25

表 10-17　铸造过渡尺寸　　　　　　　　　　　　　　　（单位：mm）

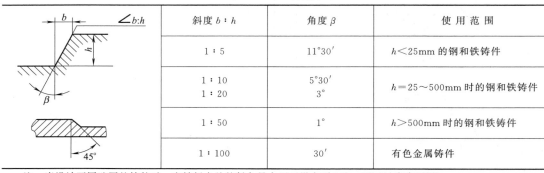

铸铁件和铸钢件的壁厚 δ	x	y	R_0
>10～15	3	15	5
>15～20	4	20	5
>20～25	5	25	5
>25～30	6	30	8
>30～35	7	35	8
>35～40	8	40	10
>40～45	9	45	10
>45～50	10	50	10

适用于减速器的机体、连接管、气缸及其他连接法兰的过渡处

表 10-18　铸造斜度

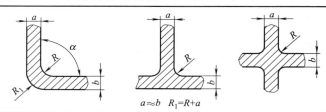

斜度 $b:h$	角度 β	使 用 范 围
1:5	11°30′	$h<25$mm 的钢和铁铸件
1:10 1:20	5°30′ 3°	$h=25～500$mm 时的钢和铁铸件
1:50	1°	$h>500$mm 时的钢和铁铸件
1:100	30′	有色金属铸件

注：当设计不同壁厚的铸件时，在转折点处的斜角最大还可增大到30°～45°（见表中下图）。

表 10-19　铸造内圆角及过渡尺寸（摘自 JB/ZQ 4255—1986）　　　　（单位：mm）

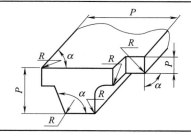

$a \approx b$　$R_1 = R + a$

$\dfrac{a+b}{2}$	R 值											
	内圆角 α											
	<50°		51°～75°		76°～105°		106°～135°		136°～165°		>165°	
	钢	铁	钢	铁	钢	铁	钢	铁	钢	铁	钢	铁
≤8	4	4	4	4	6	4	8	6	16	10	20	16
9～12	4	4	4	4	6	6	10	8	16	12	25	20
13～16	4	4	6	4	8	6	12	10	20	16	30	25
17～20	6	4	8	6	10	8	16	12	25	20	40	30
21～27	6	6	10	8	12	10	20	16	30	25	50	40
28～35	8	6	12	10	16	12	25	20	40	30	60	50

表 10-20　铸造外圆角半径　　　　　　　　　　　　　（单位：mm）

表面的最小边尺寸 P	R 值					
	外圆角 α					
	<50°	51°～75°	76°～105°	106°～135°	136°～165°	>165°
≤25	2	2	2	4	6	8
>25～60	2	4	4	6	10	16
>60～160	4	4	6	8	16	25
>160～250	4	6	8	12	20	30
>250～400	6	8	10	16	25	40
>400～600	6	8	12	20	30	50

注：如果铸件按上表可选出许多不同的圆角"R"时，应尽量减小或只取一适当的"R"值以求统一。

表 10-21　锥度与锥角系列（GB/T 157—2001 摘录）

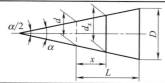

$$锥度\ C=\frac{D-d}{L}=2\tan\frac{\alpha}{2}$$

（锥度一般用比例或分式表示）

一般用途圆锥的锥度与锥角				
基本值		推算值		应用举例
系列 1	系列 2	圆锥角 α	锥度 C	
120°		—	1∶0.288675	螺纹孔的内倒角,填料盒内填料的锥度
90°		—	1∶0.500000	沉头螺钉头,螺纹倒角,轴的倒角
	75°	—	1∶0.651613	车床顶尖,中心孔
60°		—	1∶0.866025	车床顶尖,中心孔
45°		—	1∶1.207107	轻型螺旋管接口的锥形密合
30°		—	1∶1.866025	摩擦离合器
1∶3		18°55′28.7″	18.924644°	—	有极限转矩的摩擦圆锥离合器
	1∶4	14°15′0.17	15.250033°	—	
1∶5		11°25′16.3	11.421186°	—	易拆机件的锥形连接,锥形摩擦离合器
	1∶6	9°31′38.2″	9.527283°	—	
	1∶7	8°10′16.4″	8.171669°	—	重型机床顶尖、旋塞
	1∶8	7°9′9.6″	5.924810°	—	联轴器和轴的圆锥面连接

第三节　焊　缝　符　号

表 10-22　常用焊缝的基本符号及标注示例

名　称	基本符号	标注示例
I 形焊缝	‖	
V 形焊缝	V	
单边 V 形焊缝	V	
角型焊缝	◿	

名　　称	基本符号	标注示例
带钝边 U 形焊缝	Y	
带钝边 V 形焊缝	Y	
点焊缝	○	
塞焊缝	⊓	

表 10-23　常见焊缝标注示例

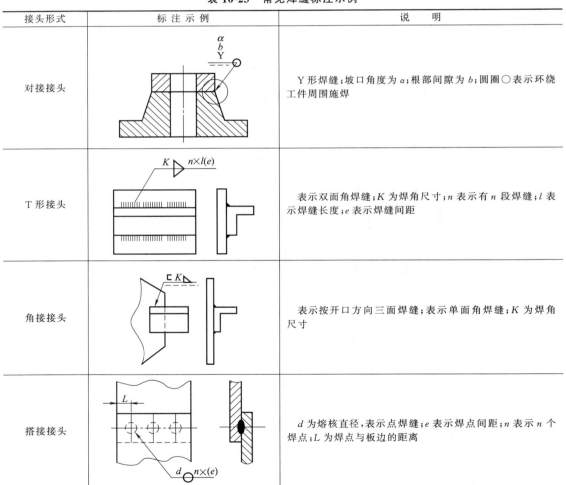

接头形式	标注示例	说　　明
对接接头		Y 形焊缝;坡口角度为 α;根部间隙为 b;圆圈○表示环绕工件周围施焊
T 形接头		表示双面角焊缝;K 为焊角尺寸;n 表示有 n 段焊缝;l 表示焊缝长度;e 表示焊缝间距
角接接头		表示按开口方向三面焊缝;表示单面角焊缝;K 为焊角尺寸
搭接接头		d 为熔核直径,表示点焊缝;e 表示焊点间距;n 表示 n 个焊点;L 为焊点与板边的距离

第十一章 常用工程材料

表 11-1 金属材料中常用化学元素名称及符号

名称	铬	镍	硅	锰	铝	磷	硫	钨	钼	钒	钛	铜	铁	硼	钴	氮	钙	碳	铅	锡	锑	锌
符号	Cr	Ni	Si	Mn	Al	P	S	W	Mo	V	Ti	Cu	Fe	B	Co	N	Ca	C	Pb	Sn	Sb	Zn

表 11-2 钢的常用热处理方法及应用

名　　　称	说　　　明	应　　　用
退火(焖火)	退火是将钢件(或钢坯)加热到临界温度以上30～50℃保温一段时间,然后再缓慢地冷却下来(一般用炉冷)	用来消除铸、锻、焊零件的内应力,降低硬度,以易于切削加工,细化金属晶粒,改善组织,增加韧度
正火(正常化)	正火是将钢件加热到临界温度以上,保温一段时间,然后用空气冷却,冷却速度比退火快	用来处理低碳和中碳结构钢材及渗碳零件,使其组织细化,增加强度及韧度,减少内应力,改善切削性能
淬火	淬火是将钢件加热到临界点以上温度,保温一段时间,然后放入水、盐水或油中(个别材料在空气中)急剧冷却,使其得到高硬度	用来提高钢的硬度和强度极限。但淬火时会引起内应力,使钢变脆,所以淬火后必须回火
回火	回火是将淬硬的钢件加热到临界点温度以下,保温一段时间,然后在空气中或油中冷却下来	用来消除淬火后的脆性和内应力,提高钢的塑性和冲击韧度
调质	淬火后高温回火	用来使钢获得高的韧度和足够的强度,很多重要零件是经过调质处理的
表面淬火	使零件表层有高的硬度和耐磨性,而心部保持原有的强度和韧度	常用来处理轮齿的表面
渗碳	使表面增碳;渗碳层深度0.4～6mm或大于6mm。硬度为56～65HRC	提高钢件的耐磨性能、表面硬度、抗拉强度及疲劳极限,适用于低碳、中碳(小于0.40%C)结构钢的中小型零件和大型的重负荷、受冲击、耐磨的零件
氮碳共渗	使表面加碳与氮,扩散层深度较浅,为0.02～3.0mm 硬度高,在共渗层为0.02～0.04mm时具有66～70HRC	提高结构钢、工具钢制件的耐磨性能、表面硬度和疲劳极限,提高刀具切削性能和使用寿命。适用于要求硬度高且耐磨的中小型及薄片的零件和刀具等
渗氮	表面增氮,氮化层为0.025～0.8mm,而渗氮时间需40～50h,硬度很高(1200HV),耐磨、抗蚀性能高	提高钢件的耐磨性能、表面硬度、疲劳极限和抗蚀能力。适用于结构钢和铸铁件,如气缸套、气门座、机床主轴、丝杠等耐磨零件,以及在潮湿碱水和燃烧气体介质的环境中工作的零件,如水泵轴、排气阀等零件

表 11-3 常用热处理工艺及代号 (GB/T 12603—2005 摘录)

工　艺	代号	工　艺	代号	工　艺	代号
退火	511	淬火	513	渗碳	531
正火	512	空冷淬火	513-A	固体渗碳	531-09
调质	515	油冷淬火	513-O	盐浴渗碳	531-03
表面淬火和回火	521	水冷淬火	513-W	可控气氛渗碳	531-01
感应加热淬火	513-04	感应淬火和回火	521-04	渗氮	533
火焰淬火和回火	521-05	淬火和回火	514	氮碳共渗	532

表 11-4　碳素结构钢（GB/T 700—2006）

牌号	等级	机械性能														
		屈服点 σ_s/MPa						抗拉强度 σ_b/MPa	延伸率/%						冲击试验	
		钢材厚度（直径）/mm							钢材厚度（直径）/mm						温度/℃	V形冲击吸收功（纵向）
		≤16	>16~40	>40~60	>60~100	>100~150	>150		≤16	>16~40	>40~60	>60~100	>100~150	>150		
		不小于							不小于							不小于
Q195	—	195	185	—	—	—	—	315~390	33	32	—	—	—	—	—	—
Q215	A	215	205	195	185	175	165	335~410	31	30	29	28	27	26	—	—
	B														20	27
Q235	A	235	225	215	205	195	185	375~460	26	25	24	23	22	21	—	—
	B														20	27
	C														0	
	D														−20	
Q255	A	255	245	235	225	215	205	410~510	24	23	22	21	20	19	—	—
	B														20	27
Q275	A	275	265	255	245	235	225	490~610	20	19	18	17	16	15	—	—
	B														20	27
	C														0	
	D														−20	

表 11-5　优质碳素结构钢（GB/T 699—1999）

牌号	推荐热处理/℃			试件毛坯尺寸/mm	机械性能					钢材交货状态硬度（HB）		应用举例
	正火	淬火	回火		抗拉强度 σ_b	屈服强度 σ_s	延伸率 δ_5	收缩率 ψ	冲击功（值）$A_k(a_k)$	不大于		
					MPa		%		$J\left(\dfrac{kgf\cdot m}{cm^2}\right)$	未热处理	退火钢	
					不小于							
08F	930			25	295	175	35	60		131		用于需塑性好的零件，如管子、垫片、垫圈；心部强度要求不高的渗碳和氰化零件，如套筒、短轴、挡块、支架、靠模、离合器盘
10	930			25	335	205	31	55		137		用于制造拉杆、卡头、钢管垫片、垫圈、铆钉。这种钢无回火脆性，焊接性好，用来制造焊接零件
15	920			25	375	225	27	55		143		用于受力不大、韧性要求较高的零件，渗碳零件、紧固件、冲模锻件及不需要热处理的低负荷零件，如螺栓、螺钉、拉条、法兰盘及化工储器、蒸汽锅炉
20	910			25	410	245	25	55		156		用于不经受很大应力而要求很大韧性的机械零件，如杠杆、轴套、螺钉、起重钩等。也用于制造压力＜6MPa、温度＜450℃、在非腐蚀介质中使用的零件，如管子、导管等。还可用于表面硬度高而心部强度要求不大的渗碳与氰化零件

牌号	推荐热处理/℃			试件毛坯尺寸/mm	机械性能					钢材交货状态硬度（HB）不大于		应 用 举 例
	正火	淬火	回火		抗拉强度 σ_b	屈服强度 σ_s	延伸率 δ_5	收缩率 ψ	冲击功（值）$A_k(a_k)$	未热处理	退火钢	
					MPa		%		$J\left(\dfrac{kgf\cdot m}{cm^2}\right)$			
					不小于							
25	900	870	600	25	450	275	23	50	71(9)	170		用于制造焊接设备，以及经锻造、热冲压和机械加工的不承受高应力的零件，如轴、辊子、连接器、垫圈、螺栓、螺钉及螺母
35	870	850	600	25	530	315	20	45	55(7)	197		用于制造曲轴、转轴、轴销、杠杆、连杆、横梁、链轮、圆盘、套筒钩环、垫圈、螺钉、螺母。这种钢多在正火和调质状态下使用，一般不作焊接
40	860	840	600	25	570	335	19	45	47(6)	217	187	用于制造辊子、轴、曲柄销、活塞杆、圆盘
45	850	840	600	25	600	355	16	40	39(5)	229	197	用于制造齿轮、齿条、链轮、轴、键、销、蒸汽透平机的叶轮、压缩机及泵的零件、轧辊等。可代替渗碳做齿轮、轴、活塞销等，但要经高频或火焰表面淬火
50	830	830	600	25	630	375	14	40	31(4)	241	207	用于制造齿轮、拉杆、轧辊、轴、圆盘
55	820	820	600	25	645	380	13	35		255	217	用于制造齿轮、连杆、轮圈、轮缘、扁弹簧及轧辊等
60	810			25	675	400	12	35		255	229	用于制造轧辊、轴、轮箍、弹簧圈、弹簧、弹簧垫圈、离合器、凸轮、钢绳等
20Mn	910			25	450	275	24	50		197		用于制造凸轮轴、齿轮、联轴器、铰链、拖杆等
30Mn	880	860	600	25	540	315	20	45	63(8)	217	187	用于制造螺栓、螺母、螺钉、杠杆及刹车踏板等
40Mn	860	840	600	25	590	355	17	45	47(6)	229	207	用于制造承受疲劳负荷的零件，如轴、万向联轴器、曲轴、连杆及在高应力下工作的螺栓、螺母等
50Mn	830	830	600	25	645	390	13	40	31(4)	255	217	用于制造耐磨性要求很高，在高负荷作用下的热处理零件，如齿轮、齿轮轴、摩擦盘、凸轮和截面在80mm以下的心轴等
60Mn	810			25	695	410	11	35		269	229	用于制造弹簧、弹簧垫圈、弹簧环和片以及冷拔钢丝（≤7mm)和发条

表 11-6　合金结构钢（GB/T 3077—1999）

牌号	推荐热处理/℃				截面尺寸（试样直径）/mm	机械性能					硬度		特性及应用举例
	淬火		回火			抗拉强度 σ_b	屈服强度 σ_s	延伸率 δ_5	收缩率 ψ	冲击值 A_{KV}/J	钢材退火或高温回火供应状态的布氏硬度		
	温度	冷却剂	温度	冷却剂		MPa		%		J/cm²	压痕直径/mm 不小于	HBW 不大于	
						$\geqslant$							
合金结构钢													
20Mn2	850 880	水、油 水、油	200 440	水、空气 水、空气	15	785	588	10	40	58.8	4.4	187	截面小时与 20Cr 相当，用于做渗碳小齿轮、小轴、钢套、链板等，渗碳淬火后 HRC56～62
35Mn2	840	水	500	水	25	834	686	12	45	68.7	4.2	207	对于截面较小的零件可代替 40Cr，可做直径≤15mm 的重要用途的冷镦螺栓及小轴等，表面淬火 HRC40～50
45Mn2	840	油	550	水、油	25	883	735	10	40	58.8	4.1	217	用于制造在较高应力与磨损条件下的零件。在直径≤60mm 时，与 40Cr 相当。可做万向联轴器、齿轮、齿轮轴、蜗杆、曲轴、连杆、花键轴和摩擦盘等，表面淬火 HRC45～55
35SiMn	900	水	570	水、油	25	883	735	15	45	58.8	4.0	229	除了要求低温（−20℃ 以下）及冲击韧性很高的情况外，可全面代替 40Cr 作调质钢，亦可部分代替 40CrNi，可做中小型轴类、齿轮等零件以及在 430℃ 以下工作的重要紧固件，表面淬火 HRC45～55
42SiMn	880	水	590	水	25	883	735	15	40	58.8	4.0	229	与 35SiMn 钢同。可代替 40Cr、34CrMo 钢做大齿圈。适于作表面淬火件，表面淬火 HRC 45～55
20MnV	880	水、油	200	水、空气	15	785	588	10	40	68.7	4.4	187	相当于 20CrNi 的渗碳钢，渗碳淬火 HRC 56～62
20SiMnVB	900	油	200	水、空气	15	1177	981	10	45	68.7	4.2	207	可代替 18CrMnTi、20CrMnTi 做高级渗碳齿轮等零件，渗碳淬火 HRC56～62
40MnB	850	油	500	水、油	25	981	785	10	45	58.8	4.2	207	可代替 40Cr 做重要调质件，如齿轮、轴、连杆、螺栓等
37SiMn2MoV	870	水、油	650	水、空气	25	987	834	12	50	78.5	3.7	269	可代替 34CrNiMo 等做高强度重负荷轴、曲轴、齿轮、蜗杆等零件，表面淬火 HRC50～55

牌号	推荐热处理/℃				截面尺寸（试样直径）/mm	机械性能					硬度		特性及应用举例
	淬火		回火			抗拉强度 σ_b	屈服强度 σ_s	延伸率 δ_5	收缩率 ψ	冲击值 A_{KV}/J	钢材退火或高温回火供应状态的布氏硬度		
	温度	冷却剂	温度	冷却剂		MPa		%		J/cm²	压痕直径/mm 不小于	HBW 不大于	
						≥							
合金结构钢													
20CrMnTi	第一次880、第二次870	油	200	水、空气	15	1079	834	10	45	68.7	4.1	217	强度韧性均高，是铬镍钢的代用品。用于承受高速、中等或重负荷以及冲击磨损等的重要零件，如渗碳齿轮、凸轮等，渗碳淬火 HRC 56~62
20CrMnMo	850	油	200	水、空气	15	1077	883	10	45	68.7	4.1	217	用于要求表面硬度高、耐磨、心部有较高强度、韧性的零件、如传动齿轮和曲轴等，渗碳淬火 HRC56~62
38CrMoAl	940	水、油	640	水、油	30	981	834	14	50	88.3	4.0	229	用于要求高耐磨性、高疲劳强度和相当高的强度且热处理变形最小的零件，如镗杆、主轴蜗杆、齿轮、套筒、套环等，渗氮后，表面硬度 HV1100
20Cr	第一次880、第二次870	水、油	200	水、空气	15	834	539	10	40	58.8	4.5	179	用于要求心部强度较高、承受磨损、尺寸较大的渗碳零件，如齿轮、齿轮轴、蜗杆、凸轮、活塞销等；也用于速度较大受中等冲击的调质零件，渗碳淬火 HRC56~62
40Cr	850	油	520	水、油	25	981	785	10	45	58.8	4.2	207	用于承受交变负荷、中等速度、中等负荷、强烈磨损而无很大冲击的重要零件，如重要的齿轮、轴、曲轴、连杆、螺栓、螺母等零件；并用于直径大于400mm，要求低温冲击韧性的轴与齿轮等，表面淬火 HRCA8~55
20CrNi	850	水、油	460	水、油	25	785	588	10	50	78.5	4.3	197	用于制造承受较高载荷的渗碳零件，如齿轮、轴、花键轴、活塞销等
40CrNi	820	油	500	水、油	25	981	785	10	45	68.7	3.9	241	用于制造要求强度高、韧性高的零件，如齿轮、轴、链条、连杆等

牌号	推荐热处理/℃				截面尺寸(试样直径)/mm	机械性能					硬度		特性及应用举例
	淬火		回火			抗拉强度 σ_b	屈服强度 σ_s	延伸率 δ_5	收缩率 ψ	冲击值 A_{KV}/J	钢材退火或高温回火供应状态的布氏硬度		
	温度	冷却剂	温度	冷却剂		MPa		%		J/cm^2	压痕直径/mm不小于	HBW不大于	
						≥							
合金结构钢													
40CrNiMoA	850	油	600	水、油	25	981	834	12	55	98.1	3.7	269	用于特大截面的重要调质件,如机床主轴、传动轴、转子轴等

表 11-7 一般工程用铸造碳钢(摘自 GB 11352—2009)

牌号	抗拉强度 σ_b	屈服强度 σ_s 或 $\sigma_{0.2}$	延伸率 δ	根据合同选择		硬度		应用举例
				收缩率 ψ	冲击功 A_{KV}/J	正火回火(HB)	表面淬火(HRC)	
	MPa	MPa	%	%				
	最 小 值							
ZG200-400	400	200	25	40	30			各种形状的机件,如机座,变速箱壳等
ZG230-450	450	230	22	32	25	≥131		铸造平坦的零件,如机座、机盖、箱体、铁砧台,工作温度在 450℃ 以下的管路附件等。焊接性良好
ZG270-500	500	270	18	25	22	≥143	40～45	各种形状的机件,如飞轮、机架、蒸汽锤、桩锤、联轴器、水压机工作缸、横梁等。焊接性尚可
ZG310-570	570	310	15	21	15	≥153	40～45	各种形状的机件,如联轴器,气缸、齿轮、齿轮圈及重负荷机架等
ZG240-640	640	340	10	18	10	169～229	45～55	起重运输机中齿轮,联轴器及重要的机架等

表 11-8 灰铸铁(GB/T 9439—2010)

牌号	铸件壁厚/mm		最小抗拉强度 σ_b /MPa	硬度(HB)	应用举例
	大于	至			
HT100	2.5	10	130	110～166	盖、外罩、油盘、手轮、手把、支架等
	10	20	100	93～140	
	20	30	90	87～131	
	30	50	80	82～122	
HT150	2.5	10	175	137～205	端盖、汽轮泵体、轴承座、阀壳、管子及管路附件、手轮、一般机床底座、床身及其他复杂零件,滑座、工作台等
	10	20	145	119～179	
	20	30	130	110～166	
	30	50	120	141～157	
HT200	2.5	10	220	157～236	气缸、齿轮、底架、机体、飞轮、齿条、衬筒、一般机床铸有导轨的床身及中等压力(8MPa 以下)油缸、液压泵和阀的壳体等
	10	20	195	148～222	
	20	30	170	134～200	
	30	50	160	128～192	

牌号	铸件壁厚/mm		最小抗拉强度 σ_b /MPa	硬度（HB）	应 用 举 例
	大于	至			
HT250	4.0	10	270	175～262	阀壳、油缸、气缸、联轴器、机体、齿轮、齿轮箱外壳、飞轮、衬筒、凸轮、轴承座等
	10	20	240	164～246	
	20	30	220	157～236	
	30	50	200	150～225	
HT300	10	20	290	182～272	齿轮、凸轮、车床卡盘、剪床、压力机的机身、导板、六角自动车床及其他重负荷机床铸有导轨的床身、高压油缸、液压泵和滑阀的壳体等
	20	30	250	168～251	
	30	50	230	161～241	
HT350	10	20	340	199～299	
	20	30	290	182～272	
	30	50	260	171～257	

表 11-9 球墨铸铁（GB/T 1348—2009）

牌号	参考壁厚 e /mm	抗拉强度 σ_b /MPa	屈服强度 $\sigma_{0.2}$ /MPa	延伸率 δ /%	冲击值（室温23℃）A_k/(J/cm²)	供参考 布氏硬度（HB）	用 途
		最小值					
QT400-18		400	250	18	14	130～180	
QT400-15		400	250	15	—	130～180	1. 制造轧辊。不仅在冶金工业上应用,造纸、玻璃、橡胶、面粉等工业也在不断地改用球墨铸铁
QT450～10		450	310	10	—	160～210	
QT500-7		500	320	7	—	170～230	
QT600-3		600	370	3	—	190～270	2. 制造轴类零件,如柴油机曲轴（一般采用 QT600—3）、凸轮轴及水泵轴等
QT700-2		700	420	2	—	225～305	
QT800-2		800	480	2	—	245～335	
QT400-18A	>30～60	390	250	18	14	130～180	3. 制造齿轮（一般采用 QT400—18）,合适的铸件壁厚为 10～75mm
	>60～200	370	240	12	12		
QT400-15A	>30～60	390	250	15	—	130～180	4. 制造活塞环、摩擦片、汽车后轿等零件
	>60～200	370	240	12	—		
QT500-7A	>30～60	450	300	7	—	170～240	5. 制造中压阀门、低压阀门、轴承座,千斤顶底座、球磨机及各种机床零件和医疗器材等零件
	>60～200	420	290	5	—		
QT600-3A	>30～60	600	360	3	—	180～270	
	>60～200	550	340	1	—		
QT700-2A	>30～60	700	400	2	—	220～320	
	>60～200	650	380	1	—		

注：牌号后面无字母 A，表示该牌号系由单铸试块测定的机械性能。牌号后面具有字母 A，表示该牌号系由附铸试块测定的机械性能，这些牌号适用于质量大于 2000kg 及壁厚在 30～200mm 的球铁件。

表 11-10 铸造铜合金（GB/T 1176—1987）、铸造铝合金（GB/T 1173—1995）、

铸造轴承合金（GB/T 1174—1992）

合金牌号	合金名称（或代号）	铸造方法	合金状态	抗拉强度 σ_b /MPa	屈服强度 $\sigma_{0.2}$ /MPa	伸长率 δ %	布氏硬度（HB）	应 用 举 例
铸 造 铜 合 金								
ZCuSn5Pb5Zn5	5—5—5 锡青铜	S、J Li、La		200 250	90 100	13	590 * 635 *	较高负荷、中速下工作的耐磨耐蚀件,如轴瓦、衬套、缸套及蜗轮等
ZCuSn10Pb1	10—1 锡青铜	S、J Li、La		220 310 330 360	130 170 170 170	3 2 4 6	785 * 885 * 885 * 885 *	高负荷（20MPa 以下）和高滑动速度（8m/s）下工作的耐磨件,如连杆、衬套、轴瓦、蜗轮等

合金牌号	合金名称（或代号）	铸造方法	合金状态	抗拉强度 σ_b	屈服强度 $\sigma_{0.2}$	伸长率 δ	布氏硬度（HB）	应用举例
				/MPa		%		
铸造铜合金								
ZCuSn10Pb5	10—5 锡青铜	S J		195 245		10	685	耐蚀、耐酸件及破碎机衬套、轴瓦等
ZCuPb17Sn4Zn4	17—4—4 铅青铜	S J		150 175		5 7	540 590	一般耐磨件、轴承等
ZCuAl10Fe3	10—3 铅青铜	S,J Li、La		490 540 540	180 200 200	13 15 15	980 * 1080 * 1080 *	要求强度高、耐磨、耐蚀的零件，如轴套、螺母、蜗轮、齿轮等
ZCuAl10Fe3Mn2	10—3—2 铝青铜	S J		490 540		15 20	1080 1175	
ZCuZn38	38 黄铜	S J		295		30	590 685	一般结构件和耐蚀件，如法兰、阀座、螺母等
ZCuZn40Pb2	40—2 铅黄铜	S J		220 280	120	15 20	785 * 885 *	一般用途的耐磨、耐蚀件，如轴套、齿轮等
ZCuZn38Mn2Pb2	38—2—2 锰黄铜	S J		245 345		10 18	685 785	一般用途的结构件，如套筒、衬套、轴瓦、滑块等
ZCuZn16Si4	16—4 硅黄铜	S J		345 390		15 20	885 980	接触海水工作的管配件以及水泵、叶轮等
铸造铝合金								
ZAlSi12	ZL102 铝硅合金	SB、JB、RB、KB J SB、JB、RB、KB J	F F T2 T2	145 155 135 145		4 2 4 3	50	气缸活塞以及高温工作的承受冲击载荷的复杂薄壁零件
AlSi9Mg	ZL104 铝硅合金	S、J、RR J SB、RB、KB J、JB	F T1 T6 T6	145 195 225 235		2 1.5 2 2	50 65 70 70	形状复杂的高温静载荷或受冲击作用的大型零件，如鼓风机叶片、水冷气缸头
ZAlMg5Si1	ZL303 铝镁合金	S、J、R、K	F	145		1	55	高耐蚀性或在高温下工作的零件
ZAlZn11Si7	ZL401 铝锌合金	S、R、K J	T1	195 245		2 1.5	80 90	铸造性能较好，可不热处理，用于形状复杂的大型薄壁零件，但耐蚀性差
铸造轴承合金								
ZSnSb12Pb10Cu4 ZSnSb11Cu6	锡锑轴承合金						29 27	汽轮机、压缩机、机车、发电机、球磨机、轧机减速器、发动机等各种机器的滑动轴承衬
ZPbSb16Sa16Cu2 ZPbSb15Sn5	铅锑轴承合金						30 20	

注：1. 铸造方法代号：S—砂型铸造；J—金属型铸造；Li—离心铸造；La—连续铸造；B—变质处理。

2. 合金状态代号：F—铸态；T1—人工时效；T2—退火；T6—固溶处理加入工完全时效。

3. 铸造铜合金的布氏硬度试验力的单位为N，有 * 者为参考值。

表 11-11　钢板和圆（方）钢的尺寸系列（摘自 GB/T 708—2006、GB/T 709—2006、GB/T 702—2008、GB/T 905—1994）

种类	尺寸系列（厚度或直径或边长）mm
冷轧钢板和钢带 （GB 708—88）	厚度：0.20,0.25,0.30,0.35,0.40,0.45,0.55,0.6,0.65,0.70,0.75,0.80,0.90,1.00,1.1,1.2, 1.3,1.4,1.5,1.6,1.7,1.8,2.0,2.2,2.5,2.8,3.0,3.2,3.5,3.8,3.9,4.0,4.2,4.5,4,8,5.0
热轧钢板 （GB T 09—88）	厚度：0.5,0.55,0.6,0.65,0.7,0.75,0.8,0.9,1.0,1.2,1.3,1.4,1.5,1.6,1.8,2.0,2.2,2.5, 2.6,2.8,3.0,3.2,3.5,3.8,3.9,4.0,4,5,6,7,8,9,10,11,12,13,14,15,16,17,18,19,20,21,22, 25,26,28,30,32,34,36,38,40,42,45,48,50,52,55,60,65,70,75,80,85,90,95,100
热轧圆钢和方钢 （GB 702—86）	直径或边长：5,5.5,6,6.5,7,8,9,10,11,12,13,14,15.16,17,18,19,20,21,22,23,24,25,26, 27,28,29,30,31,32,33,34,35 *,36,38,40,42,45,48,50,53,55,56,58,60,63,65,68,70,75, 80.85,90,95,100,105,110,115,120,125,130,140.150,160,170,180,190,200
冷拉圆钢 （GB 905—82）	直径：7,7.5,8,8.5,9,9.5,10,11,12,13,14,15,16,17,18,19,20,21,22,24,25,26,28,30,32, 34,35,38,40,42,45,48,50,53,56,60,63,67,70,75,80

表 11-12　热轧等边角钢（GB/T 9787—1988 摘录）

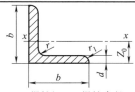

b—，x—，r，r_1，Z_0，d，b

J—惯性矩，i—惯性半径

标记示例：

热轧等边角钢 $\dfrac{100\times100\times16-\text{GB }9787-88}{\text{Q235}-\text{A}-\text{GB }700-88}$

（碳素钢构 Q235—A，尺寸为 100mm×100mm×16mm 的热轧等边角钢）

角钢号	尺寸/mm b	尺寸/mm d	尺寸/mm r	截面面积 /cm²	参考数值 x-x J_x /cm⁴	参考数值 x-x i_x /cm	中心距离 Z_0 /cm	角钢号	尺寸/mm b	尺寸/mm d	尺寸/mm r	截面面积 /cm²	参考数值 x-x J_x /cm⁴	参考数值 x-x i_x /cm	中心距离 Z_0 /cm
2	20	3	3.5	1.132	0.40	0.59	0.60	7	70	4	8	5.570	26.39	2.18	1.86
2	20	4	3.5	1.459	0.50	0.58	0.64	7	70	5	8	6.875	32.21	2.16	1.91
2.5	25	3	3.5	1.432	0.82	0.76	0.73	7	70	6	8	8.160	37.77	2.15	1.95
2.5	25	4	3.5	1.859	1.03	0.74	0.76	7	70	7	8	9.242	43.09	2.14	1.99
3	30	3	4.5	1.749	1.46	0.91	0.85	7	70	8	8	10.637	48.17	2.12	2.03
3	30	4	4.5	2.276	1.84	0.90	0.89	(7.5)	75	5	9	7.367	39.97	2.33	2.04
3.6	36	3	4.5	2.109	2.58	1.11	1.00	(7.5)	75	6	9	8.797	46.95	2.31	2.07
3.6	36	4	4.5	2.756	3.29	1.09	1.04	(7.5)	75	7	9	10.160	53.57	2.30	2.11
3.6	36	5	4.5	3.382	3.95	1.08	1.07	(7.5)	75	8	9	11.503	59.96	2.28	2.15
4	40	3	5	2.359	3.59	1.23	1.09	(7.5)	75	10	9	14.126	71.98	2.26	2.22
4	40	4	5	3.086	4.60	1.22	1.13	8	80	5	9	7.912	48.79	2.48	2.15
4	40	5	5	3.791	5.53	1.21	1.17	8	80	6	9	9.397	57.35	2.47	2.19
4.5	45	3	5	2.659	5.17	1.40	1.22	8	80	7	9	10.860	65.58	2.46	2.23
4.5	45	4	5	3.486	5.65	1.38	1.26	8	80	8	9	12.303	73.49	2.44	2.27
4.5	45	5	5	4.292	8.04	1.37	1.30	8	80	10	9	15.126	88.43	2.42	2.35
4.5	45	6	5	5.076	9.33	1.36	1.33	9	90	6	10	10.637	82.77	2.79	2.44
5	50	3	5.5	2.971	7.18	1.55	1.34	9	90	7	10	12.301	94.83	2.78	2.48
5	50	4	5.5	3.897	9.26	1.54	1.38	9	90	8	10	13.944	106.47	2.76	2.52
5	50	5	5.5	4.803	11.21	1.53	1.42	9	90	10	10	17.167	128.58	2.74	2.59
5	50	6	5.5	5.688	13.05	1.52	1.46	9	90	12	10	20.306	149.22	2.71	2.67
5.6	56	3	6	3.343	10.19	1.75	1.48	10	100	6	12	11.932	114.95	3.10	2.67
5.6	56	4	6	4.390	13.18	1.73	1.53	10	100	7	12	13.796	131.86	3.09	2.71
5.6	56	5	6	5.415	16.02	1.72	1.57	10	100	8	12	15.638	148.24	3.08	2.76
5.6	56	8	6	8.367	23.63	1.68	1.68	10	100	10	12	19.261	179.51	3.05	2.84
6.3	63	3	7	4.978	10.03	1.96	1.70	10	100	12	12	22.800	207.90	3.03	2.91
6.3	63	4	7	6.143	23.17	1.94	1.74	10	100	14	12	26.256	236.53	3.00	2.99
6.3	63	5	7	7.288	27.12	1.93	1.78	10	100	16	12	29.627	262.53	2.98	3.06
6.3	63	8	7	9.515	34.46	1.90	1.85								
6.3	63	10	7	11.657	41.09	1.88	1.93								

注：1. 角钢长度，角钢号 2～9，长度 4～12m，角钢号 10～14，长度 4～19m。

2. $r_1 = d/3$。

表 11-13　热轧槽钢（GB 707—1988 摘录）

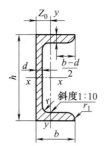

W_x、W_y—截面系数
标记示例：
　热轧槽钢
$$\frac{180\times70\times9\mathrm{—GB}\ 707\mathrm{—}88}{\mathrm{Q}235\mathrm{—A\mathrm{—GB}}\ 700\mathrm{—}88}$$
（碳素结构钢 Q235—A，尺寸为 180mm×70mm×9mm 热轧槽钢）

型号	尺寸/mm						截面/面积/cm²	参考数值		重心距离 Z₀ /cm
								x-x	y-y	
	h	b	d	t	r	r_1		W_x /cm³	W_y /cm³	Z_0 /cm
8	80	43	5.0	8.0	8.0	4.0	10.24	25.3	5.79	1.43
10	100	48	5.3	8.5	8.5	4.2	12.74	39.7	7.80	1.52
12.6	126	53	5.5	9.0	9.0	4.5	15.69	62.1	10.2	1.59
14a	140	58	6.0	9.5	9.5	4.8	18.51	80.5	13.0	1.71
14b		60	8.0				21.31	87.1	14.1	1.67
16a	160	63	6.5	10.0	10.0	5.0	21.95	108	16.3	1.80
16		65	8.5				25.15	117	17.6	1.75
18a	180	68	7.0	10.5	10.5	5.2	25.69	141	20.0	1.88
18		70	9.0				29.29	152	21.5	1.84
20a	200	73	7.0	11.0	11.0	5.5	28.83	178	24.2	2.01
20		75	9.0				32.83	191	25.9	1.95
22a	220	77	7.0	11.5	11.5	5.8	31.84	218	28.2	2.10
22		79	9.0				32.83	234	30.1	2.03
25a	250	78	7.0	12.0	12.0	6.0	34.91	270	30.6	2.70
25b		80	9.0				39.91	282	32.7	1.98
25c		82	11.0				44.91	295	35.9	1.92
28a	280	82	7.5	12.5	12.5	6.2	40.02	340	35.7	2.10
28b		84	9.5				45.62	366	37.9	2.02
28c		86	11.5				51.22	393	40.3	1.95
32a	320	88	8.0	14.0	14.0	7.0	48.51	475	46.5	2.24
32b		90	10.0				54.91	509	49.2	2.16
32c		92	12.0				61.31	543	52.6	2.09

注：槽钢长度，槽钢号 8，长度 5～12m，槽钢号 10～18，长度 5～19m；槽钢号 20～32，长度 6～19m。

表 11-14　热轧工字钢（GB 706—2008 摘录）

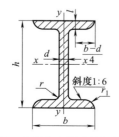

W_x、W_y—截面系数
标记示例：
　热轧工字钢
$$\frac{400\times144\times12.5\mathrm{—GB}\ 706\mathrm{—}88}{\mathrm{Q}235\mathrm{—AF\mathrm{—GB}}\ 700\mathrm{—}88}$$
（碳素结构钢 Q235—AF，尺寸为 400mm×144mm×12.5mm 热轧槽钢）

型号	尺寸/mm						截面面积/cm²	参考数值	
	h	b	d	T	r	r_1		x-x W_x/cm³	y-y W_y/cm³
10	100	68	4.5	7.6	6.5	3.3	14.35	49.0	9.72
12.6	126	74	5.0	8.4	7.0	3.5	18.12	77.5	12.7
14	140	80	5.5	9.1	7.5	3.8	21.52	102	16.1
16	160	88	6.0	9.9	8.0	4.0	26.13	141	21.2
18	180	94	7.5	10.7	8.5	4.3	30.76	185	26.0
20a	200	100	7.0	11.4	9.0	4.5	25.76	237	31.5
20b	200	102	9.0	11.4	9.0	4.5	39.58	250	33.1
22a	220	110	7.5	12.3	9.5	4.8	42.13	309	10.9
22b	220	112	9.5	12.3	9.5	4.8	46.53	325	42.7
25a	250	116	8.0	13.0	10.0	5.0	48.54	402	48.3
25b	250	118	10.0	13.0	10.0	5.0	53.54	423	52.4
28a	280	122	8.5	13.7	10.5	5.3	55.40	508	56.6
28b	280	124	10.5	13.7	10.5	5.3	61.00	534	61.2
32a	320	130	9.5	15.0	11.5	5.8	67.16	692	70.8
32b	320	132	11.5	15.0	11.5	5.8	73.56	726	76.0
32c	320	134	13.5	15.0	11.5	5.8	79.96	760	81.2
36a	360	136	10.0	15.8	12.0	6.0	76.48	875	81.2
36b	360	138	12.0	15.8	12.0	6.0	83.68	919	84.3
36c	360	140	14.0	15.8	12.0	6.0	90.88	962	87.4
40a	400	142	10.5	16.5	12.5	6.3	86.11	1090	93.2
40b	400	144	12.5	16.5	12.5	6.3	94.11	1140	96.2
40c	400	146	14.5	16.5	12.5	6.3	102.11	1190	99.6

表 11-15　工程塑料

品种	机械性能						热性能				应用举例
	抗拉强度/MPa	屈服强度/MPa	抗弯强度/MPa	延伸率/%	冲击值/(MJ/m³)	弹性模量/(×10³MPa)	硬度	熔点/℃	马丁耐热/℃	脆化温度/℃	线胀系数/(×10⁻⁵/℃)
尼龙6	53～77	59～88	69～98	150～250	带缺口 0.0031	0.83～2.6	HRR 85～114	215～233	49～50	−20～−30	7.9～8.7	具有优良的机械强度和耐磨性,广泛用作机械、化工及电气零件,例如轴承、齿轮、凸轮、滚子、辊轴、泵叶轮、风扇叶轮、蜗轮、螺钉、螺母、垫圈、高压密封圈、阀座、输油管、储油容器等。尼龙粉末还可喷涂于各种零件表面,以提高耐磨损性能和密封性能
尼龙9	57～64		79～84		无缺口 0.25～0.30	0.97～1.2		209～215	12～48		8～12	
尼龙66	66～82	88～118	98～108	60～200	带缺口 0.0039	1.4～3.3	HRR 100～118	265	50～60	−25～−30	9.1～10.0	
尼龙610	46～59	69～88	69～98	100～240	带缺口 0.0035～0.0055	1.2～2.3	HRR 90～113	210～233	51～56		9.0～12.0	
尼龙1010	51～54	108	81～87	100～250	带缺口 0.0040～0.0050	1.6	HB 7.1	200～210	45	−60	10.5	

品种	机械性能						热性能				应用举例
	抗拉强度/MPa	屈服强度/MPa	抗弯强度/MPa	延伸率/%	冲击值/(MJ/m³)	弹性模量/(×10³ MPa)	硬度	熔点/℃	马丁耐热/℃	脆化温度/℃	线胀系数/(×10⁻⁵/℃)	
MC尼龙（无填充）	90	105	156	20	无缺口 0.520～0.624	3.6	HB 21.3		55		8.3	强度特高，适于制造大型齿轮、蜗轮、轴套、大型阀门密封面、导向环、导轨、滚动轴承保持架、船尾轴套、起重汽车吊索绞盘蜗轮、柴油发动机燃料泵齿轮、矿山挖掘机轴承、水压机立柱导套、大型轧钢机辊道轴瓦等
聚甲醛（均聚物）	69(屈服)	125	96	15	带缺口 0.0076	2.9	HB 17.2 (弯曲)		60～64		8.1～10.0 (当温度在0～40℃)	具有良好的摩擦磨损性能，尤其是优越的干摩擦性能。用于制造轴承、齿轮、凸轮辊子、阀门上的阀杆螺母、垫圈、法兰、垫片、泵叶轮、鼓风机叶片、弹簧、管道等
聚碳酸酯	65～69	82～86	104	100	带缺口 0.064～0.075 (拉伸)	2.2～2.5	HB 9.7～10.4	220～230	110～130	−100	6～7	具有高的冲击韧性和优异的尺寸稳定性。用于制造齿轮、蜗轮、齿条、凸轮、心轴、轴承、滑轮、铰链、传动链、螺栓、螺母、垫圈、铆钉、泵叶轮、汽车化油器部件、节流阀、各种外壳等
聚砜	84(屈服)	87～95	106～125	20～100	带缺口 0.0070～0.0081 (拉伸)	2.5～2.8	HRR 120		156	−100	5.0～5.2	具有高的热稳定性，长期使用温度可达150～174℃，是一种高强度材料。可做齿轮、凸轮、电表上的接触器、线圈骨架、仪器仪表零件、计算机和洗涤机零件及各种薄膜、板材、管道等

第十二章 极限与配合、形位公差及表面粗糙度

第一节 极限与配合

表 12-1 基本偏差系列及配合种类代号（GB/T 1800.2—2009 摘录）

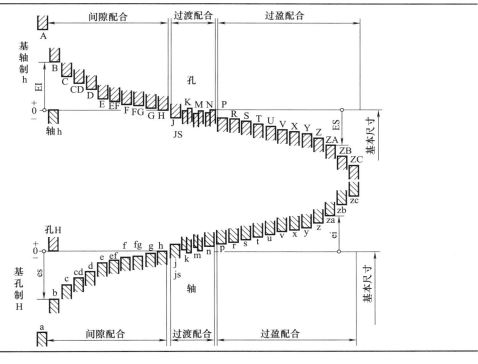

表 12-2 标准公差数值（GB/T 1800.3—2009 摘录）

基本尺寸/mm		标准公差等级											
大于	至	IT4	IT5	IT6	IT7	IT8	IT9	IT10	IT11	IT12	IT13	IT14	IT15
3	6	4	5	8	12	18	30	48	75	120	180	300	480
6	10	4	6	9	15	22	36	58	90	150	220	360	580
10	18	5	8	11	18	27	43	70	110	180	270	430	700
18	30	6	9	13	21	33	52	84	130	210	330	520	840
30	50	7	11	16	25	39	62	100	160	250	390	620	1000
50	80	8	13	19	30	46	74	120	190	300	460	740	1200
80	120	10	15	22	35	54	87	140	220	350	540	870	1400
120	180	12	18	25	40	63	100	160	250	400	630	1000	1600
180	250	14	20	29	46	72	115	185	290	460	720	1150	1850
250	315	16	23	32	52	81	130	210	320	520	810	1300	2100
315	400	18	25	36	57	89	140	230	360	570	890	1400	2300
400	500	20	27	40	63	97	155	250	400	630	970	1500	2500

注：标准公差为 20 个等级，即 IT01，IT0，IT11，…，IT18。表 12-2 列出了常用标准公差数值。

表 12-3　轴的极限偏差值（GB/T 1800.3—2009 摘录）　　　　（单位：μm）

公差带	等级	基本尺寸/mm 大于～至							
		10～18	18～30	30～50	50～80	80～120	120～180	180～250	250～315
d	7	−50 −68	−65 −86	−80 −105	−100 −130	−120 −155	−145 −185	−170 −216	−190 −242
	8	−50 −77	−65 −98	−80 −119	−100 −146	−120 −174	−145 −208	−170 −242	−190 −271
	▲9	−50 −93	−65 −117	−80 −142	−100 −174	−120 −207	−145 −245	−170 −285	−190 −320
	10	−50 −120	−65 −149	−80 −180	−100 −220	−120 −260	−145 −305	−170 −355	−190 −400
e	6	−32 −43	−40 −53	−50 −66	−60 −79	−72 −94	−85 −110	−100 −129	−110 −142
	7	−32 −50	−40 −61	−50 −75	−60 −90	−72 −107	−85 −125	−100 −146	−110 −162
	8	−32 −59	−40 −73	−50 −89	−60 −106	−72 −126	−85 −148	−100 −172	−110 −191
	9	−32 −75	−40 −92	−50 −112	−60 −134	−72 −159	−85 −185	−100 −215	−110 −240
f	6	−16 −27	−20 −33	−25 40	−30 −49	−36 −58	−43 −68	−50 −79	−56 −88
	▲7	−16 −34	−20 −41	−25 −50	−30 −60	−36 −71	−43 −83	−50 −96	−56 −108
	8	−16 −43	−20 −53	−25 −64	−30 −76	−36 −90	−43 −106	−50 −122	−56 −137
	9	−16 −59	−20 −72	−25 −87	−30 −104	−36 −123	−43 −143	−50 −165	−56 −186
g	5	−6 −14	−7 −16	−9 −20	−10 −23	−12 −27	−14 −32	−15 −35	−17 −40
	▲6	−6 −17	−7 −20	−9 −25	−10 −29	−12 −34	−14 −39	−15 −44	−17 −49
	7	−6 −24	−7 −28	−9 −34	−10 −40	−12 −47	−14 −54	−15 −61	−17 −69
	8	−6 −33	−7 −40	−9 −48	−10 −56	−12 −66	−14 −77	−15 −87	−17 −98
h	5	0 −8	0 −9	0 −11	0 −13	0 −15	0 −18	0 −20	0 −23
	▲6	0 −11	0 −13	0 −16	0 −19	0 −22	— −25	0 −29	0 −29
	▲7	0 −18	0 −21	0 −25	0 −30	0 −35	0 −40	0 −46	0 −52
	8	0 −27	0 −33	0 −39	0 −46	0 −54	0 −63	0 −72	0 −81

公差带	等级	基本尺寸/mm 大于～至							
		10～18	18～30	30～50	50～80	80～120	120～180	180～250	250～315
h	▲9	0 −43	0 −52	0 −62	0 −74	0 −87	0 −100	0 −115	0 −130
	10	0 −70	0 −84	0 −100	0 −120	0 −147	0 −140	0 −160	0 −210
j	5	+5 −3	+5 −4	+6 −5	+6 −7	+6 −9	+7 −11	+7 −13	+7 −16
	6	+8 −3	+9 −4	+11 −5	+12 −7	+13 −9	+14 −11	+16 −13	—
	7	+12 −6	+13 −8	+15 −10	+18 −12	+20 −15	+22 −18	+25 −21	—
js	5	±4	±4.5	±5.5	±6.5	±7.5	±9	±10	±11.5
	6	±5.5	±6.5	±8	±9.5	±11	±12.5	±14.5	±16
	7	±9	±10	±12	±15	±17	±20	±23	±26
k	5	+9 +1	+11 +2	+13 +2	+15 +2	+18 +3	+21 +3	+24 +4	+27 +4
	▲6	+12 +1	+15 +2	+18 +2	+21 +2	+25 +3	+28 +3	+33 +4	+36 +4
	7	+19 +1	+23 +2	+27 +2	+32 +2	+38 +3	+43 +3	+50 +4	+56 +4
m	5	+15 +7	+17 +8	+20 +9	+24 +11	+28 +13	+33 +15	+37 +17	+43 +20
	6	+18 +7	+21 +8	+25 +9	+30 +11	+35 +13	+40 +15	+46 +17	+52 +20
	7	+25 +7	+29 +8	+34 +9	+41 +11	+48 +13	+55 +15	+63 +17	72 +20
n	5	+20 +12	+24 +15	+28 +17	+33 +20	+38 +23	+45 +27	+51 +31	+57 +34
	▲6	+23 +12	+28 +15	+33 +17	+39 +20	+45 +23	+52 +27	+61 +31	+66 +34
	7	+30 +12	+36 +15	+42 +17	+50 +20	+58 +23	+67 +27	+77 +31	+86 +34
p	5	+26 +18	+31 +22	+37 +26	+45 +32	+52 +37	+61 +43	+70 +50	+79 +56
	▲6	+29 +18	+35 +22	+43 +26	+51 +32	+59 +37	+68 +43	+79 +50	+88 +56
	7	+36 +18	+43 +22	+51 +26	+62 +32	+72 +37	+83 +43	+96 +50	+108 +56
r	5	+31 +23	+37 +28	+45 +34	+54 +43	+66 +54	+81 +68	+97 +84	+117 +98
	6	+34 +23	+41 +28	+50 +34	+60 +43	+73 +54	+88 +68	+106 +84	+126 +98
	7	+41 +23	+49 +28	+59 +34	+71 +43	+86 +54	+103 +68	+123 +84	+146 +98

注：标注▲者为优先公差等级，应优先选用。

表 12-4　孔的极限偏差值（GB/T 1800.3—1998 摘录）　　　　　　（单位：μm）

公差带	等级	基本尺寸/mm 大于～至							
		10～18	18～30	30～50	50～80	80～120	120～180	180～250	250～315
D	8	+77 +55	+98 +65	+119 +80	+146 +100	+174 +120	+208 +145	+242 +170	+271 +190
	▲9	+93 +50	+117 +65	+142 +80	+174 +100	+207 +120	+245 +145	+285 +170	+320 +190
	10	+120 +50	+149 +65	+180 +80	+220 +100	+260 +120	+305 +145	+355 +170	+400 +190
	11	+160 +50	+195 +65	+240 +80	+290 +100	+340 +120	+395 +145	+460 +170	+510 +190
E	7	+50 +32	+61 +40	+75 +50	+90 +60	+107 +72	+125 +85	+146 +100	+162 +110
	8	+59 +32	+73 +40	+89 +50	+106 +60	+126 +72	+145 +85	+172 +100	+191 +110
	9	+75 +32	+92 +40	+112 +50	+134 +60	+159 +72	+185 +85	+215 +100	+240 +110
	10	+102 +32	+124 +40	+150 +50	+180 +60	+212 +72	+245 +85	+285 +100	+320 +110
F	6	+27 +16	+33 +20	+41 +25	+49 +30	+58 +36	+68 +43	+79 +50	+88 +56
	7	+34 +16	+41 +20	+50 +25	+60 +30	+71 +36	+83 +43	+96 +50	+108 +56
	▲8	+43 +16	+53 +20	+64 +25	+76 +30	+90 +36	+106 +43	+122 +50	+137 +56
	9	+59 +16	+72 +20	+87 +25	+104 +30	+123 +36	+143 +43	+165 +50	+186 +56
G	6	+17 +6	+20 +7	+29 +9	+29 +10	+34 +12	+39 +14	+44 +15	+49 +17
	▲7	+24 +6	+28 +7	+34 +9	+40 +10	+47 +12	+54 +14	+61 +15	+19 +17
	8	+33 +6	+40 +7	+48 +9	+56 +10	+66 +12	+77 +14	+87 +15	+98 +17
H	6	+11 0	+13 0	+16 0	+19 0	+22 0	+25 0	+29 0	+32 0
	▲7	+18 0	+21 0	+25 0	+30 0	+35 0	+40 0	+46 0	+52 0
	▲8	+27 0	+33 0	+39 0	+46 0	+54 0	+63 0	+72 0	+81 0
	▲9	+43 0	+52 0	+62 0	+74 0	+87 0	+100 0	+115 0	+130 0
	10	+70 0	+84 0	+100 0	+120 0	+140 0	+160 0	+185 0	+210 0
	▲11	+110 0	+130 00	+160 0	+190 0	+220 0	+250 0	+290 0	+320 0

公差带	等级	基本尺寸/mm 大于~至							
		10~18	18~30	30~50	50~80	80~120	120~180	180~250	250~315
J	7	+10 −8	+12 −9	+14 −11	+18 −12	+22 −13	+26 −14	+30 −16	+36 −16 55
	8	+15 −12	+20 −13	+24 −15	+28 −18	+34 −20	+41 −22	+47 −25	+55 −26
JS		±5.5	±6.5	±8	±9.5	±11	±12.5	±14.5	±16
		±9	±10	±12	±15	±17	±20	±23	±16
		±13	±16	±19	±23	±27	±31	±36	±40
K	6	+2 −9	+2 −11	+3 −13	+4 −15	+4 −18	+4 −21	+5 −24	+5 −27
	▲7	+6 −12	+6 −15	+7 −18	+9 −21	+10 −25	+12 −28	+13 −33	+16 −36
	8	+8 −19	+10 −23	+12 −27	+14 −32	+16 −38	+22 −43	+22 −50	+25 −56
N	6	−9 −20	−11 −24	−12 −28	−14 −33	−16 −38	−20 −45	−22 −51	−25 −57
	▲7	−5 −23	−7 −28	−8 −33	−8 −39	−10 −45	−12 −52	−14 −60	−14 −66
	8	−3 −30	−3 −36	−3 −42	−4 −50	−4 −58	−4 −67	−5 −77	−5 −86
P	6	−15 −26	−18 −31	−21 −37	−26 −45	−30 −52	−36 −61	−41 −70	−47 −79
	▲7	−22 −29	−14 −34	−17 −42	−21 −51	−24 −59	−28 −68	−33 −79	−36 −88

注：标注▲者为优先公差等级，应优先选用。

表 12-5　优先配合特性及应用举例

基孔制	基轴制	优先配合特性及应用举例
$\dfrac{H11}{c11}$	$\dfrac{C11}{h11}$	间隙非常大,用于很松的、转动很慢的动配合;要求大公差与大间隙的外露组件;要求装配方便的很松的配合
$\dfrac{H9}{d9}$	$\dfrac{D9}{h9}$	间隙很大的自由转动配合,用于精度非主要要求时,或有大的温度变动、高转速或大的轴颈压力时
$\dfrac{H8}{f7}$	$\dfrac{F8}{h7}$	间隙不大的转动配合,用于中等转速与中等轴颈压力的精确转动;也用于装配较易的中等定位配合
$\dfrac{H7}{g6}$	$\dfrac{G7}{h6}$	间隙很小的滑动配合,用于不希望自由转动、但可自由移动和滑动并精密定位时,也可用于要求明确的定位配合
$\dfrac{H7}{h6}$ $\dfrac{H8}{h7}$ $\dfrac{H9}{h9}$ $\dfrac{H11}{h11}$	$\dfrac{H7}{h6}$ $\dfrac{H8}{h7}$ $\dfrac{H9}{h9}$ $\dfrac{H11}{h11}$	均为间隙定位配合,零件可自由装拆,而工作时一般相对静止不动。在最大实体条件下的间隙为零,在最小实体条件下的间隙由公差等级决定
$\dfrac{H7}{k6}$	$\dfrac{K7}{h6}$	过渡配合,用于精密定位
$\dfrac{H7}{n6}$	$\dfrac{N7}{h6}$	过渡配合,允许有较大过盈的更精密定位

基孔制	基轴制	优先配合特性及应用举例
$\dfrac{H7}{p6}$	$\dfrac{P7}{h6}$	过盈定位配合,即小过盈配合,用于定位精度特别重要时,能以最好的定位精度达到部件的刚性及对中性要求,而对内孔承受压力无特殊要求,不依靠配合的紧固性传递摩擦负荷
$\dfrac{H7}{g6}$	$\dfrac{S7}{h6}$	中等压入配合,适用于一般钢件;或用于薄壁件的冷缩配合、用于铸铁件可得最紧的配合
$\dfrac{H7}{u6}$	$\dfrac{U7}{h6}$	压入配合,适用于可以承受大压入力的零件或不宜承受大压入力的冷缩配合

第二节　形状和位置公差

表 12-6　常用形位公差符号

分类	形状公差				位置公差								其他符号	
					定向			定位			跳动			
项目	直线度	平面度	圆度	圆柱度	平行度	垂直度	倾斜度	同轴度	对称度	位置度	圆跳动	全跳动	最大实体状态	理论正确尺寸
符号	—	▱	○	⌭	∥	⊥	∠	◎	⩵	⊕	↗	⫽	Ⓜ	50

表 12-7　直线度和平面度公差（GB/T 1184—1996 摘录）　　　　（单位：μm）

主参数 L 图例

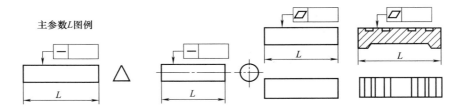

公差等级	主参数 L/mm 大于～至										应用举例
	16～25	25～40	40～63	63～100	100～160	160～250	250～400	400～630	630～1000	1000～1600	
5	3	4	5	6	8	10	12	15	20	25	普通精度机床导轨,柴油机进、排气门导杆
6	5	6	8	10	12	15	20	25	30	40	
7	8	10	12	15	20	25	30	40	50	60	轴承体的支承面,压力机导轨及滑块,减速器箱体、油泵、轴系支承轴承的接合面
8	12	15	20	25	30	40	50	60	80	100	
9	20	25	30	40	50	60	80	100	120	150	辅助机构及手动机械的支承面,液压管件和法兰的连接面
10	30	40	50	60	80	100	120	150	200	250	

注：1. 主参数 L 指被测要素的长度。

　　2. 应用举例栏仅供参考。

表 12-8　同轴度、对称度、圆跳动和全跳动公差（GB/T 1184—1996摘录）　　　（单位：μm）

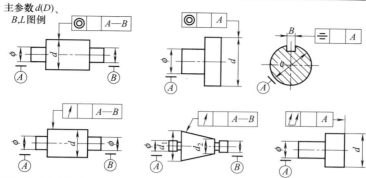

主参数 d(D)、B,L 图例

公差等级	主参数 L、d(D)/mm								应用举例
	大于～至								
	3～6	6～10	10～18	18～30	30～50	50～120	120～250	250～500	
5	3	4	5	6	8	10	12	15	用于1级平板,普通机床导轨面,柴油机进、排气门导杆,
6	5	6	8	10	12	15	20	25	机体结合面
7	8	10	12	15	20	25	30	40	用于2级平板,机床传动箱体的结合面,减速器箱体的结合面
8	12	15	20	25	30	40	50	60	
9	20	30	40	50	60	80	100	120	用于3级平板、法兰的连接面,辅助机构及手动机械的支承面
10	50	60	80	100	120	150	200	250	

注：1. 主参数 d (D)、B、L 为被测要素的直径、宽度及间距。
　　2. 应用举例栏仅供参考。

表 12-9　平行度、垂直度和倾斜度公差（GB/T 1184—1996摘录）　　　（单位：μm）

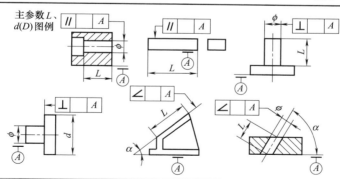

主参数 L、d(D) 图例

公差等级	主参数 L、d(D)/mm										应用举例	
	大于～至										平行度	垂直度和倾斜度
	≤10	10～16	16～25	25～40	40～63	63～100	100～160	160～250	250～400	400～630		
5	5	6	8	10	12	15	20	25	30	40	用于重要轴承孔对基准面的要求,一般减速器箱体孔的中心线等	用于装 P4、P5 级轴承的箱体的凸肩,发动机轴和离合器的凸缘

公差等级	主参数 L、d(D)/mm 大于~至										应用举例	
	≤10	10~16	16~25	25~40	40~63	63~100	100~160	160~250	250~400	400~630	平行度	垂直度和倾斜度
6	8	10	12	15	20	25	30	40	50	60	用于一般机械中箱体孔中心线间的要求,如减速器箱体的轴承孔、7～10级精度齿轮传动箱孔的中心线	用于装 P6、P0 级轴承的箱体孔的中心线,低精度机床主要基准面和工作面
7	12	15	20	25	30	40	50	60	80	100		
8	20	25	30	40	50	60	80	100	120	150	用于重型机械轴承盖的端面,手动传动装置中的传动轴	用于一般导轨普通传动箱体中的轴肩
9	30	40	50	60	80	100	120	150	200	250	用于低精度零件、重型机械滚动轴承端盖	用于花键轴肩端面,减速器箱体平面等
10	50	60	60	100	120	150	200	250	300	400		

表 12-10　轴和外壳的形位公差（GB/T 275—1993 摘录）

基本尺寸 /mm		圆柱度 t				端面圆跳动 t_1			
		轴颈		外壳孔		轴肩		外壳孔肩	
		轴承公差等级							
		G	E(E_x)	G	E(E_x)	G	E(E_x)	G	E(E_x)
大于	至	公差值/μm							
	6	2.5	1.5	4	2.5	5	3	8	5
6	10	2.5	1.5	4	2.5	6	4	10	6
10	18	3.0	2.0	5	3.0	8	5	12	8
18	30	4.0	2.5	6	4.0	10	6	15	10
30	50	4.0	2.5	7	4.0	12	8	20	12
50	80	5.0	3.0	8	5.0	15	10	25	15
80	120	6.0	4.0	10	6.0	15	10	25	15
120	180	8.0	5.0	12	8.0	20	12	30	20
180	250	10.0	7.0	14	10.0	20	12	30	20

表 12-11　圆度和圆柱度公差（GB/T 1184—1996 摘录）　　　　　（单位：μm）

主参数 d(D) 图例

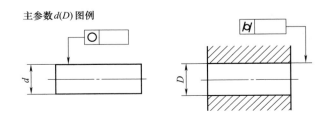

公差等级	主参数 L、d(D)/mm										应用举例
	大于~至										
	6~10	10~18	18~30	30~50	50~80	80~120	120~180	180~250	250~315	315~400	
5	1.5	2	2.5	2.5	3	4	5	7	8	9	用于安装 P6、P0 级精度滚动轴承的配合面,通用减速器轴颈,一般机床主轴及箱孔
6	2.5	3	4	4	5	6	8	10	12	13	
7	4	5	6	7	8	10	12	14	16	18	用于千斤顶或压力油缸活塞、水泵及一般减速器轴颈,液压传动系统的分配机构
8	6	8	9	11	13	15	18	20	23	25	
9	9	11	13	16	19	22	25	9	32	36	用于通用机械杠杆、拉杆与套筒销子,吊车、起重机的滑动轴承轴颈
10	15	18	21	25	30	35	40	46	52	57	

注:1. 主参数 d（D）为被测轴（孔）的直径。

2. 应用举例栏仅供参考。

第三节　表面粗糙度

表 12-12　**Ra** 的数值（GB/T 1031—2009 摘录）

0.012	0.2	3.2	50
0.025	0.4	6.3	100
0.050	0.8	12.5	—
0.1	1.6	25	—

表 12-13　表面粗糙度 **Ra** 值的应用范围

粗糙度代号		原光洁度代号	表面形状、特征	加工方法	应用范围
Ⅰ	Ⅱ				
○	~	~	除净毛刺	铸、锻、冲压、热轧、冷轧	用不去除材料的方法获得(铸、锻等),或用保持原供应状况的表面
25	12.5	▽3	微见刀痕	粗车、刨、立铣、平铣、钻	毛坯经粗加工后的表面,焊接前的焊缝表面,螺栓和螺钉孔的表面
12.5	6.3	▽4	可见加工痕迹	车、镗、刨、钻、平铣、立铣、锉、粗铰、磨、铣齿	比较精确的粗加工表面,如车端面、倒角、不重要零件的非配合表面
6.3	3.2	▽5	微见加工痕迹	车、镗、刨、铣、刮1~2 点/cm²、拉、磨、锉、滚压、铣齿	不重要零件的非结合面,如轴、盖的端面、倒角、齿轮及带轮的侧面、平键及键槽的上下面,花键非定心表面,轴或孔的退刀槽
3.2	1.6	▽6	看不见加工痕迹	车、镗、刨、铣、铰、拉、磨、滚压、铣齿、刮1~2点/cm²	IT12 级公差的零件的结合面,如盖板、套筒等与其他零件连接但不形成配合的表面,齿轮的非工作面,键与键槽的工作面,轴与毡圈的摩擦面
1.6	0.8	▽7	可辨加工痕迹的方向	铰、车、镗、拉、磨、立铣、滚压、刮3—10 点/cm²。	IT8~IT12 级公差的零件的结合面,如带轮的工作面,普通精度齿轮的齿面,与低精度滚动轴承相配合的箱体孔
0.8	0.4	▽8	微辨加工痕迹的方向	铰、磨、镗、拉、滚压、刮3~10点/cm²	IT6~IT8 级公差的零件的结合面,与齿轮、蜗轮、套筒等的配合面,与高精度滚动轴承相配合的轴颈,7级精度大、小齿轮的工作面;滑动轴承轴瓦的工作面,7~8 级精度蜗杆的齿面

粗糙度代号		原光洁度代号	表面形状、特征	加工方法	应用范围
Ⅰ	Ⅱ				
0.4	0.2	▽9	不可辨加工痕迹的方向	布轮磨、磨、研磨、超精加工	IT5、IT6 级公差的零件的结合面,与 P4 级精度滚动轴承配合的轴颈;P5 级精度齿轮的工作面
0.2	0.1	▽10	暗光泽面	超精加工	仪器导轨表面,要求密封的液压传动的工作面,活塞的外表面,汽缸的内表面

注：1. 粗糙度代号Ⅰ为新、旧国家标准转换的第 1 种过渡方式。它是取新国家标准中相应最靠近的下一档的第 1 系列值,如原光洁度（旧国家标准）为▽5,Ra 的最大允许值取 6.3。在满足表面功能要求的情况下,就尽量选用较大的表面粗糙度数值。

2. 粗糙度代号Ⅱ为新、旧国家标准转抉的第 2 种过渡方式。它是取新国家标准中相应最靠近的上一档的第 1 系列值,如原光洁度为▽5,Ra 的最大允许值取 3.2。因此,取该值提高了原表面粗糙度的要求和加工的成本。

3. 表面粗糙度符号的画法。

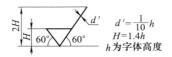

$$d' = \frac{1}{10}h$$
$$H = 1.4h$$
h 为字体高度

表 12-14　轴和孔的表面粗糙度参数推荐值

表面特征			$Ra/\mu m$ 不大于		
	公差等级	表面	基本尺寸/mm		
			至 50	大于 50 至 500	
轻度装卸零件的配合表面（如挂轮、滚刀等）	5	轴	0.2	0.4	
		孔	0.4	0.8	
	6	轴	0.4	0.8	
		孔	0.4～0.8	0.8～1.6	
	7	轴	0.4～0.8	0.8～1.6	
		孔	0.8	1.6	
	8	轴	0.8	1.6	
		孔	0.8～1.6	1.60～3.2	
	公差等级	表面	基本尺寸/mm		
			至 50	大于 50 至 120	大于 120 至 500
过盈配合的配合表面 ①用压力机装配 ②用热孔装配	5	轴	0.1～0.2	0.4	0.4
		孔	0.2～0.4	0.8	0.8
	6～7	轴	0.4	0.8	1.6
		孔	0.8	1.6	1.6
	8	轴	0.8	0.8～1.6	1.6～3.2
		孔	1.6	1.6～3.2	1.6～3.2
	—	轴	1.6		
		孔	1.6～3.2		
精密定心用配合的零件表面	表面		径向跳动公差/μm		
			2.5～4	6～10	16～25
			$Ra/\mu m$ 不大于		
	轴		0.05～0.1	0.1～0.2	0.4～0.8
	孔		0.1～0.2	0.2～0.4	0.8～1.6
滑动轴承的配合表面	表面		公差等级		液体湿摩擦条件
			6～9	10～12	
			$Ra/\mu m$ 不大于		
	轴		0.4～0.8	0.8～3.2	0.1～0.4
	孔		0.8～1.6	1.6～3.2	0.2～0.8

第十三章 连　接

第一节　螺纹及螺纹连接

一、螺纹

表 13-1　普通螺纹基本尺寸（GB/T 196—2003 摘录）　　（单位：mm）

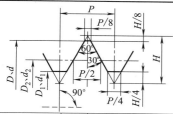

$H=0.866P$
$d_2=d-0.649\,5P$
$d_1=d-1.082\,5P$
D、d—内、外螺纹基本大径
D_2、d_2—内、外螺纹基本中径
D_1、d_1—内、外螺纹基本小径
P—螺距

标记示例:
M20-6H(公称直径20粗牙右旋内螺纹,中径和大径的公差带均为6H)
M20-6g(公称直径20粗牙右旋外螺纹,中径和大径的公差带均为6g),M20-6H/6g(上述规格的螺纹副)M20×2左-5g6g-S(公称直径20,螺距2的细牙左旋外螺纹,中径和大径的公差带分别为5g、6g 短旋合长度)

公称直径 D、d 第一系列	第二系列	螺距 P	中径 D_2、d_2	小径 D_1、d_1
3		0.5 / 0.35	2.675 / 2.773	2.459 / 2.621
	3.5	0.6 / 0.35	3.110 / 3.273	2.850 / 3.121
4		0.7 / 0.5	3.545 / 3.675	3.242 / 3.459
	4.5	0.75 / 0.5	4.013 / 4.175	3.688 / 3.959
5		0.8 / 0.5	4.480 / 4.675	4.134 / 4.459
16		2 / 1.5 / 1	14.701 / 15.026 / 15.350	13.835 / 14.376 / 14.917
	18	2.5 / 2 / 1.5 / 1	16.376 / 16.701 / 17.026 / 17.350	15.294 / 15.835 / 16.376 / 16.917
20		2.5 / 2 / 1.5 / 1	18.376 / 18.701 / 19.026 / 19.350	17.294 / 17.835 / 18.376 / 18.917
	22	2.5 / 2 / 1.5 / 1	20.376 / 20.701 / 21.026 / 21.350	19.294 / 19.835 / 20.376 / 20.917
24		3 / 2 / 1.5 / 1	22.051 / 22.701 / 23.026 / 23.350	20.752 / 21.835 / 22.376 / 22.917
	27	3 / 2 / 1.5 / 1	25.051 / 25.701 / 26.026 / 26.350	23.752 / 24.835 / 25.376 / 25.917
30		3.5 / 2 / 1.5 / 1	27.727 / 28.701 / 29.026 / 29.350	26.211 / 27.835 / 28.376 / 28.917

公称直径 D、d 第一系列	第二系列	螺距 P	中径 D_2、d_2	小径 D_1、d_1
6		1 / 0.75	5.350 / 5.513	4.917 / 5.188
7		1 / 0.75	6.350 / 6.513	5.917 / 6.188
8		1.25 / 1 / 0.75	7.188 / 7.350 / 7.513	6.647 / 6.917 / 7.188
33		3.5 / 2 / 1.5	30.727 / 27.701 / 32.026	29.211 / 30.835 / 21.376
36		4 / 3 / 2 / 1.5	33.402 / 34.501 / 34.701 / 35.026	31.670 / 32.752 / 33.853 / 34.376
	39	4 / 3 / 2 / 1.5	36.042 / 37.051 / 37.701 / 38.026	34.670 / 35.572 / 36.835 / 37.376
42		4.5 / 4 / 3 / 2 / 1.5	39.077 / 39.402 / 40.051 / 40.701 / 41.026	37.129 / 37.670 / 38.752 / 39.835 / 40.376
	45	4.5 / 4 / 3 / 2 / 1.5	42.077 / 42.402 / 43.051 / 43.701 / 44.026	40.129 / 40.670 / 41.752 / 42.835 / 43.376

公称直径 D、d 第一系列	第二系列	螺距 P	中径 D_2、d_2	小径 D_1、d_1
10		1.5 / 1.25 / 1 / 0.75	9.026 / 9.188 / 9.350 / 9.513	8.376 / 8.647 / 8.917 / 9.188
12		1.75 / 1.5 / 1.25 / 1	10.863 / 11.026 / 11.188 / 11.350	10.106 / 10.376 / 10.647 / 10.917
	14	2 / 1.5 / 1	12.701 / 13.026 / 13.350	11.835 / 12.376 / 12.917
48		5 / 4 / 3 / 2 / 1.5	44.752 / 45.402 / 46.051 / 46.701 / 47.026	42.587 / 43.670 / 44.752 / 45.835 / 46.376
52		5 / 4 / 3 / 2 / 1.5	48.752 / 49.402 / 50.051 / 50.701 / 51.026	46.587 / 47.670 / 48.752 / 49.835 / 50.376
56		5.5 / 4 / 3 / 2 / 1.5	52.428 / 53.402 / 54.051 / 54.701 / 55.026	50.046 / 51.670 / 52.752 / 53.835 / 54.376
60		5.5 / 4 / 3 / 2 / 1.5	56.428 / 57.402 / 58.051 / 58.701 / 59.026	54.046 / 55.670 / 56.752 / 57.835 / 58.376
64		6 / 4 / 3 / 2 / 1.5	60.103 / 61.402 / 62.051 / 62.701 / 63.026	57.505 / 59.670 / 60.752 / 61.835 / 62.376

注：1. "螺距 P"栏中第一个数值粗牙螺距,其余为细牙螺距。
　　2. 优先选用第一系列,其次第二系列,第三系列（表中未列出）尽可能不用。

表 13-2 梯形螺纹最大实体牙型尺寸 （GB/T 5796.1—2005 摘录）　（单位：mm）

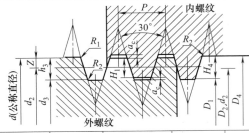

标记示例：
Tr40×7-7H（梯形内螺纹，公称直径 $d=40$、螺距 $P=7$、精度等级 7H）
Tr40×14(P7)LH-7e（多线左旋梯形外螺纹，公称直径 $d=40$、导程=14、螺距 $P=7$、精度等级 7e）
Tr40×7-7H/7e（梯形螺旋副，公称直径 $d=40$、螺距 $P=7$、内螺纹精度等级 7H、外螺纹精度等级 7e）

螺距 P	a_c	$H_4=h_3$	R_{1max}	R_{2max}	螺距 P	a_c	$H_4=h_3$	R_{1max}	R_{2max}
1.5	0.15	0.9	0.075	0.15	9	0.5	5	0.25	0.5
2	0.25	1.25	0.0125	0.25	10		5.5		
3		1.75			12		6.5		
4		2.25			14	1	8	0.5	1
5		2.75			16		9		
6	0.5	3.5	0.25	0.5	18		10		
7		4			20		11		
8		4.5							

表 13-3 梯形螺纹基本尺寸 （GB/T 5796.3—2005 摘录）　（单位：mm）

螺距 P	外螺纹小径 d_3	内、外螺纹中径 D_2、d_2	内螺纹大径 D_4	内螺纹小径 D_1	螺距 P	外螺纹小径 d_3	内、外螺纹中径 D_2、d_2	内螺纹大径 D_4	内螺纹小径 D_1
1.5	$d-1.8$	$d-0.75$	$d+0.3$	$d-1.5$	8	$d-9$	$d-4$	$d+1$	$d-8$
2	$d-2.5$	$d-1$	$d+0.5$	$d-2$	9	$d-10$	$d-4.5$	$d+1$	$d-9$
3	$d-3.5$	$d-1.5$	$d+0.5$	$d-3$	10	$d-11$	$d-5$	$d+1$	$d-10$
4	$d-4.5$	$d-2$	$d+0.5$	$d-4$	12	$d-13$	$d-6$	$d+1$	$d-11$
5	$d-5.5$	$d-2.5$	$d+0.5$	$d-5$	14	$d-16$	$d-7$	$d+2$	$d-12$
6	$d-7$	$d-3$	$d+1$	$d-6$	16	$d-18$	$d-8$	$d+2$	$d-16$
7	$d-8$	$d-3.5$	$d+1$	$d-7$	18	$d-20$	$d-9$	$d+2$	$d-18$

注：1. d—公称直径（即外螺纹大全）。

2. 表中所列的数值是按下列计算的 $d_3=d-2h_3$；D_2、$d_2=d-0.5P$；$D_4=d+2a_c$；$D_1=d-P$。

表 13-4 梯形螺纹直径与螺距系列 （GB/T 5796.2—2005 摘录）　（单位：mm）

公称直径 d 第一系列	第二系列	螺距 P	公称直径 d 第一系列	第二系列	螺距 P	公称直径 d 第一系列	第二系列	螺距 P
8		1.5 *	28	26	8,5,3	50		12,8,3
10	9	2 *,1.5		30		52	55	14,9,3
	11	3,2 *	32		10,6,3	60		14,9,3
12		3 *,2	36	34		70	65	16,10,4
	14	3 *,2		38	10,6,3	80	75	16,10,4
16	18	4,2	40	42			85	18,12,4
20		4,2	44		12,7,3	90	95	18,12,4
24	22	8,5,3	48	46	12,8,3	100		20,12,4

注：优先选用第一系列的直径，带 * 者为对应直径优先选用的螺距。

表 13-5 矩形螺纹　（单位：mm）

名　　称	公　　式
计算小径 d_1	由强度确定
大径 d（公称）	$d=\dfrac{5}{4}d_1$（取整）
螺距 P	$P=\dfrac{1}{4}d_1$（取整）
实际牙型高度 h_1	$h_1=0.5P+(0.1\sim0.2)$
小径 d_1	$d_1=d-2h_1$
牙底宽 W	$W=0.5P+(0.03\sim0.05)$
牙顶宽 f	$f=P-W$

注：矩形螺纹没有标准化，对于公制矩形螺纹的直径与螺距，可按梯形螺纹直径与螺距选择。

二、螺栓、螺柱、螺钉

1. 螺栓

表 13-6 六角头螺栓——A 和 B 级（GB/T 5782—2000）

六角头螺栓——全螺纹——A 和 B 级（GB/T 5783—2000）　　（单位：mm）

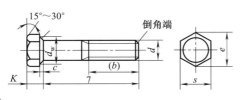

标记提示：

螺纹规格 d＝M12，公称长度 l＝80mm、性能等级为 9.8 级、表面氧化，A 级的六角头螺栓：螺栓 GB/T 5782　M12×80

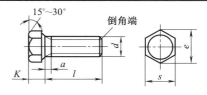

标记提示：

螺纹规格 d＝M12，公称长度 l＝80mm、性能等级为 9.8 级、表面氧化，A 级的六角头螺栓：螺栓 GB/T 5782　M12×80

螺纹规格 d			M3	M4	M5	M6	M8	M10	M12	(M14)	M16	(M18)	M20	(M22)	M24	(M27)	M30
b 参考	l≤125		12	14	16	18	22	26	30	34	38	42	46	50	54	60	66
	125<l≤200		—	—	—	—	28	32	36	40	44	48	52	56	60	66	72
	l>200		—	—	—	—	—	—	—	53	57	61	65	69	73	79	85
a	max		1.5	2.1	2.4	3	3.75	4.5	5.25	6	6	7.5	4.5	7.5	9	9	10.5
c	max		0.4	0.4	0.5	0.5	0.6	0.6	0.6	0.6	0.8	0.8	0.8	0.8	0.8	0.8	0.8
e	min	A	4.57	5.88	6.88	8.88	11.63	14.63	16.63	19.64	22.49	25.34	28.19	31.17	33.61	—	—
		B			6.74	8.74	11.47	14.47	16.47	19.15	19.15	22	24.85	27.7	32.35	33.25	38
42.75e	min	A	6.01	7.66	8.79	11.05	14.38	17.77	20.03	23.36	26.75	30.14	33.53	37.72	39.98	—	—
		B	5.88	7.50	8.63	10.89	14.20	17.59	19.85	22.78	26.17	29.56	32.95	37.29	39.55	45.2	80.85
K	公称		2	2.8	3.5	4	5.3	6.4	7.5	8.8	10	11.5	12.5	14	15	17	18.7
r	min		0.1	0.2	0.2	0.25	0.4	0.4	0.6	0.6	0.6	0.6	0.8	1	0.8	1	1
s	公称		5.5	7	8	10	13	16	18	21	24	27	30	34	36	41	46
l 范围（GB/T 5782—2000）			20~30	25~40	25~50	30~60	35~80	40~100	45~120	60~140	55~160	60~180	65~200	70~220	80~240	90~260	90~300
l 范围（全螺纹）(GB/T 5782—2000A 型)			6~30	8~40	10~50	12~60	16~80	20~100	25~100	30~140	35~100	35~120	40~200	45~200	40~100	55~200	60~200
l 系列			6,8,10,12,16,20~70(5 进位),80~160(10 进位),180~360(20 进位)														

技术条件	材料	力学性能等级	螺纹公差	公差产品等级	表面处理
	钢	5.6、8.8、9.8、10.9	6g	A 级用于 d≤24 和 l≤10d 或 l≤150	氧化或电镀、协议简单处理
	不锈钢	A2-70、A4-70		B 级用于 d>24 和 l>10d 或 l>150	
	有色金属	Cu2、Cu3、A14 等			

注：1. A，B 为产品等级，C 级产品螺纹公差为 8g，规格为 M5～M64，性能等级为 3.6、4.6 和 4.8 级，详见 GB/T 5780—2000、GB/T 5871—2000。

2. 括号内为第二系列螺纹直径规格，尽量不采用。

表 13-7　六角头铰制孔用螺栓——A 和 B 级（GB/T 27—1988）　　（单位：mm）

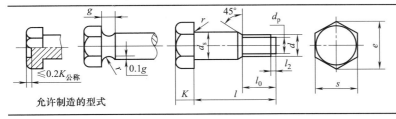

标记示例：

螺纹规格 d＝M12、d_s 尺寸按表 13-9 规定，公称长度 l＝80 mm，性能等级为 8.8 级、表面氧化处理，A 级六角头铰制孔用螺栓：螺栓 GB/T 27 M12×80

当 d_s 按 M6 制造时应标记为：螺栓 GB/T 27 M12×M6×80

允许制造的型式

螺纹规格 d		M6	M8	M10	M12	(M14)	M16	(M18)	M20	(M22)	M24	(M27)	M30
d_s(h9)	max	7	9	11	13	15	17	19	21	23	25	28	32
s	max	10	13	16	18	21	24	27	30	34	36	41	46
K	公称	4	5	6	7	8	9	10	11	12	13	15	17
r	min	0.25	0.4	0.4	0.6	0.6	0.6	0.6	0.8	0.8	0.8	1	1
d_p		4	5.5	7	8.5	10	12	13	15	17	18	21	23
l_2		1.5			2			3			4		5
e_{min}	A	11.05	14.38	17.77	20.03	23.35	26.75	30.14	33.53	37.72	39.98	—	—
	B	10.89	14.20	17.59	19.85	22.78	26.17	29.56	32.95	37.29	39.55	45.20	50.85
g		2.5				3.5					5		
l_0		12	15	18	22	25	28	30	32	35	38	42	50
l 范围		25~65	25~80	30~120	35~180	40~180	45~200	50~200	55~200	60~200	65~200	75~200	80~230
l 系列		25,(28),30,(32),35,(38),40,45,50,(55),60,(65),70,(75),80,85,90,(95),100~260(10进位),280,300											

注：尽可能不采用括号内的规格。

2. 螺柱

表 13-8 双头螺柱 $b_m=1d$（GB/T 897—1988）、$b_m=1.25d$（GB/T 898—1988）、

$b_m=1.5d$（GB/T 899—1988）　　　　　（单位：mm）

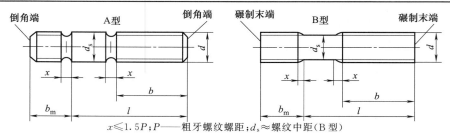

$x\leqslant1.5P$；P——粗牙螺纹螺距；$d_s\approx$螺纹中距（B 型）

标记示例：

两端均为粗牙普通螺纹，$d=10mm$、$l=50mm$、性能等级为 4.8 级、不经表面处理、B 型、$b_m=1d$ 的双头螺柱：

螺柱　GB/T 897　M10×50

旋入机体一端为粗牙螺纹，旋螺母一端为螺距 $P=1mm$ 的细牙普通螺纹，$d=10mm$、$l=50mm$、性能等级为 4.8 级、不经表面处理、A 型、$b_m=1.25d$ 的双头螺柱：

螺柱　GB/T 898　AM10×1×50

旋入机体一端为过渡配合螺纹的第一种配合，旋螺母一端为粗牙普通螺纹，$d=10mm$、$l=50mm$、性能等级为 8.8 级、镀锌钝化、B 型、$b_m=1.25d$ 的双头螺柱：

螺柱　GB/T 898　GM10-M10×50-8.8-Zn.D

螺纹规格 d		M5	M6	M8	M10	M12	M16	M20
b_m 公称	GB/T 897	5	6	8	10	12	16	20
	GB/T 898	6	8	10	12	15	20	25
	GB/T 899	8	10	12	15	18	24	30
d_s	max	$=d$						
	min	4.7	5.7	7.64	9.64	11.57	15.57	19.48
$\dfrac{l}{b}$		$\dfrac{16\sim22}{10}$ $\dfrac{22\sim50}{16}$	$\dfrac{20\sim22}{10}$ $\dfrac{25\sim30}{14}$ $\dfrac{32\sim90}{18}$	$\dfrac{20\sim22}{12}$ $\dfrac{25\sim30}{16}$ $\dfrac{32\sim90}{22}$	$\dfrac{25\sim28}{14}$ $\dfrac{30\sim38}{16}$ $\dfrac{40\sim120}{26}$ $\dfrac{130}{32}$	$\dfrac{25\sim30}{16}$ $\dfrac{30\sim40}{20}$ $\dfrac{40\sim120}{30}$ $\dfrac{130\sim180}{36}$	$\dfrac{30\sim38}{20}$ $\dfrac{40\sim55}{30}$ $\dfrac{60\sim120}{42}$ $\dfrac{130\sim200}{44}$	$\dfrac{35\sim40}{25}$ $\dfrac{45\sim65}{35}$ $\dfrac{70\sim120}{46}$ $\dfrac{130\sim200}{52}$
范围		16~50	20~75	20~90	25~130	25~180	30~200	35~200
l 系列		16,20,25,30,35,40~100(5 进位),110~260(10 进位),280,300						

注：1. 旋入机体一端过渡配合螺纹代号为 GM、G2M，A 型螺纹代号为 AM，B 型不写。

2. GB/T 898 $d=(5\sim20)mm$ 为商品规格，其余均为通用规格。

3. 末端按 GB/T 2—2001 的规定。

4. $b_m=1d$ 一般用于钢对钢，$b_m=(1.25\sim1.5)d$ 一般用于钢对铸铁。

3. 螺钉

表 13-9　内六角头圆柱头螺钉（GB/T 70.1—2000 摘录）　　　　　　（单位：mm）

标记示例：

螺纹规格 $d=M8$、公称长度 $l=20mm$、性能等级为 8.8 级、表面氧化的内六角圆柱螺钉：螺钉 GB/T 70.1 M8×20

螺纹规格 d	M5	M6	M8	M10	M12	M16	M20	M24	M30	M36
b（参考）	22	24	28	32	36	44	52	60	72	84
d_K（max）	8.5	10	13	16	18	24	30	36	45	54
e（min）	4.58	5.72	6.86	9.15	11.43	16	19.44	21.73	25.15	30.85
K（max）	5	6	8	10	12	16	19.44	21.73	25.15	30.85
s（公称）	4	5	6	8	10	14	17	19	22	27
t（min）	2.5	3	4	5	6	8	10	12	15.5	19
l 范围（公称）	8～50	10～60	12～80	16～100	20～120	25～160	30～200	40～200	45～200	55～200
制成全螺纹时 $l\leqslant$	25	30	35	40	45	55	65	80	90	110
l 系列（公称）	8,10,12,16,20～70（5 进位）,70～160（10 进位）,180,200									

表 13-10　开槽盘头螺钉（GB/T 67—2000 摘录）、**开槽沉头螺钉**（GB/T 68—2000 摘录）

（单位：mm）

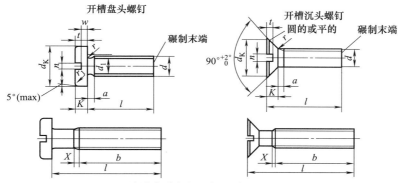

无螺纹部分杆径≈中径＝螺纹大径

标记示例：螺纹规格 $d=M5$、公称长度 $l=20mm$，性能等级为 4.8 级、不经表面处理的开槽盘头螺钉（或开槽沉头螺钉）的标记为：螺钉 GB/T 67 M5×20（或 GB/T 68 M5×20）

螺纹规格 d			M1.6	M2	M2.5	M3	M4	M5	M6	M8	M10
螺距 P			0.35	0.4	0.45	0.5	0.7	0.8	1	1.25	1.5
a		max	0.7	0.8	0.9	1	1.4	1.6	2	2.5	3
b		min	25	25	25	25	38	38	38	38	38
n		公称	0.4	0.5	0.6	0.8	1.2	1.2	1.6	2	2.5
X		max	0.9	1	1.1	1.25	1.75	2	2.5	3.2	3.8
开槽盘头螺钉	d_K	max	3.2	4	5	5.6	8	9.5	12	16	20
	d_a	max	2.1	2.6	3.1	3.6	4.7	5.7	6.8	9.2	11.2
	K	max	1	1.3	1.5	1.8	2.4	3	3.6	4.8	6
	r	min	0.1	0.1	0.1	0.1	0.2	0.2	0.25	0.4	0.4
	r_f	参考	0.5	0.6	0.8	0.9	1.2	1.5	1.8	2.4	3
	t	min	0.35	0.5	0.6	0.7	1	1.2	1.4	1.9	2.4
	w	min	0.3	0.4	0.5	0.7	1	1.2	1.4	1.9	2.4
	l 商品规格范围		2～16	2.5～20	3～25	4～30	5～40	6～50	8～60	10～80	12～80

开槽沉头螺钉	螺纹规格 d		M1.6	M2	M2.5	M3	M4	M5	M6	M8	M10
	d_K	max	3	3.8	4.7	5.5	8.4	9.3	11.3	15.8	18.3
	K	max	1	1.2	1.5	1.65	2.7	2.7	3.3	4.65	5
	r	max	0.4	0.5	0.6	0.8	1	1.3	1.5	2	2.5
	t	min	0.32	0.4	0.5	0.63	1	1.1	1.2	1.8	2
	l 商品规格范围		2.5~16	3~20	4~25	5~30	6~40	8~50	8~60	10~80	12~80
公称长度 l 系列			2,2.5,3,4,6,8,10,12,(14),16,20~80(5 进位)								

注：1. 公称长度中 l 的 (14)、(55)、(65)、(75) 等规格尽可能不采用。

2. 对开槽盘头螺钉，$d \leqslant M3$、$l \leqslant 30$mm 或 $d \geqslant M4$、$l \leqslant 40$mm，制出全螺纹（$b=l-a$）；对开槽沉头螺钉，$d \leqslant M3$、$l \leqslant 30$mm 或 $d \geqslant M45$、$l \leqslant 45$mm，制出全螺纹 $[b=l-(K+a)]$

表 13-11 十字槽盘头螺钉（GB/T 818—2000 摘录）、十字槽沉头螺钉（GB/T819.1—2000 摘录）

（单位：mm）

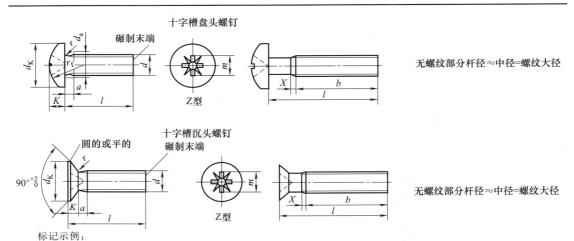

标记示例：

螺纹规格 $d=$ M5、公称长度 $l=20$mm,性能等级为 4.8 级、不经表面处理的十字槽盘头螺钉（或十字沉头螺钉）的标记为：螺钉 GB/T 818 M5×20（或 GB/T 819.1 M5×20）

螺纹规格 d			M1.6	M2	M2.5	M3	M4	M5	M6	M8	M10
螺距 P			0.35	0.4	0.45	0.5	0.7	0.8	1	1.25	1.5
a		max	0.7	0.8	0.9	1	1.4	1.6	2	2.5	3
b		min	25	25	25	25	38	38	38	38	38
X		max	0.9	1	1.1	1.25	1.75	2	2.5	3.2	3.8
十字槽盘头螺钉	d_a	max	2.1	2.6	3.1	3.6	4.7	5.7	6.8	9.2	11.2
	d_K	max	3.2	4	5	5.6	8	9.5	12	16	20
	K	max	1.3	1.6	2.1	2.4	3.1	3.7	4.6	6	7.5
	r	min	0.1	0.1	0.1	0.1	0.2	0.2	0.25	0.4	0.4
	r_f	≈	2.5	3.2	4	5	6.5	8	10	13	16
	m	参考	1.7	1.9	2.6	2.9	4.4	4.6	6.8	8.8	10
	l 商品规格范围		3~16	3~20	3~25	4~30	5~40	6~45	8~60	10~60	12~60
十字槽沉头螺钉	d_K	max	3	3.8	4.7	5.5	8.4	9.3	11.3	15.8	18.3
	K	max	1	1.2	1.5	1.65	2.7	2.7	3.3	4.65	5
	r	max	0.4	0.5	0.6	0.8	1	1.3	1.5	2	2.5
	m	参考	1.8	2	3	3.2	4.6	5.1	6.8	9	10
	l 商品规格范围		3~16	3~20	3~25	4~30	5~40	6~50	8~60	10~60	12~60
公称长度 l 系列			3,4,5,6,8,10,12,(14),16,20~60(5 进位)								

注：1. 公称长度中 l 的 (14)、(55) 等规格尽可能不采用。

2. 对十字槽盘头螺钉，$d \leqslant M3$、$l \leqslant 25$mm 或 $d \geqslant M4$、$l \leqslant 40$mm，制出全螺纹（$b=l-a$）；对十字槽沉头螺钉，$d \leqslant$ M4、$l \leqslant 30$mm 或 $d \geqslant M4$、$l \leqslant 45$mm，制出全螺纹 $[b=l-(K+a)]$。

表 13-12　紧定螺钉　　　　　　　　　　　　　　　　　　　　（单位：mm）

开槽锥端紧定螺钉
（GB/T 71—1985 摘录）

开槽平端紧定螺钉
（GB/T 73—1985 摘录）

开槽长圆柱端紧定螺钉
（GB/T 75—1985 摘录）

标记示例：

螺纹规格 $d=$ M5、公称长度 $l=$ 12mm，性能等级为 14H 级、表面氧化的开槽锥端紧定螺钉（或开槽平端，或开槽长圆柱端紧定螺钉）的标记：

螺钉 GB/T 71　M5×12，（或 GB/T 75　M5×12）

螺纹规格 d		M3	M4	M5	M6	M8	M10	M12
螺距 P		0.5	0.7	0.8	1	1.25	1.5	1.75
$d_f \approx$		螺纹小径						
d_t	max	0.3	0.4	0.5	1.5	2	2.5	3
d_p	max	2	2.5	3.5	4	5.5	7	8.5
n	公称	0.4	0.6	0.8	1	1.2	1.6	2
t	min	0.8	1.12	1.28	1.6	2	2.4	2.8
z	max	1.75	2.25	2.75	3.25	4.3	5.3	6.3
不完整的螺纹长度 u		≤2P						
l 范围（商品规格）	GB/T 71	4～16	6～20	8～25	8～30	10～40	12～50	14～60
	GB/T 73	3～16	4～20	5～25	6～30	8～40	10～50	12～60
	GB/T 75	5～16	6～20	8～25	8～30	10～40	12～50	14～60
短螺钉	GB/T 73	3	4	5	6			
	GB/T 75	5	6	8	8、10	10、12、14	12、14、16	14、16、20
公称长度 l 的系列		3、4、5、6、8、10、12、(14)、16、20、25、30、35、40、45、50、(55)、60						

注：1. 尽可能不采用括号内的规格。

2. 表图中，* 公称长度在表中 l 范围内的短螺钉制成 120°；＊＊90°或 120°和 45°仅适用于螺纹小径内的末端部分。

4. 螺母

表 13-13　A 级和 B 级粗牙 I 型六角螺母（GB/T 6170—2000 摘录）　　（单位：mm）

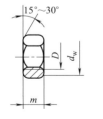

标记示例：

螺纹规格 $D=$ M12、性能等级为 10 级、不经表面处理、A 级的 I 型六角螺母：

螺母 GB/T 6170　M12

螺纹规格 D		M5	M6	M8	M10	M12	M16	M20	M24	30
d_w	min	6.9	8.9	11.6	14.6	16.6	22.5	27.7	33.2	42.7
e	min	8.79	11.05	14.38	17.77	20.03	26.75	32.95	39.55	50.85
m	max	4.7	5.2	6.8	8.4	10.8	14.8	18.0	21.5	25.6
s	max	8	10	13	16	18	24	30	36	46

表 13-14　圆螺母（GB/T 812—1988 摘录）　　　　　　　　（单位：mm）

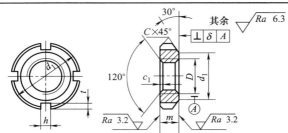

D≤M100×2，槽数　n=4
D≥M105×2，槽数　n=6

标记示例：
螺纹规格 D×p＝M16×1.5，材料为 45 钢，全部热处理后，硬度为 35～45HCR，表面氧化的圆螺母的标记：
螺母 GB/T 812　M16×1.5

螺纹规格 D	d_k	d_1	m	h_{min}	t_{min}	C	c_1
M10×1	22	16	8	4	2	0.5	0.5
M12×1.25	25	19	8	4	2	0.5	0.5
M14×1.5	28	20	8	4	2	0.5	0.5
M16×1.5	30	22	8	4	2	0.5	0.5
M18×1.5	32	24	8	5	2.5	0.5	0.5
M20×1.5	35	27	8	5	2.5	0.5	0.5
M22×1.5	38	30	8	5	2.5	0.5	0.5
M24×1.5	42	34	8	5	2.5	0.5	0.5
M25×1.5 *	42	34	8	5	2.5	0.5	0.5
M27×1.5	45	37	8	5	2.5	0.5	0.5
M30×1.5	48	40	8	5	2.5	1	0.5
M33×1.5	52	43	10	6	3	1	0.5
M35×1.5 *	52	43	10	6	3	1	0.5
M36×1.5	55	46	10	6	3	1	0.5
M39×1.5	58	49	10	6	3	1	0.5
M40×1.5 *	58	49	10	6	3	1	0.5
M42×1.5	62	53	10	6	3	1.5	0.5
M45×1.5	68	59	10	6	3	1.5	0.5
M48×1.5	72	61	12	8	3.5	0.5	0.5
M50×1.5 *	72	61	12	8	3.5	0.5	0.5
M52×1.5	78	67	12	8	3.5	0.5	0.5
M55×2 *	78	67	12	8	3.5	0.5	0.5
M56×2	85	74	12	8	3.5	1.5	1
M60×2	90	79	12	8	3.5	1.5	1
M64×2	95	84	12	8	3.5	1.5	1
M65×2 *	95	84	12	8	3.5	1.5	1
M68×2	100	88	15	10	4	1.5	1
M72×2	105	93	15	10	4	1.5	1
M75×2 *	105	93	15	10	4	1.5	1
M76×2	110	98	15	10	4	1.5	1
M80×2	115	103	15	10	4	1.5	1
M85×2	120	108	15	10	4	1.5	1
M90×2	125	112	18	12	5	1.5	1
M95×2	130	117	18	12	5	1.5	1
M100×2	135	122	18	12	5	1.5	1

注：1. 此种螺母与表 13-17 垫圈配合使用。
2. * 仅用于滚动轴承锁紧装置。

5. 垫圈

表 13-15　小垫圈、平垫圈　　　　　　　　（单位：mm）

小垫圈 A 级（GB/T 848—2002）
平垫圈 A 级（GB/T 97.1—2002）
平垫圈 倒角型 A 级（GB/T 97.2—2002）

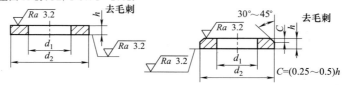

$C=(0.25\sim0.5)h$

标记示例：
小系列（或标准系列）、公称尺寸 d＝8mm、性能等级为 140HV 级、不经表面处理的小垫圈（或平垫圈、倒角型平垫圈）的标记：
垫圈　GB/T 848　8-140HV（或 GB/T 97.1　8-140HV，或 GB/T 97.2　8-140HV）

公称尺寸（螺纹规格 d）		1.6	2	2.5	3	4	5	6	8	10	12	14	16	20	24	30	36
d_1	GB/T 848	1.7	2.2	2.7	3.2	4.3	5.3	6.4	8.4	10.5	13	15	17	21	25	31	37
	GB/T 97.1	1.7	2.2	2.7	3.2	4.3	5.3	6.4	8.4	10.5	13	15	17	21	25	31	37
	GB/T 97.2	—	—	—	—	—	5.3	6.4	8.4	10.5	13	15	17	21	25	31	37
d_2	GB/T 848	3.5	4.5	5	6	8	9	11	15	18	20	24	28	34	39	50	60
	GB/T 97.1	4	5	6	7	9	10	12	16	20	24	28	30	37	44	56	66
	GB/T 97.2	—	—	—	—	—	10	12	16	20	24	28	30	37	44	56	66
h	GB/T 848	0.3	0.3	0.5	0.5	0.5	1	1.6	1.6	1.6	2	2.5	2.5	3	4	4	5
	GB/T 97.1	0.3	0.3	0.5	0.5	0.8	1	1.6	1.6	2	2.5	2.5	3	3	4	4	5
	GB/T 97.2	—	—	—	—	—	1	1.6	1.6	2	2.5	2.5	3	3	4	4	5

表 13-16 标准型弹簧垫圈（GB/T 93—1987 摘录）

轻型弹簧垫圈（GB/T 859—1987 摘录）　　　　　　　　（单位：mm）

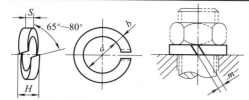

标记示例：
　　规格为 16、材料为 65Mn、表面氧化的标准型（或轻型）弹簧垫圈的标记：
　　垫圈　GB/T 93　16（或 GB/T 859　16）

规格（螺纹大径）			3	4	5	6	8	10	12	(14)	16	(18)	20	(22)	24	(27)	30	(33)	36
GB/T 93	$S(b)$	公称	0.87	1.1	1.3	1.6	2.1	2.6	3.1	3.6	4.1	4.5	5	5.5	6	6.8	7.5	8.5	9
	H	min	1.6	2.5	2.6	3.2	4.2	5.2	6.2	7.2	8.2	9	10	11	12	13.6	15	17	18
		max	2	2.75	3.25	4	5.25	6.5	7.75	9	10.25	11.25	12.5	13.75	15	17	18.75	21.25	22.5
	m	≤		1.4	0.55	0.65	0.8	1.05	1.3	1.55	1.8	2.05	2.25	2.5	2.75	3	3.4	3.75	4.25	4.5
GB/T 859	S	公称	0.6	0.8	1.1	1.3	1.6	2	2.5	3	3.2	3.6	4	4.5	5	5.5	6	—	—
	b	公称	2	1.2	1.5	2	2.5	3	3.5	4	4.5	5	5.5	6	7	8	9	—	—
	H	min	1.2	1.6	2.2	2.6	3.2	4	5	6	6.4	7.2	8	9	10	11	12	—	—
		max	1.5	2	2.75	3.25	4	5	6.25	7.5	8	9	10	11.25	12.5	12.75	15	—	—
	m	≤	0.3	0.4	0.55	0.65	0.8	1	1.25	1.5	1.6	1.8	2	2.25	2.5	2.75	3	—	—

注：尽可能不采用括号内的规格。

表 13-17 圆螺母用止动垫圈（GB/T 858—1988 摘录）　　　　（单位：mm）

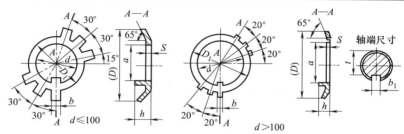

标记示例：
垫圈 GB/T 858　16（规格为 16、材料为 Q235-A、经退火、表面氧化的圆螺母用止动垫圈）

规格（螺纹大径）	d	D（参考）	D_1	S	b	a	h	轴端 b_1	轴端 t
10	10.5	25	16			8			7
12	12.5	28	19		3.8	9	3	4	8
14	14.5	32	20			11			10
16	16.5	34	22			13			12
18	18.5	35	24			15			14
20	20.5	38	27	1		17			16
22	22.5	42	30		4.8	19	4	5	18
24	24.5	45	34			21			20
25 *	25.5					22			—
27	27.5	48	37			24			23
30	30.5	52	40			27			26
33	33.5	56	43			30			29
35 *	35.5					32			—
36	36.5	60	46			33	5		32
39	39.5	62	49	1.8	5.7	36		6	35
40 *	40.5					37			—
42	42.5	66	53			39			38
45	45.5	72	59			42			41

规格（螺纹大径）	d	D（参考）	D_1	S	b	a	h	轴端 b_1	t
48	48.5	76	61	1.8	7.7	45	5		44
50 *	50.5					47			—
52	52.5	82	67			49	6	8	48
55 *	56					52			—
56	57	90	74			53			52
60	61	94	79			57			56
64	65	100	84			61			60
65 *	66					62			—
68	69	105	88		9.6	65	7	10	64
72	73	110	93			69			68
75 *	76					71			—
76	77	115	98			72			70
80	81	120	103			76			74
85	86	125	108			81			79
90	91	130	112	2	11.6	86		12	84
95	96	135	117			91			89
100	101	140	122			96			94
105	106	145	127			101			99

注：1. * 仅用于滚动轴承锁紧装置。

2. 轴端尺寸摘自 JB 34—1959。

3. 垫圈与表 13-14 圆螺母配合使用。

三、螺纹零件的结构要素

表 13-18　普通螺纹收尾、肩距、退刀槽和倒角（GB/T 3—1997）　（单位：mm）

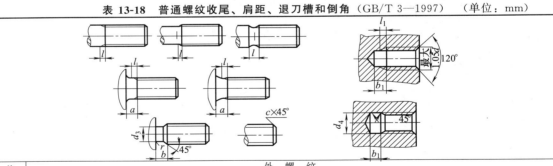

普通螺纹	螺距 P	粗牙螺纹大径 d	螺纹收尾 l（不大于）一般	短的	肩距 a（不大于）一般	长的	短的	退刀槽 b 一般	窄的	r	d_3	倒角 c
d—	0.75	4.5	1.9	1	2.25	3	1.5	2.25	1.5	P/2	$d-1.2$	0.6
	0.8	5	2	1	2.4	3.2	1.6	2.4			$d-1.3$	0.8
	1	6;7	2.5	1.25	3	4	2	3	1.5		$d-1.6$	1
	1.25	8	3.2	1.6	4	5	2.5	3.75			$d-2$	1.2
	1.5	10	3.8	1.9	4.5	6	3	4.5	2.5		$d-2.3$	1.5
	1.75	12	4.3	2.2	5.3	7	3.5	5.25			$d-2.6$	2
	2	14;16	5	3.2	6	8	4	6	3.5		$d-3$	
	2.5	18;20;22	6.3	3.8	7.5	10	5	7.5			$d-3.6$	2.5
	3	24;27	7.5	3.2	9	12	6	9	4.5		$d-4.4$	
	3.5	30;33	9	4.5	10.5	14	7	10.5			$d-5$	3
	4	36;39	10	5	12	16	8	12	5.5		$d-5.7$	
	4.5	42;45	11	5.5	13.5	18	9	13.5	6		$d-6.4$	4
	5	48;52	12.5	6.3	15	20	10	15	6.5		$d-7$	
	5.5	56;60	14	7	16.5	22	11	17.5	7.5		$d-7.7$	5

右上角：续表

内 螺 纹							
螺纹收尾 l (不大于)		肩距 a_1(不大于)		退刀槽			
				b		r_1	d_4
一般长的		一般长的		一般	窄的		
1.5	2.3	3.8	6	4	2		
1.6	2.4	4	6.4	4	2.5		$d+0.3$
2	3	5	9	4	2.5		
2.5	3.8	6	10	5	3		
3	4.5	7	12	6	4		
3.5	5.2	9	14	7	4		
4	6	10	16	8	5	$P/2$	
5	7.5	12	18	10	6		
6	9	14	22	12	7		
7	10.5	16	24	14	8		$d+0.5$
8	12	18	26	16	9		
9	13.5	21	29	18	10		
10	15	23	32	20	11		
11	16.5	25	35	22	12		

普通螺纹（上半部分行）

单线梯形外螺纹

P	$b=b_1$	d_3	d_4	$r=r_1$	$c=c_1$
2	2.5	$d-3$	$d+1$	1	1.5
3	4	$d-4$	$d+1$	1	2
4	5	$d-5.1$	$d+1.1$	1.5	2.5
5	6.5	$d-6.6$	$d+1.6$	1.5	3
6	7.5	$d-7.8$	$d+1.8$	2	3.5
8	10	$d-9.8$	$d+1.8$	2.5	4.5
10	12.5	$d-12$	$d+2$	3	5.5
12	15	$d-14$	$d+2$	3	6.35
16	20	$d-19.2$	$d+3.2$	4	9
20	24	$d-23.5$	$d+3.5$	5	11

注：1. 外螺纹倒角和退刀槽过渡角一般按 $45°$，也可按 $60°$ 或 $30°$ 倒角时，倒角深度约等于螺纹深度。内螺纹倒角一般是 $120°$ 锥角，也可以是 $90°$ 锥角。

2. 肩距 a（a_1）是螺纹收尾 l（l_1）加螺纹空白的总长，设计时应优先考虑一般肩距尺寸，短的肩距只在结构需要时采用。

3. 窄的退刀槽只在结构需要时采用。

4. 对锥螺纹 d 为基面上螺纹大径（对内螺纹即螺孔端面的螺纹大全）。

表 13-19 普通粗牙螺纹的余留长度、钻孔余留深度（JB/ZQ 4247—2006 摘录）　　　　（单位：mm）

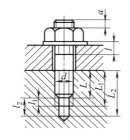
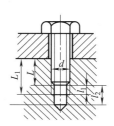

螺纹直径 d	余留长度			余留长度 a
	内螺纹	外螺纹	钻孔	
	l_1	l	l_2	
5	1.5	2.5	5	1～2
6	2	3.5	6	1.5～2.5
8	2.5	4	8	
10	3	4.5	9	2～3
12	3.5	5.5	11	
14、16	4	6	12	2.5～4
18、20、22	5	7	15	
24、27、30	6	8	18	3～5
	7	9	21	

注：拧入深度 L 由设计者决定；钻孔深度 $L_2=L+l_2$；螺孔深度 $L_1=L+l_1$

表 13-20　螺栓和螺钉通孔及沉孔尺寸　（单位：mm）

螺纹规格	螺栓和螺钉通孔直径 d_h (GB/T 5277—1985)			沉头螺钉及半沉头螺钉的沉孔 (GB/T 152.2—1988)				内六角圆柱头螺钉的沉孔 (GB/T 152.3—1988)				六角螺栓和六角螺母的沉孔 (GB/T 152.4—1988)			
d	精装配	中等装配	粗装配	d_2	$t\approx$	d_1	α	d_2	t	d_3	d_1	d_2	d_3	d_1	t
M3	3.2	3.4	3.6	6.4	1.6	3.4		6	3.4		3.4	9		3.4	只要能制出与通孔轴线垂直的圆平面即可
M4	4.3	4.5	4.8	9.6	2.7	4.5		8	4.6		4.5	10		4.5	
M5	5.3	5.5	5.8	10.6	2.7	5.5		10	5.7		5.5	11		5.5	
M6	6.4	6.6	7	12.8	3.3	6.5		11	6.8		6.6	13		6.6	
M8	8.4	9	10	17.6	4.6	9		15	9		9	18		9	
M10	10.5	11	12	20.3	5	11		18	11		11	22		11	
M12	13	13.5	14.5	24.4	6	13.5	$90°^{-2°}_{-4°}$	20	13	16	13.5	26	16	13.5	
M14	15	15.5	16.5	280.4	7	15.5		24	15	18	15.5	30	18	13.5	
M16	17	17.5	18.5	32.4	8	17.5		26	17.5	20	17.5	33	20	17.5	
M18	19	20	21	—								36	22	20	
M20	21	22	24	40.4	10	22		33	21.5	24	22	40	24	22	
M22	23	24	26					—				43	26	24	
M24	25	26	28					40	25.5	28	26	48	28	26	

表 13-21　轴上固定螺钉的孔（JB/ZQ 4251—2006 摘录）　（单位：mm）

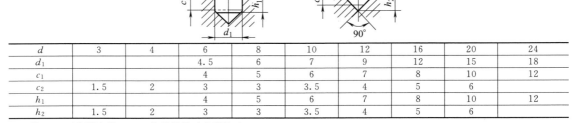

d	3	4	6	8	10	12	16	20	24
d_1		4.5	6	7	9	12	15	18	
c_1			4	5	6	7	8	10	12
c_2	1.5	2	3	3	3.5	4	5	6	
h_1			4	5	6	7	8	10	12
h_2	1.5	2	3	3	3.5	4	5	6	

注：1. 工作图上除 c_1、c_2 外其他尺寸全部注出。

2. d 为螺纹规格。

第二节　轴系零件的紧固件

表 13-22　螺钉紧固轴端挡圈（GB/T 891—1986 摘录）、螺栓紧固轴端挡圈（GB/T 892—1986 摘录）

（单位：mm）

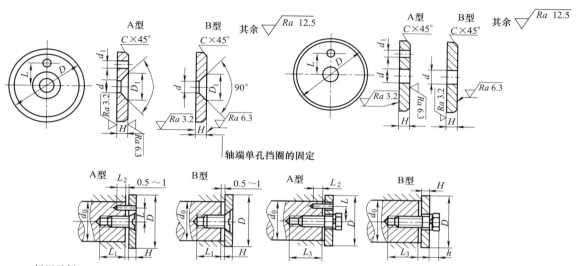

标记示例：

挡圈 GB/T 891 45（公称直径 $D＝45$mm、材料为 Q235-A、不经表面处理的 A 型螺钉紧固轴端挡圈）

挡圈 GB/T 891 B45（公称直径 $D＝45$mm、材料为 Q235-A、不经表面处理的 B 型螺钉紧固轴端挡圈）

轴径 ≤	公称直径 D	H	L	d	d_1	C	D_1	螺钉紧固轴端挡圈		螺栓紧固轴端挡圈			安装尺寸（参考）			
								螺钉 GB/T 819（推荐）	圆柱销 GB/T 119（推荐）	螺栓 GB/T 5783（推荐）	圆柱销 GB/T 119（推荐）	垫圈 GB/T 93（推荐）	L_1	L_2	L_3	h
14	20	4	—													
16	22	4	—													
18	25	4	—	5.5	2.1	0.5	11	M5×12	A2×10	M5×16	A2×10	5	14	6	16	4.8
20	28	4	7.5													
22	30	4	7.5													
25	32	5	10													
28	35	5	10													
30	38	5	10	6.6	3.2	1	13	M6×16	A3×12	M6×20	A3×12	6	18	7	20	5.6
32	40	5	12													
35	45	5	12													
40	50	5	12													
45	55	6	16													
50	60	6	16													
55	65	6	16	9	4.2	1.5	17	M8×20	A4×14	M8×25	A4×14	8	22	8	24	7.4
60	70	6	20													
65	75	6	20													
70	80	6	20													

注：1. 当挡圈装在带螺纹孔的轴端时，紧固螺钉允许加长。

2. 材料，Q235-A、35 钢、45 钢。

3. "轴端单孔挡圈的固定"不属 GB/T 891、GB/T 892，仅供参考。

表 13-23 孔用弹性挡圈 A 型（GB/T 893.1—1986 摘录）

（单位：mm）

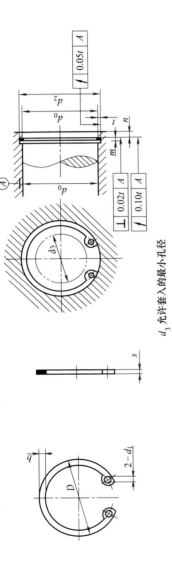

d_3 允许套入的最小孔径

标记示例：

挡圈 GB/T 893.1 50

（孔径 $d_0=50$mm，材料 65Mn，热处理硬度 44～51HRC，经表面氧化处理的 A 型孔用弹性挡圈）

孔径 d_0	挡圈 D	挡圈 s	挡圈 $b\approx$	挡圈 d_1	沟槽（推荐）d_2 基本尺寸	d_2 极限偏差	沟槽（推荐）m 基本尺寸	m 极限偏差	$n\geq$	轴 $d_3\leq$
8	8.7	0.6	1	1	8.4	+0.09 / 0	0.7	+0.14 / 0	0.6	2
9	9.8	0.6	1	1	9.4	+0.09 / 0	0.7	+0.14 / 0	0.6	3
10	10.8	0.8	1.2	1	10.4	+0.09 / 0	0.7	+0.14 / 0	0.6	3
11	11.8	0.8	1.2	1.5	11.4	+0.11 / 0	0.9	+0.14 / 0	0.9	4
12	13	0.8	1.7	1.5	12.5	+0.11 / 0	0.9	+0.14 / 0	0.9	4
13	14.1	0.8	1.7	1.5	13.6	+0.11 / 0	0.9	+0.14 / 0	0.9	5
14	15.1	0.8	1.7	1.7	14.6	+0.11 / 0	0.9	+0.14 / 0	0.9	6
15	16.2	0.8	1.7	1.7	15.7	+0.11 / 0	0.9	+0.14 / 0	1.2	7
16	17.3	1	2.1	1.7	16.8	+0.11 / 0	1.1	+0.14 / 0	1.2	8
17	18.3	1	2.1	1.7	17.8	+0.11 / 0	1.1	+0.14 / 0	1.2	8
18	19.5	1	2.1	2	19	+0.13 / 0	1.1	+0.14 / 0	1.5	9
19	20.5	1	2.1	2	20	+0.13 / 0	1.1	+0.14 / 0	1.5	10
20	21.5	1	2.5	2	21	+0.13 / 0	1.1	+0.14 / 0	1.5	10
21	22.5	1	2.5	2	22	+0.13 / 0	1.1	+0.14 / 0	1.5	11
22	23.5	1	2.5	2	23	+0.13 / 0	1.1	+0.14 / 0	1.5	12

孔径 d_0	挡圈 D	挡圈 s	挡圈 $b\approx$	挡圈 d_1	沟槽（推荐）d_2 基本尺寸	d_2 极限偏差	沟槽（推荐）m 基本尺寸	m 极限偏差	$n\geq$	轴 $d_3\leq$
24	25.9	1.2	2.5	2	25.2	+0.21 / 0	1.3	+0.14 / 0	1.8	13
25	26.9	1.2	2.8	2	26.2	+0.21 / 0	1.3	+0.14 / 0	1.8	14
26	27.9	1.2	2.8	2	27.2	+0.21 / 0	1.3	+0.14 / 0	1.8	15
28	30.1	1.2	3.2	2	29.4	+0.21 / 0	1.3	+0.14 / 0	2.1	17
30	32.1	1.2	3.2	2	31.4	+0.21 / 0	1.3	+0.14 / 0	2.1	18
31	33.4	1.2	3.2	2.5	32.7	+0.21 / 0	1.3	+0.14 / 0	2.1	19
32	34.4	1.2	3.2	2.5	33.7	+0.21 / 0	1.3	+0.14 / 0	2.1	20
34	36.5	1.5	3.6	2.5	35.7	+0.25 / 0	1.3	+0.14 / 0	2.6	22
35	37.8	1.5	3.6	2.5	37	+0.25 / 0	1.3	+0.14 / 0	2.6	23
36	38.8	1.5	3.6	2.5	38	+0.25 / 0	1.3	+0.14 / 0	2.6	24
37	39.8	1.5	3.6	2.5	39	+0.25 / 0	1.7	+0.14 / 0	2.6	25
38	40.8	1.5	3.6	3	40	+0.25 / 0	1.7	+0.14 / 0	3	26
40	43.5	1.5	4	3		+0.25 / 0	1.7	+0.14 / 0	3	27
42	43.5	1.5	4	3		+0.25 / 0	1.7	+0.14 / 0	3	29
45	48.5	1.5	4.7	3		+0.25 / 0	1.7	+0.14 / 0	3.8	31

孔径 d_0 = 47～78（挡圈 与 沟槽〔推荐〕）

孔径 d_0	挡圈 D	s	$b\approx$	d_1	沟槽（推荐）d_2 基本尺寸	d_2 极限偏差	m 基本尺寸	m 极限偏差	$n\geq$	轴 $d_3\leq$
47	50.5	1.5	4.7	3	49.5	+0.25 / 0	1.7	+0.14 / 0	3.8	32
48	51.5	1.5	4.7	3	50.5		1.7		3.8	33
50	54.2	1.5	4.7	3	53		1.7		3.8	36
52	56.2	2	4.7	2.5	55	+0.3 / 0	2.2		4.5	38
55	59.2	2	5.2	2.5	58		2.2		4.5	40
56	60.2	2	5.2	2.5	59		2.2		4.5	41
58	62.2	2	5.2	2.5	61		2.2		4.5	43
60	64.2	2	5.2	2.5	63		2.2		4.5	44
62	66.2	2.5	5.7	3	65	+0.35 / 0	2.7		4.5	45
63	67.2	2.5	5.7	3	66		2.7		4.5	46
65	69.2	2.5	5.7	3	68		2.7		4.5	48
68	72.5	2.5	5.7	3	71		2.7		4.5	50
70	74.5	2.5	6.3	3	73		2.7		4.5	53
72	76.5	2.5	6.3	3	75		2.7		4.5	55
75	79.5	2.5	6.3	3	78		2.7		4.5	56
78	82.5	2.5	6.3	3	81		2.7		4.5	60

孔径 d_0 = 80～120（挡圈 与 沟槽〔推荐〕）

孔径 d_0	挡圈 D	s	$b\approx$	d_1	沟槽（推荐）d_2 基本尺寸	d_2 极限偏差	m 基本尺寸	m 极限偏差	$n\geq$	轴 $d_3\leq$
80	85.5	2.5	6.8	3	83.5	+0.35 / 0	2.7	+0.14 / 0	5.3	63
82	87.5	2.5	6.8	3	85.5		2.7		5.3	65
85	90.5	2.5	6.8	3	88.8		2.7		5.3	68
88	93.5	2.5	7.3	3	91.5		2.7		5.3	70
90	95.5	2.5	7.3	3	93.5		2.7		5.3	72
92	97.5	2.5	7.7	3	95.5		2.7		5.3	73
95	100.5	2.5	7.7	3	98.5		2.7		5.3	75
98	103.5	2.5	7.7	3	101.5		2.7		5.3	78
100	105.5	3	8.1	3	103.5		3.2	+0.18 / 0	6	80
102	108	3	8.1	3	106	+0.54 / 0	3.2		6	82
105	112	3	8.8	3	109		3.2		6	83
108	115	3	8.8	3	112		3.2		6	86
110	117	3	9.3	3	114		3.2		6	88
112	119	3	9.3	3	116		3.2		6	89
115	122	3	10	3	119	+0.63 / 0	3.2		6	90
120	127	3	10	3	124		3.2		6	95

表 13-24　轴用弹性挡圈 A 型（GB/T 894.1—1986 摘录）

（单位：mm）

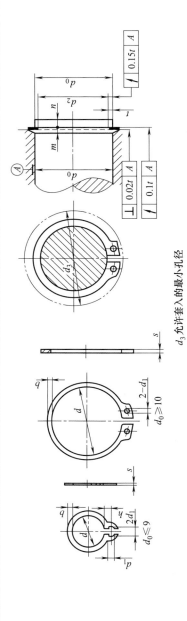

d_3 允许套入的最小孔径

标记示例：

挡圈 GB/T 894.1 50

（轴径 $d_0=50$mm，材料 65Mn，热处理硬度 44～51HRC，经表面氧化处理的 A 型轴用弹性挡圈）

轴径 d_0	挡圈				沟槽（推荐）					轴
	d	s	$b\approx$	d_1	d_2 基本尺寸	d_2 极限偏差	m 基本尺寸	m 极限偏差	$n\geq$	$d_3\leq$
3	2.7	0.4	0.8	1	2.8	0 / −0.04	0.5	0.14	0.3	7.2
4	3.7	0.4	0.88	1	3.8		0.5		0.3	8.8
5	4.7	0.6	1.12	1.2	4.8	0 / −0.044	0.7		0.5	10.7
6	5.6	0.6	1.32	1.2	5.7		0.7		0.5	12.2
7	6.5	0.8	1.32	1.2	6.7		0.7		0.5	13.8
8	7.4	0.8	1.44	1.2	7.6	0 / −0.058	0.9		0.6	15.2
9	8.4	0.8	1.44	1.5	8.6		0.9		0.6	16.4
10	9.3	1	1.44	1.5	9.6	0 / −0.11	1.1		0.8	17.6
11	10.2	1	1.52	1.5	10.5		1.1		0.8	18.6
12	11	1	1.72	1.5	11.5	0 / −0.11	1.1	0.14	0.8	19.6
13	11.9	1	1.88	1.7	12.4				0.9	20.8
14	12.9	1	1.88	1.7	13.4				1.1	22
15	13.8	1	2	1.7	14.3				1.1	23.2
16	14.7	1	2	1.7	15.2				1.2	24.4
17	15.7	1	2.32	2	16.2				1.2	25.6
18	16.5	1	2.32	2	17	0 / −0.13			1.5	27
19	17.5	1	2.48	2	18				1.5	28
20	18.5	1	2.48	2	19				1.5	29
21	19.5	1	2.68	2	20				1.5	31
22	20.5	1	2.68	2	21				1.5	32
24	22.2	1.2	3.32	2	22.9	0 / −0.21	1.3		1.7	34
25	23.2	1.2	3.32	2	23.9		1.3		1.7	35

轴径 d_0	挡圈 d	s	$b \approx$	d_1	沟槽（推荐） d_2 基本尺寸	d_2 极限偏差	m 基本尺寸	m 极限偏差	$n \geq$	轴 $d_3 \leq$
26	24.2	1.2	3.32	2	24.9	0 / −0.21	1.3	0.14	1.7	36
28	25.9		3.6		26.6				2.1	38.4
29	26.9		3.72		27.6					39.8
30	27.9		3.92		28.6					42
32	29.6		4.32		30.3				2.6	44
34	31.5	1.5	4.52	2.5	32.3		1.5		3	46
35	32.2		5		33		1.7			48
36	33.2				34					49
37	34.2				35					50
38	35.2				36	0 / −0.25			3.8	51
40	36.5			3	37.5					53
42	38.5				39.5					56
45	41.5				42.5					59.4
48	44.5	2	5.48		45.5		2.2		4.5	62.8
50	45.8				47					64.8
52	47.8	2	5.48	3	49	0 / −0.30	2.2	0.14	4.5	67
55	50.8		6.12		52					70.4
56	51.8				53					71.7
58	53.8				55					73.6
60	55.8				57					75.8
62	57.8		6.32		59					79
63	58.8				60					79.6
65	60.8				62					81.6
68	63.5	2.5			65		2.7			85
70	65.5				67					87.2
72	67.5				69					89.4
75	70.5		7		72					92.8
78	73.5				75				5.3	96.5
80	74.5				76.5					98.2
82	76.5				78.5					101

第三节　键　连　接

表 13-25　普通平键（GB/T 1095—2003，GB/T 1096—2003）　　　　　（单位：mm）

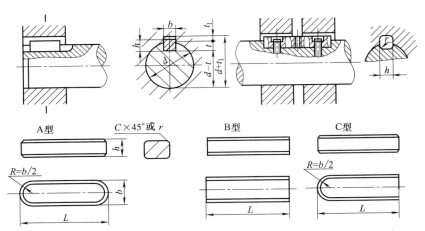

标记示例：

圆头普通平键（A 型）$b=16$mm、$h=10$mm、$L=100$mm：键 16×100 GB/T 1096

平头普通平键（B 型）$b=16$mm、$h=10$mm、$L=100$mm：键 B16×100 GB/T1096

单圆头普通平键（C 型）$b=16$mm、$h=10$mm、$L=100$ mm：键 C16×100 GB/T1096

轴	键	键槽										
		宽度 b 的极限偏差					深　　度				半径 r	
		较松键连接		一般键连接		较紧键连接	轴 t		毂 t_1			
公称直径 d	公称尺寸 $b×h$	轴 H9	毂 D10	轴 N9	毂 Js9	轴和毂 P9	公称尺寸	极限偏差	公称尺寸	极限偏差	最小	最大
>17～22	6×6	0.0300	+0.078 −0.030	0 −0.030	±0.015	−0.012 −0.042	3.5	+0.1 0	2.8	+0.1 0	0.16	0.25
>30～38	10×8	+0.036 0	+0.098 +0.040	0 −0.036	±0.018	−0.015 −0.051	5		3.3		0.25	0.40
>38～44	12×8	+0.043 0	+0.120 +0.050	0 −0.043	±0.0215	−0.018 −0.061	5	+0.2 0	3.3	+0.2 0		
>44～50	14×9						5.5		3.8			
>50～58	16×10						6		4.3			
>58～65	18×11						7		4.4			
>65～75	20×12	+0.052 0	+0.149 +0.065	0 −0.052	±0.026	−0.022 −0.074	7.5		4.9		0.40	0.60
>75～85	22×14						9		5.4			
>85～95	25×14						9		5.4			
>95～100	28×16						10		6.4			
键的长度系列	14,16,18,20,22,25,28,32,36,40,45,50,56,63,70,80,90,100,110,125,140,160,180,200,250,280,320,360											

注：1. 在工作图中，轴槽深度用 t 或 $d−t$ 标注，轮毂槽深用 $d+t_1$ 标注。

2. $d−t$ 和 $d+t_1$ 两组合尺寸的极限偏差按相应的 t 和 t_1 极限偏差选取，但 $d−t$ 极限偏差值应取负号（−）。

3. 键长 L 公差为 h14；宽 b 公差变为 h9；高 h 公差为 h11。

4. 轴槽、轮毂槽的键槽宽度 b 两侧面的表面粗糙度参数 Ra 值推荐为 1.6～3.2μm；轴槽底面、轮毂槽底面的表面粗糙度参数 Ra 值为 6.3μm。

表 13-26　矩形花键尺寸、公差（GB/T 1144—2001 摘录）　　　　　　（单位：mm）

标记示例：花键，$N=6$、$d=23\dfrac{H7}{f7}$、$D=26\dfrac{H10}{a11}$、

　　　　　$B=6\dfrac{H11}{d10}$ 的标记：

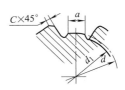

花键副　$6\times23\dfrac{H7}{f7}\times26\dfrac{H10}{a11}\times6\dfrac{H11}{d10}$　GB/T 1144　　内花键　$6\times23H7\times26H10\times6H11$　GB/T 1144

外花键　$6\times23f7\times26a11\times6d10$　GB/T 1144

小径 d	基本尺寸系列和键槽截面尺寸										
	轻　系　列					中　系　列					
	规则 $N\times d\times D\times B$	C	r	参考		规格 $N\times d\times D\times B$	C	r	参考		
				d_{1min}	a_{1min}				d_{1min}	a_{1min}	
18						$6\times18\times22\times5$	0.3	0.2	16.6	1.0	
21						$6\times21\times25\times5$			19.5	2.0	
23	$6\times23\times26\times6$	0.2	0.1	22	3.5	$6\times23\times28\times6$			21.2	1.2	
26	$6\times26\times30\times6$	0.3	0.2	24.5	3.8	$6\times26\times32\times6$	0.4	0.3	23.6	1.2	
28	$6\times28\times32\times7$			26.6	4.0	$6\times28\times34\times7$			25.3	1.4	
32	$8\times32\times36\times6$			30.3	2.7	$8\times32\times38\times6$			29.4	1.0	
36	$8\times36\times40\times7$			34.4	2.8	$8\times36\times42\times7$			33.4	1.0	
42	$8\times42\times46\times8$			40.5	5.0	$8\times42\times48\times8$	0.5	0.4	39.4	2.5	
46	$8\times46\times50\times9$			44.6	5.7	$8\times46\times54\times9$			42.6	1.4	
52	$8\times52\times58\times10$			49.6	4.8	$8\times52\times60\times10$			48.6	2.5	
56	$8\times56\times62\times10$	0.4	0.3	53.6	6.5	$8\times56\times65\times10$			52.0	2.5	
62	$8\times62\times68\times12$			59.7	7.3	$8\times62\times72\times12$			57.7	2.5	
72	$10\times72\times78\times12$			69.6	5.4	$10\times72\times82\times12$	0.6	0.5	67.4	1.0	
82	$10\times82\times88\times12$			79.3	8.5	$10\times82\times92\times12$			77.0	2.9	

内、外花键的尺寸公带差

内　花　键				外　花　键			装配形式
		B					
d	D	拉销后不热处理	热销后热处理	d	D	B	
一般用公差带							
H7	H10	H9	H11	f7	a11	d10	滑动
				g7		f9	紧滑动
				h7		h10	固定
精密传动用公差带							
H5	H10	H7、H9		f5	a11	d8	滑动
				g5		f7	紧滑动
				h5		h8	固定
H6				f6		d8	滑动
				g6		f7	紧滑动
				h6		d8	固定

注：1. N—键数、D—大径、B—键宽，d_1 和 a 值仅适用于展成法加工。

2. 精密传动用的内花键，当需要控制键配合间隙时，槽宽可选用 H7，一般情况下可选用 H9。

3. d 为 H6 和 H7 的内花键，允许与提高一级的外花键配合使用。

表 13-27　圆锥销（GB/T 117—2000）、圆柱销（GB/T 119.1—2000）（单位：mm）

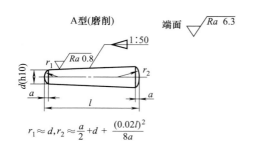

A型(磨削)　　端面 $\sqrt{Ra\ 6.3}$

$$r_1 \approx d, r_2 \approx \frac{a}{2} + d + \frac{(0.02l)^2}{8a}$$

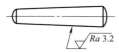

B型(切削或冷镦)

标记示例：

公称直径 $d = 6\text{mm}$、长度 $l = 30\text{mm}$、材料为 35 钢、热处理硬度为 $28 \sim 38\text{HRC}$、表面氧化处理的 A 型圆锥销标记：

销　GB/T 117　6×30

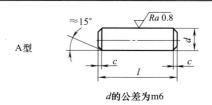

A型　d的公差为m6

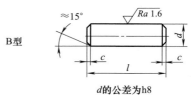

B型　d的公差为h8

标记示例：

公称直径 $d = 10\text{mm}$、公差为 m6、长度 $l = 30\text{mm}$、材料为钢、不经过淬火、不经表面处理的圆柱销的标记：

销　GB/T 119.1　$10\text{m}6 \times 30$

公称直径 $d = 10\text{mm}$、公差为 h8、长度 $l = 30\text{mm}$、材料为 A1 组奥氏体不锈钢、表面简单处理的圆柱销的标记：

销　GB/T 119.1　$10\text{h}8 \times 30\text{-A1}$

d		3	4	5	6	8	10	12	16	20
$a \approx$		0.40	0.50	0.63	0.80	1	1.2	1.6	2	2.5
$c \approx$		0.50	0.63	0.80	1.2	1.6	2	2.5	3	3.5
l 范围	圆锥销	12~45	14~55	18~60	22~90	22~120	26~160	32~180	40~200	45~200
	圆柱销	8~30	8~40	10~50	12~60	14~80	18~95	22~140	26~180	35~200
l 长度的系列		6~32(按2mm递增)，35~100(按5mm递增)，公称长度大于100mm按20mm递增								

注：1. 圆锥销材料：易切钢（Y12、Y15）、碳素钢 35（28~38HCR）、45（88~46HCR）、合金钢 30CrMnSiA（35~41HCR）、不锈钢（1Cr13、2Cr13、Cr17Ni2）。

2. 圆锥销 d 的其他公差，如 a11、c11、和 f8，由供需双方协议。

3. 圆锥销材料硬度：钢为 125~245HV30；奥氏体不锈钢 210~280HV30。

4. 圆柱销 d 的其他公差，如 h11、u8，由供需双方协议。

第十四章 滚动轴承

第一节 滚动轴承标准

表 14-1   圆柱滚子轴承（摘自 GB/T 283—2007）

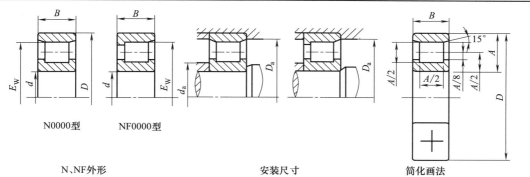

N0000型   NF0000型

N、NF外形   安装尺寸   简化画法

标记示例:滚动轴承 N216EGB/T 283—1994

轴承代号		尺寸/mm					安装尺寸/mm		基本额定动载荷		基本额定静载荷		极限转速	
		d	D	B	E_w		d_a	D_a	C_r/kN		C_{0r}/kN		/(r·min⁻¹)	
					N 型	NF 型	min		N 型	NF 型	N 型	NF 型	脂润滑	油润滑
(0)2尺寸系列														
N204E	NF204	20	47	14	41.5	40	25	42	25.8	12.5	24.0	11.0	12000	16000
N205E	NF205	25	52	15	46.5	45	30	47	27.5	14.2	26.8	12.8	10000	14000
N206E	NF206	30	62	16	55.5	53.5	36	56	36.0	19.5	35.5	18.2	8500	11000
N207E	NF207	35	72	17	64	61.8	42	64	46.5	28.5	48.0	28.0	7500	9500
N208E	NF208	40	80	18	71.5	70	47	72	51.5	37.5	53.0	38.2	7000	9000
N209E	NF209	45	85	19	76.5	75	52	77	58.5	39.8	63.8	41.0	6300	8000
N210E	NF210	50	90	20	81.5	80.4	57	83	61.2	43.2	69.2	48.5	6000	7500
N211E	NF211	55	100	21	90	88.5	64	91	80.2	52.8	95.5	60.2	5300	6700
N212E	NF212	60	110	22	100	97	69	100	89.8	62.8	102	73.5	5000	6300
N213E	NF213	65	120	23	108.5	105.5	74	108	102	73.2	118	87.5	4500	5600
N214E	NF214	70	125	24	113.5	110.5	79	114	112	73.2	135	87.5	4300	5300
N215E	NF215	75	130	25	118.5	118.30	84	120	125	89	155	110	4000	5000
N216E	NF216	80	140	26	127.3	125	90	128	132	102	165	125	3800	4800
N217E	NF217	85	150	28	136.5	135.5	95	137	158	115	192	145	3600	4500
N218E	NF218	90	160	30	145	143	100	146	172	142	215	178	3400	4300
N219E	NF219	95	170	32	154.5	151.5	107	155	208	152	262	190	3200	4000
N220E	NF220	100	180	34	163	160	112	164	235	168	302	212	3000	3800
(0)3尺寸系列														
N304E	NF304	20	52	15	45.5	44.5	26.5	47	29.0	18.0	25.5	15.0	11000	15000
N305E	NF305	25	62	17	54	53	31.5	55	38.5	25.5	35.8	22.5	9000	12000
N306E	NF306	30	72	19	62.5	62	37	64	49.2	33.5	48.2	31.5	8000	11000
N307E	NF307	35	80	21	70.2	68.2	44	71	62.0	41.0	63.2	39.2	7000	9000
N308E	NF308	40	90	23	80	77.5	49	80	76.8	48.8	77.8	47.5	6300	8000

轴承代号		尺寸/mm					安装尺寸/mm		基本额定动载荷		基本额定静载荷		极限转速	
		d	D	B	E_w		d_a	D_a	C_r/kN		C_{0r}/kN		/(r·min⁻¹)	
					N 型	NF 型	min		N 型	NF 型	N 型	NF 型	脂润滑	油润滑
(0)3 尺寸系列														
N309E	NF309	45	100	25	88.5	86.5	54	89	93.0	68.8	98.0	66.8	5600	7000
N310E	NF310	50	110	27	97	95	60	98	105	76.0	112	79.5	5300	6700
N311E	NF311	55	120	29	106.5	104.3	65	107	128	97.8	138	105	4800	6000
N312E	NF312	60	130	31	115	113	72	116	142	118	155	128	4500	5600
N313E	NF313	65	140	33	124.5	121.5	77	125	170	125	188	135	4000	5000
N314E	NF314	70	150	35	133	130	82	134	195	145	220	162	3800	4800
N315E	NF315	75	160	37	143	139.5	87	143	228	165	260	188	3600	4500
N616E	NF316	80	170	39	151	147	92	151	245	175	282	200	3400	4300
N317E	NF317	85	180	41	160	156	99	160	280	212	332	242	3200	4000
N318E	NF318	90	190	43	169.5	165	104	169	298	228	348	265	3000	3800
N319E	NF319	95	200	45	177.5	173.5	109	178	315	245	380	288	2800	3600
N320E	NF320	100	215	47	191.5	185.5	114	190	365	282	425	340	2600	3200
(0)4 尺寸系列														
N406		30	90	23	73		39	—	57.2		53.0		7000	9000
N407		35	100	25	83		44	—	70.8		68.2		6000	7500
N408		40	110	27	92		50	—	90.5		89.8		5600	7000
N409		45	120	29	100.5		55	—	102		100		5000	6300
N410		50	130	31	110.8		62	—	120		120		4800	6000
N411		55	140	33	117.2		67	—	128		132		4300	5300
N412		60	150	35	127		72	—	155		162		4000	5000
N413		65	160	37	135.3		77	—	170		178		3800	4800
N414		70	180	42	152		84	—	215		232		3400	4300
N415		75	190	45	160.5		89	—	250		272		3200	4000
N416		80	200	48	170		94	—	285		315		3000	3800
N417		85	210	52	179.5		103	—	312		345		2800	3600
N418		90	225	54	191.5		108	—	352		392		2400	3200
N419		95	240	55	201.5		113	—	378		428		2200	3000
N420		100	250	58	211		118	—	418		480		2000	2800
22 尺寸系列														
N2204E		20	47	18	41.5		25	42	30.8		30.0		12000	16000
N2205E		25	52	18	46.5		30	47	32.8		33.8		11000	14000
N2206E		30	62	20	55.5		36	56	45.5		48.0		8500	11000
N2207E		35	72	23	64		42	64	57.5		63.0		7500	9500
N2208E		40	80	23	71.5		47	72	67.5		75.2		7000	9000
N2209E		45	85	23	76.5		52	77	71.0		82.0		6300	8000
N2210E		50	90	23	81.5		57	83	74.2		88.8		6000	7500
N2211E		55	100	25	90		64	91	94.8		118		5300	6700
N2212E		60	110	28	100		69	100	122		152		5000	6300
N2213E		65	120	31	108.5		74	108	142		180		4500	5600
N2214E		70	125	31	113.5		79	114	148		192		4300	5300
N2215E		75	130	31	118.5		84	120	155		205		4000	5000
N2216E		80	140	33	127.3		90	128	178		242		3800	4800
N2217E		85	150	36	136.5		95	137	205		272		3600	4500
N2218E		90	160	40	145		100	146	230		312		3400	4300
N2219E		95	170	43	154.5		107	155	275		368		3200	4000
N2220E		100	180	46	163		112	164	318		440		3000	3800

注：后缀带 E 为加强型圆柱滚子轴承，应优先选用。

表 14-2 深沟球轴承（摘自 GB/T 276—1994）

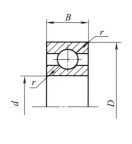 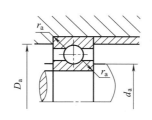 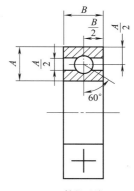

6000型　　　　　　　　　　安装尺寸　　　　　　　　　简化画法

标记示例：滚动轴承 6210　GB/T 276—1994

轴承代号	基本尺寸/mm				安装尺寸/mm			基本额定动载荷/kN	基本额定静载荷/kN	极限转速/(r·min⁻¹)	
	d	D	B	r min	d_a min	D_a max	r_a max	C_r	C_{0r}	脂润滑	油润滑
(1)0 尺寸系列											
6000	10	26	8	0.3	12.4	23.6	0.3	4.58	1.98	20000	28000
6001	12	28	8	0.3	14.4	25.6	0.3	5.10	2.38	19000	26000
6002	15	32	9	0.3	17.4	29.6	0.3	5.58	2.85	18000	24000
6003	17	35	10	0.3	19.4	32.6	0.3	6.00	3.25	17000	22000
6004	20	42	12	0.6	25	37	0.6	9.38	5.02	15000	19000
6005	25	47	12	0.6	30	42	0.6	10.0	5.85	13000	17000
6006	30	55	13	1	36	49	1	13.2	8.30	10000	14000
6007	35	62	14	1	41	56	1	16.2	10.5	9000	12000
6008	40	68	15	1	46	62	1	17.0	11.8	8500	11000
6009	45	75	16	1	51	69	1	21.0	14.8	8000	10000
6010	50	80	16	1	56	74	1	22.0	16.2	7000	9000
6011	55	90	18	1.1	62	83	1	30.2	21.8	6300	8000
6012	60	95	18	1.1	67	88	1	31.5	24.2	6000	7500
6013	65	100	18	1.1	72	93	1	32.0	24.8	5600	7000
6014	70	110	20	1.1	77	103	1	38.5	30.5	5300	6700
6015	75	115	20	1.1	82	108	1	40.2	33.2	5000	6300
6016	80	125	22	1.1	87	118	1	47.5	39.8	4800	6000
6017	85	130	22	1.1	92	123	1	50.8	42.8	4500	5600
6018	90	140	24	1.5	99	131	1.5	58.0	49.8	4300	5300
6019	95	145	24	1.5	104	136	1.5	57.8	50.0	4000	5000
6020	100	150	24	1.5	109	141	1.5	64.5	56.2	3800	4800
(0)2 尺寸系列											
6200	10	30	9	0.6	15	25	0.6	5.10	2.38	19000	26000
6201	12	32	10	0.6	17	27	0.6	6.82	3.05	18000	24000
6202	15	35	11	0.6	20	30	0.6	7.65	3.72	17000	22000
6203	17	40	12	0.6	22	35	0.6	9.58	4.78	16000	20000
6204	20	47	14	1	26	41	1	12.8	6.65	14000	18000
6205	25	52	15	1	31	46	1	14.0	7.88	12000	16000
6206	30	62	16	1	36	56	1	19.5	11.5	9500	13000
6207	35	72	17	1.1	42	65	1	25.5	15.2	8500	11000
6208	40	80	18	1.1	47	73	1	29.5	18.0	8000	10000
6209	45	85	19	1.1	52	78	1	31.5	20.5	7000	9000
6210	50	90	20	1.1	57	83	1	35.0	23.2	6700	8500

轴承代号	基本尺寸/mm				安装尺寸/mm			基本额定动载荷/kN	基本额定静载荷/kN	极限转速/(r·min⁻¹)	
	d	D	B	r min	d_a min	D_a max	r_a max	C_r	C_{0r}	脂润滑	油润滑
(0)2 尺寸系列											
6211	55	100	21	1.5	64	91	1.5	43.2	29.2	6000	7500
6212	60	110	22	1.5	69	101	1.5	47.8	32.8	5600	7000
6213	65	120	23	1.5	74	111	1.5	57.2	40.0	5000	6300
6214	70	125	34	1.5	79	116	1.5	60.8	45.0	4800	6000
6215	75	130	25	1.5	84	121	1.5	66.0	49.5	4500	5600
6216	80	140	26	2	90	130	2	71.5	54.2	4300	5300
6217	85	150	28	2	95	140	2	83.2	63.8	4000	5000
6218	90	160	30	2	100	150	2	95.8	71.5	3800	4800
6219	95	170	32	2.1	107	158	2.1	110	82.8	3600	4500
6220	100	180	34	2.1	112	168	2.1	122	92.8	3400	4300
(0)3 尺寸系列											
6300	10	35	11	0.6	15	30	0.6	7.65	3.48	18000	24000
6301	12	37	12	1	18	31	1	9.72	5.08	17000	22000
6302	15	42	13	1	21	36	1	11.5	5.42	16000	20000
6303	17	47	14	1	23	41	1	13.5	6.58	15000	19000
6304	20	52	15	1.1	27	45	1	15.8	7.88	13000	17000
6305	25	62	17	1.1	32	55	1	22.2	11.5	10000	14000
6306	30	72	19	1.1	37	65	1	27.0	15.2	9000	12000
6307	35	80	21	1.5	44	71	1.5	33.2	19.2	8000	10000
6308	40	90	23	1.5	49	81	1.5	40.8	24.0	7000	9000
6309	45	100	25	1.5	54	91	1.5	52.8	31.8	6300	8000
6310	50	110	27	2	60	100	2	61.8	38.0	6000	7500
6311	55	120	29	2	65	110	2	71.5	44.8	5300	6700
6312	60	130	31	2.1	72	118	2.1	81.8	51.8	5000	6300
6313	65	140	33	2.1	77	128	2.1	93.8	60.5	4500	5600
6314	70	150	35	2.1	82	138	2.1	105	68.0	4300	5300
6315	75	160	37	2.1	87	148	2.1	112	76.8	4000	5000
6316	80	170	39	2.1	92	158	2.1	122	86.5	3800	4800
6317	85	180	41	3	99	166	2.5	132	96.5	3600	4500
6318	90	190	43	3	104	176	2.5	145	108	3400	4300
6319	95	200	45	3	109	186	2.5	155	122	3200	4000
6320	100	215	47	3	114	201	2.5	172	140	2800	3600
(0)4 尺寸系列											
6403	17	62	17	1.1	24	55	1	22.5	10.8	11000	15000
6404	20	72	19	1.1	27	65	1	31.0	15.2	9500	13000
6405	25	80	21	1.5	34	71	1.5	38.2	19.2	8500	11000
6406	30	90	23	1.5	39	81	1.5	47.5	24.5	8000	10000
6407	35	100	25	1.5	44	91	1.5	56.8	29.5	6700	8500
6408	40	110	27	2	50	100	2	65.5	37.5	6300	8000
6409	45	120	29	2	55	110	2	77.5	45.5	5600	7000
6410	50	130	31	2.1	62	118	2.1	92.2	55.2	5300	6700
6411	55	140	33	2.1	67	128	2.1	100	62.5	4800	6000
6412	60	150	35	2.1	72	138	2.1	108	70.0	4500	5600
6413	65	160	37	2.1	77	148	2.5	118	78.5	4300	5300
6214	70	180	42	3	84	166		140	99.5	3800	4800
6415	75	190	45	3	89	176	2.5	155	115	3600	4500
6416	80	200	48	3	94	186	2.5	162	125	3400	4300
6417	85	210	52	4	103	192	3	175	138	3200	4000
6418	90	225	54	4	108	207	3	192	158	2800	3600
6420	100	250	58	4	118	232	3	222	195	2400	3200

表 14-3　角接触球轴承（摘自 GB/T 292—2007）

7000型标准外形　简化画法

标记示例：滚动轴承 7210C GB/T 292—1994

(1)0 尺寸系列

轴承代号		基本尺寸/mm			安装尺寸/mm		7000C(α=15°)			7000AC(α=25°)			极限转速 /(r·min⁻¹)	
		d	D	B	d_a /min	D_a /min	a /min	基本额定负荷/kN		a /min	基本额定负荷/kN		脂润滑	油润滑
7000C	7000AC							C_r	C_{0r}		C_r	C_{0r}		
7000C	7000AC	10	26	8	12.4	23.6	6.4	4.92	2.25	8.2	4.75	2.12	19000	28000
7001C	7001AC	12	28	8	14.4	25.6	6.7	5.42	2.65	8.7	5.20	2.55	18000	26000
7002C	7002AC	15	32	9	17.4	29.6	7.6	6.25	3.42	10	5.95	3.25	17000	24000
7003C	7003AC	17	35	10	19.4	32.6	8.5	6.60	3.85	11.1	6.30	3.68	16000	22000
7004C	7004AC	20	42	12	25	37	10.2	10.5	6.08	13.2	10.0	5.78	14000	19000
7005C	7005AC	25	47	12	30	42	10.8	11.5	7.45	14.4	11.2	7.08	12000	17000
7006C	7006AC	30	55	13	36	49	12.2	15.2	10.2	16.4	14.5	9.85	9500	14000
7007C	7007AC	35	62	14	41	56	13.5	19.5	14.2	18.3	18.5	13.5	8500	12000
7008C	7008AC	40	68	15	46	62	14.7	20.0	15.2	20.1	19.0	14.5	8000	11000
7009C	7009AC	45	75	16	51	69	16	25.8	20.5	21.9	25.8	19.5	7500	10000
7010C	7010AC	50	80	16	56	74	16.7	26.5	22.0	23.2	25.2	21.0	6700	9000
7011C	7011AC	55	90	18	62	83	18.7	37.2	30.5	25.9	32.2	29.2	6000	8000
7012C	7012AC	60	95	18	67	88	19.4	38.2	32.8	27.1	36.0	31.5	5600	7500
7013C	7013AC	65	100	18	72	93	20.1	40.0	35.5	28.2	38.0	33.8	5300	7000
7014C	7014AC	70	110	20	77	103	22.1	48.2	43.5	30.9	45.8	41.5	5000	6700

轴承代号		基本尺寸/mm			安装尺寸/mm		7000C(α=15°)			7000AC(α=25°)			极限转速/(r·min⁻¹)	
					d_a/min	D_a/min	a/min	基本额定负荷/kN C_r	C_{0r}	a/min	基本额定负荷/kN C_r	C_{0r}	脂润滑	油润滑
		d	D	B										
（1）0 尺寸系列														
7015C	7015AC	75	115	20	82	108	22.7	49.5	46.5	32.2	46.8	44.2	4800	6300
7016C	7016AC	80	125	22	89	116	24.7	58.5	55.8	34.9	55.5	53.2	4500	6000
7017C	7017AC	85	130	22	94	121	25.4	62.5	60.2	36.1	59.2	57.2	4300	5600
7018C	7018AC	90	140	24	99	131	27.4	71.5	69.8	38.8	67.5	66.5	4000	5300
7019C	7019AC	95	145	24	104	136	28.1	73.5	73.2	40	69.5	69.8	3800	5000
7020C	7020AC	100	150	24	109	141	28.7	49.5	78.5	41.2	75	74.8	3800	5000
（0）2 尺寸系列														
7200C	7200AC	10	30	9	15	25	7.2	5.82	2.95	9.2	5.58	2.82	18000	26000
7201C	7201AC	12	32	10	17	27	8	7.35	3.52	10.2	7.10	3.35	17000	24000
7202C	7202AC	15	35	11	20	30	8.9	8.68	4.62	11.4	8.35	4.40	16000	22000
7203C	7203AC	17	40	12	22	35	9.9	10.8	5.95	12.8	10.5	5.65	15000	20000
7204C	7204AC	20	47	14	26	41	11.5	14.5	8.22	14.9	14.0	7.82	13000	18000
7205C	7205AC	25	52	15	31	46	12.7	16.5	10.5	16.4	15.8	9.88	11000	16000
7206C	7206AC	30	62	16	36	56	14.2	23.0	15.0	18.7	22.0	14.2	9000	13000
7207C	7207AC	35	72	17	42	65	15.7	30.5	20.0	21	29.0	19.2	8000	11000
7208C	7208AC	40	80	18	47	73	17	36.8	25.8	23	35.2	24.5	7500	10000
7209C	7209AC	45	85	19	52	78	18.2	38.5	28.5	24.7	36.8	27.2	6700	9000
7010C	7010AC	50	90	20	57	83	19.4	42.8	32.0	26.3	40.8	30.5	6300	8500
7211C	7011AC	55	100	21	64	91	20.9	52.8	40.5	28.6	50.5	38.5	5600	7500
7212C	7012AC	60	110	22	69	101	22.4	61.0	48.5	30.8	58.2	46.2	5300	7000
7213C	7013AC	65	120	23	74	111	24.2	69.8	55.2	33.5	66.5	52.5	4800	6300
7214C	7014AC	70	125	24	79	116	25.3	70.2	60.0	35.1	69.2	57.5	4500	6000
7215C	7015AC	75	130	25	84	121	26.4	79.2	65.8	36.6	75.2	63.0	4300	5600
7216C	7016AC	80	140	26	90	130	27.7	89.5	78.2	38.9	85.0	74.5	4000	5300
7217C	7017AC	85	150	28	95	140	29.9	99.8	85.0	41.6	94.8	81.5	3800	5000
7218C	7018AC	90	160	30	100	150	31.7	122	105	44.2	118	100	3600	4800
7219C	7019AC	95	170	32	107	158	33.8	135	115	46.9	128	108	3400	4500
7220C	7020AC	100	180	34	112	168	35.8	148	128	49.7	142	122	3200	4300

轴承代号	基本尺寸/mm			安装尺寸/mm		7000C(α=15°)			7000AC(α=25°)			极限转速/(r·min⁻¹)	
	d	D	B	d_a/min	D_a/min	a/min	基本额定负荷/kN C_r	C_{0r}	a/min	基本额定负荷/kN C_r	C_{0r}	脂润滑	油润滑
(0)3 尺寸系列													
7301C 7301AC	12	37	12	18	31	8.6	8.10	5.22	12	8.08	4.88	16000	22000
7302C 7302AC	15	42	13	21	36	9.6	9.38	5.95	13.5	9.08	5.58	15000	20000
7303C 7303AC	17	47	14	23	41	10.4	12.8	8.62	14.8	11.5	7.08	14000	19000
7304C 7304AC	20	52	15	27	45	11.3	14.2	9.68	16.8	13.8	9.10	12000	17000
7305C 7305AC	25	62	17	32	55	13.1	21.5	15.8	19.1	20.8	14.8	9500	14000
7306C 7306AC	30	72	19	37	65	15	26.5	19.8	22.2	25.2	18.5	8500	12000
7307C 7307AC	35	80	21	44	71	16.6	34.2	26.8	24.5	32.8	24.8	7500	10000
7308C 7308AC	40	90	23	49	81	18.5	40.2	32.3	27.5	38.5	30.5	6700	9000
7309C 7309AC	45	100	25	54	91	20.2	49.2	39.8	30.2	47.5	37.2	6000	8000
7310C 7310AC	50	110	27	60	100	22	53.5	47.2	33	55.5	44.5	5600	7500
7311C 7311AC	55	120	29	65	110	23.8	70.5	60.5	35.8	67.2	56.8	5000	6700
7312C 7312AC	60	130	31	72	118	25.6	80.5	70.2	38.7	77.8	65.8	4800	6300
7313C 7313AC	65	140	33	77	128	27.4	91.5	80.5	41.5	89.8	75.5	4300	5600
7314C 7314AC	70	150	35	82	138	29.2	102	91.5	44.3	98.5	86.0	4000	5300
7315C 7315AC	75	160	37	87	148	31	112	105	47.2	108	97.0	3800	5000
7316C 7316AC	80	170	39	92	158	32.8	122	118	50	118	108	3600	4800
7317C 7317AC	85	180	41	99	166	34.6	132	128	52.8	125	122	3400	4500
7318C 7318AC	90	190	43	104	176	36.4	142	142	55.6	135	135	3200	4300
7319C 7319AC	95	200	45	109	186	38.2	152	158	58.6	145	148	3000	4000
7320C 7320AC	100	215	47	114	201	40.2	162	175	61.9	165	178	2600	3600
(0)4 尺寸系列													
7406AC	30	90	23	39	81				26.1	42.5	32.2	7500	10000
7407 AC	35	100	25	44	91				29	53.8	42.5	6300	8500
7408 AC	40	110	27	50	100				31.8	62.0	49.5	6000	8000
7409 AC	45	120	29	55	110				34.6	66.8	52.8	5300	7000
7410 AC	50	130	31	62	118				37.4	76.5	64.2	5000	6700
7412 AC	60	150	35	72	138				43.1	102	90.8	4300	5600
7414AC	70	180	42	84	166				51.5	125	125	3600	4800
7416 AC	80	200	48	94	186				58.1	152	162	3200	4300

表14-4 圆锥滚子轴承（摘自 GB/T 297—1994）

标准外形　安装尺寸　简化画法

标记示例：滚动轴承 30208　GB/T 297—1994

02 尺寸系列

轴承代号	基本尺寸/mm						安装尺寸/mm							计算系数			基本额定负荷/kN		极限转速 /(r·min⁻¹)	
	d	D_a	T	B	C	$a\approx$	d_a min	d_b max	D_a min	D_a max	D_b min	a_1 min	a_2 min	e	Y	Y_0	C_r	C_{0r}	脂润滑	油润滑
30203	17	40	13.25	12	11	9.9	23	23	34	34	37	2	2.5	0.35	1.7	1	20.8	21.8	9000	12000
30204	20	47	15.25	14	12	11.2	26	27	40	41	43	2	3.5	0.35	1.7	1	28.2	30.5	8000	10000
30205	25	52	16.25	15	13	12.5	31	31	44	46	48	2	3.5	0.37	1.6	0.9	32.2	37.0	7000	9000
30206	30	62	17.25	16	14	13.8	36	37	53	56	58	2	3.5	0.37	1.6	0.9	43.2	50.5	6000	7500
30207	35	72	18.25	17	15	15.3	42	44	62	65	67	3	3.5	0.37	1.6	0.9	54.2	63.5	5300	6700
30208	40	80	19.25	18	16	16.9	47	49	69	73	75	3	4	0.37	1.6	0.9	63.0	74.0	4000	6300
30209	45	85	20.75	19	16	18.6	52	53	74	78	80	3	5	0.4	1.5	0.8	67.8	83.5	4500	5600
30210	50	90	21.75	20	17	20	57	58	79	83	86	3	5	0.42	1.4	0.8	73.2	92.0	4300	5300
30211	55	100	22.75	21	18	21	64	64	88	91	95	4	5	0.4	1.5	0.8	90.8	115	3800	4800
30212	60	110	23.75	22	19	22.3	69	69	96	101	103	4	5	0.4	1.5	0.8	102	130	3600	4500
30213	65	120	24.75	23	20	23.8	74	77	106	111	114	4	5	0.4	1.5	0.8	120	152	3200	4000
30214	70	125	26.75	24	21	25.8	79	81	110	116	119	4	5.5	0.42	1.5	0.8	132	175	3000	3800
30215	75	130	27.25	25	22	27.4	84	85	115	121	125	4	5.5	0.44	1.4	0.8	138	185	2800	3600
30216	80	140	28.25	26	23	28.1	90	90	124	130	133	4	6	0.42	1.4	0.8	160	212	2600	3400
30217	85	150	30.5	28	24	30.3	95	96	132	140	142	5	6.5	0.42	1.4	0.8	178	238	2400	3200
30218	90	160	32.5	30	26	32.3	100	102	140	150	151	5	6.5	0.42	1.4	0.8	200	270	2200	3000
30219	95	170	34.5	32	27	34.2	107	108	149	158	160	5	7.5	0.42	1.4	0.8	228	308	2000	2800
30220	100	180	37	34	29	36.4	112	114	157	168	169	5	8	0.42	1.4	0.8	255	350	1900	2600

轴承代号	基本尺寸/mm						安装尺寸/mm							计算系数			基本额定负荷/kN		极限转速/(r·min⁻¹)	
	d	D_a	T	B	C	a ≈	d_a min	d_b max	D_a min	D_a max	D_b min	a_1 min	a_2 min	e	Y	Y_0	C_r	C_{0r}	脂润滑	油润滑
03 尺寸系列																				
30302	15	42	14.25	13	11	9.6	21	22	36	36	38	2	3.5	0.29	2.1	1.2	22.8	21.5	9000	12000
30303	17	47	15.25	14	12	10.4	23	25	40	41	43	3	3.5	0.29	2.1	1.2	28.2	27.2	7500	11000
30304	20	52	16.25	15	13	11.1	27	28	44	45	48	3	3.5	0.3	2	1.1	33.0	33.2	7500	9500
30305	25	62	18.25	17	15	13	32	34	54	55	58	3	3.5	0.3	2	1.1	46.8	48.0	6300	8000
30306	30	72	20.75	19	16	15.3	37	40	62	65	66	3	5	0.31	1.9	1.1	59.0	63.0	5600	7000
30307	35	80	22.75	21	18	16.8	44	45	70	71	74	3	5	0.31	1.9	1.1	75.2	82.5	5000	6300
30308	40	90	25.25	23	20	19.5	49	52	77	84	84	3	5.5	0.35	1.7	1	90.8	108	4500	5600
30309	45	100	27.25	25	22	21.3	54	59	86	91	94	3	5.5	0.35	1.7	1	108	130	4000	5000
30310	50	110	29.25	27	23	23	60	65	95	100	103	4	6.5	0.35	1.7	1	130	158	3800	4800
30311	55	120	31.5	29	25	24.9	65	70	104	110	112	4	6.5	0.35	1.7	1	132	188	3400	4300
30312	60	130	33.5	31	26	26.6	72	76	112	118	121	5	7.5	0.35	1.7	1	170	210	3200	4000
30313	65	140	36	33	28	28.7	77	86	122	128	131	5	8	0.35	1.7	1	195	242	2800	3600
30314	70	150	38	35	30	30.7	82	89	130	138	141	5	8	0.35	1.7	1	218	272	2600	3400
30315	75	160	40	37	31	32	87	95	139	148	150	5	9	0.35	1.7	1	252	318	2400	3200
30316	80	170	42.5	39	33	34.4	92	102	148	158	160	5	9.5	0.35	1.7	1	278	352	2200	3000
30317	85	180	44.5	41	34	35.9	99	107	156	166	168	6	10.5	0.35	1.7	1	305	388	2000	2800
30318	90	190	46.5	43	36	37.5	104	113	165	176	178	6	10.5	0.35	1.7	1	342	440	1900	2600
30319	95	200	49.5	45	38	40.1	109	118	172	186	185	6	11.5	0.35	1.7	1	370	478	1800	2400
30320	100	215	51.5	47	39	42.2	114	127	184	201	199	6	12.5	0.35	1.7	1	405	525	1600	2000
22 尺寸系列																				
32206	30	62	21.25	20	17	15.6	36	36	52	56	58	3	4.5	0.37	1.6	0.9	51.8	63.8	6000	7500
32207	35	72	24.25	23	19	17.9	42	42	61	65	68	3	4.5	0.37	1.6	0.9	70.5	89.5	5300	6700
32208	40	80	24.75	23	19	18.9	47	48	68	73	75	3	6	0.37	1.6	0.9	77.8	97.2	5000	6300
32209	45	85	24.75	23	19	20.1	52	53	73	78	81	3	6	0.4	1.5	0.8	80.8	105	4500	5600
32210	50	90	24.75	23	19	21	57	57	78	83	86	3	6	0.42	1.4	0.8	82.8	108	4300	5300
32211	55	100	26.75	25	21	22.8	64	62	87	91	96	4	6	0.4	1.5	0.8	108	142	3800	4800
32212	60	110	29.75	28	24	25	69	68	95	101	105	4	6	0.4	1.5	0.8	132	180	3600	4500
32213	65	120	32.75	31	27	27.3	74	75	104	111	115	4	6	0.4	1.5	0.8	160	222	3200	4000
32214	70	125	33.25	31	27	28.8	79	79	108	116	120	4	6.5	0.42	1.4	0.8	168	238	3000	3800
32215	75	130	33.25	31	27	30	84	84	115	121	126	4	6.5	0.44	1.4	0.8	170	242	2800	3600
32216	80	140	35.25	33	28	31.4	90	89	122	130	135	5	7.5	0.42	1.4	0.8	198	278	2600	3400
32217	85	150	38.5	36	30	33.9	95	95	130	140	143	5	8.5	0.42	1.4	0.8	228	325	2400	3200

轴承代号	基本尺寸/mm						安装尺寸/mm							计算系数			基本额定负荷/kN		极限转速/(r·min⁻¹)	
	d	D_a	T	B	C	$a \approx$	d_a min	d_b max	D_a min	D_a max	D_b min	a_1 min	a_2 min	e	Y	Y_0	C_r	C_{0r}	脂润滑	油润滑
32218	90	160	42.5	40	34	36.8	100	101	138	150	153	5	8.5	0.42	1.4	0.8	270	395	2200	3000
32219	95	170	45.5	43	37	39.2	107	106	145	158	163	5	8.5	0.42	1.4	0.8	302	448	2000	2800
32220	100	180	49	46	39	41.9	112	113	154	168	172	5	10	0.42	1.4	0.8	340	512	1900	2600
23 尺寸系列																				
32303	17	47	20.25	19	16	12.3	23	24	39	41	43	3	4.5	0.29	2.1	1.2	35.2	36.2	8500	11000
32304	20	52	22.25	21	18	13.6	27	26	43	45	48	3	4.5	0.3	2	1.1	42.8	46.2	7500	9500
32305	25	62	25.25	24	20	15.9	32	32	52	55	58	3	5.5	0.3	2	1.1	61.5	68.8	6300	8000
32306	30	72	28.75	27	23	18.9	37	38	59	65	56	4	6	0.31	1.9	1.1	81.5	96.5	5600	7000
32307	35	80	32.75	32	25	20.4	44	43	66	71	74	4	8.5	0.31	1.9	1.	99.0	118	5000	6300
32308	40	90	35.25	33	27	23.3	49	49	73	81	86	4	8.5	0.35	1.7	1	115	148	4500	5600
32309	45	100	38.25	36	30	25.6	54	56	82	91	93	4	8.5	0.35	1.7	1	145	188	4000	5000
32310	50	110	42.25	40	33	28.2	60	61	90	100	102	5	9.5	0.35	1.7	1	178	235	3800	4800
32311	55	120	45.5	43	35	30.4	65	66	99	110	111	5	10	0.35	1.7	1	202	270	3400	4300
32312	60	130	48.5	46	37	32	72	72	107	118	122	6	11.5	0.35	1.7	1	228	302	3200	4000
32313	65	140	51	48	39	34.3	77	79	117	128	131	6	12	0.35	1.7	1	260	350	2800	3600
32314	70	150	54	51	42	36.5	82	84	125	138	141	6	12	0.35	1.7		298	408	2600	3400
32315	75	160	58	55	45	39.4	87	91	133	148	150	7	13	0.35	1.7	1	348	482	2400	3200
32316	80	170	61.5	58	48	42.1	92	97	142	158	160	7	13.5	0.35	1.7	1	388	542	2200	3000
32317	85	180	63.5	60	49	43.5	99	102	150	166	168	8	14.5	0.35	1.7	1	422	592	2000	2800
32318	90	190	67.5	64	53	46.2	104	107	157	176	178	8	14.5	0.35	1.7	1	478	682	1900	2600
32319	95	200	71.5	67	55	49	109	114	166	186	187	8	16.5	0.35	1.7	1	515	738	1800	2400
32320	100	215	77.5	73	60	52.9	114	122	177	201	201	8	17.5	0.35	1.7	1	600	872	1600	2000

第二节　滚动轴承的配合及相应配件精度

表 14-5　与向心轴承配合轴颈的公差带（摘自 GB/T 275—1993）

运转状态		载荷状态	深沟球轴承、角接触球轴承	圆柱滚子轴承、圆锥滚子轴承	调心滚子轴承	公差带
说明	举例		轴承公称内径/mm			
内圈相对于载荷方向旋转或摆动	传送带、机床、泵、通风机	轻载荷	≤18 >18～100 >100～200	— ≤40 >40～140	— ≤40 >40～100	h5 j6① k6①
	变速箱、一般通用机械、电动机、内燃机、木工机械	正常载荷	>18～100 >100～140 >140～200	≤40 >40～100 >100～140	≤40 >40～65 >65～100	k5② m5② m6
	破碎机、铁路车辆、扎机	重载荷		>50～140 >140～200 >200	>50～100 >100～140 >140～200	n6 p6 r6
内圈相对于载荷方向静止	静止轴上的各种轮子，张紧轮绳轮、振动筛、惯性振动器	所有载荷	所有尺寸			f6① g6 h6 j6
仅有轴向载荷			所有尺寸			j6、js6

① 凡对精度有较高要求的场合，应该用 j5、k5…代替 j6、k6…。
② 圆锥滚子轴承、角接触球轴承配合对游隙影响不大，可用 k6、m6 代替 k5、m5。

表 14-6　与向心轴承配合外壳孔的公带差（摘自 GB/T 275—1993）

运转状态		载荷状态	其他状况	公带差①	
说明	举例			球轴承	滚子轴承
外圈相对于载荷方向静止	一般机械、电动机、铁路机车车辆轴箱	轻、正常、重	轴向易移动，可采用剖分式外壳	H7、G7②	
		冲击	轴向能移动，可采用整体或剖分式外壳	J7、JS7	
外圈相对于载荷方向摆动	曲轴主轴承、泵、电动机	轻、正常			
		正常、重		K7	
		冲击		M7	
外圈相对于载荷方向旋转	张紧滑轮、轮毂轴承	轻	轴向不能移动，采用整体式外壳	J7	K7
		正常		K7、M7	M7、N7
		重			N7、P7

① 并列公差带岁尺寸的增大从左至右选择，对旋转精度有较高要求时，可相应提高一个公差等级。
② 不适用剖分式外壳。

表 14-7　与向心轴承配合轴颈和外壳孔的形位公差值（摘自 GB/T 275—1993）

轴颈或外壳孔的直径/mm		圆柱度公差值				端面圆跳动公差值			
		轴颈		外壳孔		轴颈		外壳孔	
		轴承公差等级							
		G	E(Ex)	G	E(Ex)	G	E(Ex)	G	E(Ex)
大于	到	公　差　值/μm							
18	30	4	2.5	6	4	10	6	15	10
30	50	4	2.5	7	4	12	8	20	12
50	80	5	3.0	8	5	15	10	25	15
80	120	6	4.0	10	6	15	10	25	15
120	180	8	5.0	12	8	20	12	30	20
180	250	10	7.0	14	10	20	12	30	20

表 14-8 与向心轴承配合轴颈和外壳孔的表面粗糙度（摘自 GB/T 275—1993）

轴颈或外壳孔的直径 /mm		轴颈和外壳孔表面公差等级								
		IT7			IT6			IT5		
		表面粗糙度参数的上限值 /μm								
大于	到	RZ	Ra		RZ	Ra		RZ	Ra	
			磨	车		磨	车		磨	车
—	80	10	1.6	3.2	6.3	0.8	1.6	4	0.4	0.8
80	500	16	1.6	3.2	10	1.6	3.2	6.3	0.8	1.6
端面		25	3.2	6.3	25	3.2	6.3	10	1.6	3.2

第三节 滚动轴承的游隙

表 14-9 角接触轴承的轴向游隙 　　　　　　　（单位：μm）

轴承内径 d/mm		角接触轴承的允许轴向游隙范围					
		接触角（α＝15°）				接触角 α＝25°和 40°	
		Ⅰ型		Ⅱ型		Ⅰ型	
大于	到	min	max	min	max	min	max
—	30	20	40	30	50	10	20
60	50	30	50	40	70	15	30
50	80	40	70	50	70	20	40

轴承内径 d/mm		圆锥滚子轴承允许轴向游隙范围					
		接触角 α＝10°～15°				接触角 α＝10°～30°	
		Ⅰ型		Ⅱ型		Ⅰ型	
大于	到	min	max	min	max	min	max
—	30	20	40	40	70	—	—
60	50	40	70	50	100	20	40
50	80	50	100	80	150	30	50

注：Ⅰ型为一端固定、一端游动支承式支承的固定端、轴承"面对面"或"背靠背"安装；Ⅱ型为两端固定式支承，轴承"面对面"或"背靠背"安装。

第十五章　联　轴　器

表 15-1　联轴器轴孔和连接型式与尺寸（GB/T 3852—2008）

	长圆柱形孔（Y 型）	有沉孔的短圆柱形孔（J 型）	无沉孔的短圆柱形孔（J₁ 型）	有沉孔的圆锥形孔（Z 型）	无沉孔的圆锥形孔（Z₁ 型）
轴孔					

	A 型	B 型	B₁ 型		C 型
键槽					

尺寸系列/mm

轴孔直径 d、d_2	长度 Y 型 L	J、J₁、Z、Z₁ 型 L_1	J、J₁、Z、Z₁ 型 L	沉孔 d_1	R	A 型、B 型、B₁ 型 b	t 公称尺寸	t 偏差	t_1 公称尺寸	t_1 偏差	C 型 b	t_2 公称尺寸	t_2 偏差
20	52	38	52	38	1.5	6	22.8	+0.1 / 0	25.6	+0.2 / 0	4	10.9	±0.1
22							24.8		27.6			11.9	
24	62	44	62			8	27.3	+0.2 / 0	30.6	+0.4 / 0	5	13.4	
25				48			28.3		31.6			13.7	
28							31.3		34.6			15.2	
30	82	60	82	55		10	33.3		36.6		6	15.8	
32							35.3		38.6			17.3	
35							38.3		41.6			18.3	
38							41.3		44.6			20.3	
40	112	84	112	65	2	12	43.3		46.6		10	21.2	
42							45.3		48.6			22.2	
45							48.3		52.6			23.7	
48				80		14	51.3		55.6		12	25.2	
50							53.8		57.6			26.2	±0.2
55				95	2.5	16	59.3		63.6		14	29.2	
56							60.3		64.6			29.7	

注：1. 轴孔与轴伸出端的配合：当 $d=20\sim30$ 时，配合为 H7/j6；当 $d>30\sim50$ 时，配合为 H7/k6；当 $d>50$ 时，配合为 H7/m6；根据使用要求也可选用 H7/r6 或 H7/n6 的配合。

2. 圆锥形轴孔 d_2 的极限偏差为 js10（圆锥角度及圆锥形状公差不得超过直径公差范围）。

3. 键槽宽度 b 的极限偏差为 P9（或 JS9、D10）。

表 15-2　凸缘联轴器（GB/T 5843—2003）　　　　　　　　（单位：mm）

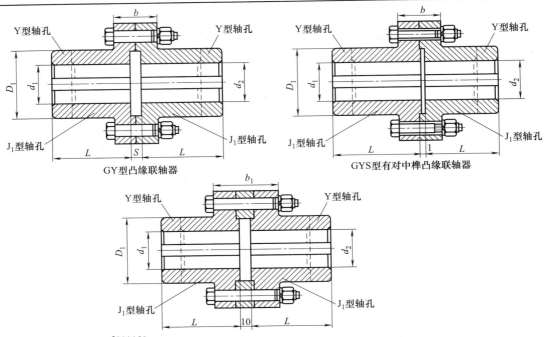

GY型凸缘联轴器　　　GYS型有对中榫凸缘联轴器

标记示例：YL5 联轴器 $\dfrac{J30\times60}{J_1B28\times44}$ GB/T 5843—2003

主动端：J 型轴孔，A 型键槽，$d=30\text{mm}$，$L_1=60\text{mm}$

从动端：J_1 型轴孔，B 型键槽，$d=28\text{mm}$，$L_1=44\text{mm}$

1、4—半联轴器

2—螺栓

3—尼龙锁紧螺母

型号	公称转矩 T_n /(N·m)	许用转速 [n] /(r·min⁻¹)	轴孔直径 d_1、d_2/mm	轴孔长度		D /mm	D_1 /mm	b /mm	b_1 /mm	s /mm	质量 m/kg	转动质量 I /kg·m²
				Y 型	J_1 型							
GY1 GYS1 GYH1	25	12000	12、14	32	27	80	30	26	42	6	0.0008	1.16
			16、18、19	42	30							
GY2 GYS2 GYH2	63	10000	16、18、19	42	30	90	40	28	44	6	0.0015	1.72
			20、22、24	52	38							
			25	62	44							
GY3 GYS3 GYH3	112	9500	20、22、24	52	38	100	45	30	46	6	0.0025	2.38
			25、28	62	44							
GY4 GYS4 GYH4	224	9000	25、28	62	44	105	55	32	48	6	0.003	3.15
			30、32、35	82	60							
GY5 GYS5 GYH5	400	8000	30、32、35、38	82	60	120	68	36	52	8	0.007	5.43
			40、42	112	84							
GY6 GYS6 GYH6	900	6800	38	82	60	140	80	40	56	8	0.015	7.59
			40、42、45、48、50	112	84							
GY7 GYS7 GYH7	1600	6000	48、50、55、56	112	84	160	100	40	56	8	0.031	13.1
			60、63	142	107							

型号	公称转矩 T_n /(N·m)	许用转速 $[n]$ /(r·min^{-1})	轴孔直径 d_1、d_2/mm	轴孔长度 Y 型	轴孔长度 J_1 型	D /mm	D_1 /mm	b /mm	b_1 /mm	s /mm	质量 m/kg	转动质量 I /kg·m²
GY8 GYS8 GYH8	3150	4800	60、63、65、70、71、75	142	107	200	130	50	68	10	0.103	27.5
			80	172	132							
GY9 GYS9 GYH9	6300	3600	75	142	107	260	160	60	84	10	0.319	47.8
			80、85、90、95	172	132							
			100	212	167							
GY10 GYS10 GYH10	10000	3200	90、95	172	132	300	200	72	90	10	0.720	82.0
			100、110、120、125	212	167							

注：1. 质量、转动惯量按 GY 型 Y/J_1 组合和最小轴孔直径近似计算。

2. 本联轴器不具备径向、轴向和角向的补偿性能，刚性好，传递转矩大，结构简单，工作可靠，维护简便，适用于两轴对中精度良好的一般轴系传动。

表 15-3　弹性柱销联轴器（GB/T 5014—2003）　　　　　（单位：mm）

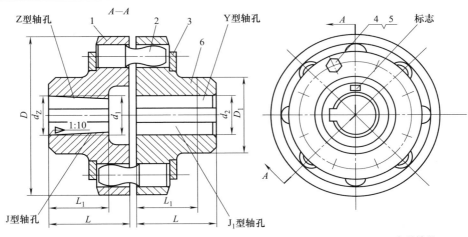

标记示例：LX7 联轴器 $\dfrac{ZC75\times107}{JB70\times107}$ GB/T 5014—2003

主动端：Z 型轴孔，C 型键槽，d_z＝75mm，L_1＝107mm

从动端：J 型轴孔，B 型键槽，d_z＝75mm，L_1＝107mm

1、6—半联轴器
2—柱销
3—挡板
4—螺栓
5—垫圈

型号	公称转矩 /(N·m)	许用转速 /(r·min^{-1})	轴孔直径 d_1、d_2、d_z/mm	轴孔长度 Y 型 L	轴孔长度 J、J_1、Z 型 L_1	轴孔长度 J、J_1、Z 型 L	D	质量 m/kg	转动惯量 /kg·m²	许用补偿量 径向 Δy	许用补偿量 轴向 Δx	许用补偿量 角向 $\Delta\alpha$
LX1	250	8500	12、14	32	27		90	2	0.002		±0.5	
			16、18、19	42	30	42						
			20、22、24	52	38	52						
LX2	560	6300	20、22、24				120	5	0.009		±1	
			25、28	62	44	62						
			30、32、35	82	60	82				0.15		≤0°30′
LX3	1250	4750	30、32、35、38				160	8	0.026			
			40、42、45、48	112	84	112						
LX4	2500	3870	40、42、45、48、50、55、56				195	22	0.109		±1.5	
			60、63	142	107	142						
LX5	3150	3450	50、55、56、60、63、65、70、70、75	142	107	142	220	30	0.191			

型号	公称转矩/(N·m)	许用转速/(r·min⁻¹)	轴孔直径 d_1、d_2、d_z/mm	轴孔长度 Y型 L	J、J₁、Z型 L₁	J、J₁、Z型 L	D	质量 m/kg	转动惯量 /kg·m²	许用补偿量 径向 Δy	轴向 Δx	角向 Δα
LX6	6300	2720	60、63、65、70、71、75、80	142	107	142	280	53	0.543			
			85	172	132	172						
LX7	11200	2360	70、71、75	142	107	142	320	98	1.314	0.2	±2	
			80、85、90、95	172	132	172						≤0°30′
			100、110									
LX8	16000	2120	80、85、90、95、100、110、120、125	212	167	212	360	119	2.023			
LX9	22400	1850	100、110、120、125				410	197	4.386			
			130、140	252	202	252						
LX10	35500	1600	110、120、125	212	167	212	480	322	9.760	0.25	±2.5	
			130、140、150	252	202	252						
			170、180、190	302	242	302						

注：1. 质量、转动惯量按 Y/J₁ 组合型最小轴孔直径计算。

2. 本联轴器结构简单，制造容易，装拆更换弹性元件方便，有微量补偿两轴线偏移和缓冲吸收振能力，主要用于载荷平稳，起动频繁，对缓冲要求不高的中、低速轴传动，工作温度为－20～70℃。

表 15-4　弹性套柱销联轴器（GB/T 4323—2002）　　　　　（单位：mm）

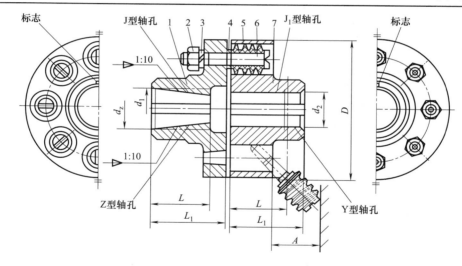

1、5—半联轴器
2—柱销
3—弹性套
4—垫圈
6—螺母
7—弹簧垫圈

标记示例：LT3 联轴器 $\dfrac{ZC16\times30}{JB18\times24}$ GB/T 4323—2002

主动端：Z 型轴孔，C 型键槽，d_z=16mm，L_1=30mm

从动端：J 型轴孔，B 型键槽，d_2=18mm，L_1=42mm

型号	公称转矩/(N·m)	许用转速/(r·min⁻¹)	轴孔直径 d_1、d_2、d_z/mm	轴孔长度 Y型 L	J、J₁、Z型 L₁	J、J₁、Z型 L	D	A	质量 m/kg	转动质量 I/kg·m²	许用补偿量 径向 Δy	角向 Δα
LT1	6.3	8800	9	20	14		71	18	0.82	0.0005	0.2	1°30′
			10、11	25	17							
			12、14	32	20							
LT2	16	7600	12、14				80		1.20	0.008		
			16、18、19	42	30	42						

型号	公称转矩/(N·m)	许用转速/(r·min⁻¹)	轴孔直径 d_1、d_2、d_z/mm	轴孔长度 Y型 L	轴孔长度 J、J_1、Z型 L_1	轴孔长度 Z型 L	D	A	质量 m/kg	转动质量 I/(kg·m²)	许用补偿量 径向 Δy	许用补偿量 角向 $\Delta\alpha$
LT3	31.5	6300	16、18、19	42	30	42	95	35	2.2	0.0023	0.2	1°30′
			20、22	52	38	52						
LT4	63	5700	20、22、24	52	38	52	106		2.84	0.0037	0.3	
			25、28	62	44	62						
LT5	125	4600	25、28	62	44	62	130	45	6.05	0.0120		
			30、32、35	82	60	82						
LT6	250	3800	32、35、38	82	60	82	160		9.57	0.0280		
			40、42	112	84	112						
LT7	500	3600	40、42、45、48	112	84	112	190		14.01	0.0550		
LT8	710	3000	45、48、50、55、56	112	84	112	224	65	23.12	0.1340	0.4	1°
			60、63	142	107	142						
LT9	1000	2850	50、55、56	112	84	112	250		30.69	0.2030		
			60、63、65、70、71	142	107	142						
LT10	2000	2300	63、65、70、71、75	142	107	142	315	80	61.40	0.6600		
			80、85、90、95	172	132	172						

注:1. 质量、转动惯量按材料为铸钢、无孔、近似计算。

2. 本联轴器具有一定补偿两轴线偏移和缓冲吸收振能力,主要用于安装底座刚性好,冲击载荷不大的中、小功率轴系传动,可用于经常正反转、启动频繁的场合,工作温度为 $-20\sim70℃$。

表 15-5 梅花形弹性联轴器(GB/T 5272—2002)　　　　　　　　　　　　　　(单位:mm)

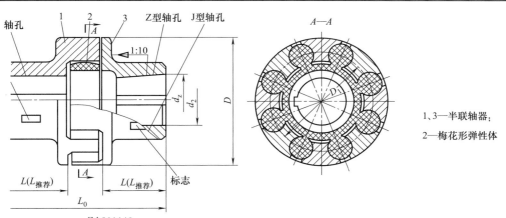

1、3—半联轴器;

2—梅花形弹性体

示例:LM3 联轴器 $\dfrac{ZA30\times40}{YB25\times40}$ MT3—a GB/T 5272—2002

主动端:Z型轴孔,C型键槽,$d_z=30$mm,轴孔长度 $L_{推荐}=40$mm

从动端:Y型轴孔,B型键槽,$d_1=25$mm,轴孔长度 $L_{推荐}=40$mm

MT3 型弹性件为 a

型号	公称转矩/(N·m) 弹性件硬度 a/H_A 80±5	公称转矩/(N·m) 弹性件硬度 b/H_D 60±5	许用转速/(r·min⁻¹)	轴孔直径 d_1、d_2、d_z/mm	轴孔长度 L/mm Y型	轴孔长度 L/mm Z、J型	轴孔长度 L/mm $L_{推荐}$	L_0/mm	D/mm	弹性件型号	质量/kg	转动惯量/(kg·m²)	许用补偿量 径向 ΔY/mm	许用补偿量 轴向 ΔX/mm	许用补偿量 角向 $\Delta\alpha$
LM1	25	45	15300	12、14	32	27	35	86	50	MT1 a/b	0.66	0.0002	0.5	1.2	2°
				16、18、19	42	30									
				20、22、24	52	38									
				25	62	44									

型号	公称转矩 /(N·m)		许用转速 /(r·min⁻¹)	轴孔直径 d_1,d_2,d_z/mm	轴孔长度 L/mm			L_0 /mm	D /mm	弹性件型号	质量 /kg	转动惯量 /(kg·m²)	许用补偿量		
	弹性件硬度				Y型	Z、J型	$L_{推荐}$						径向ΔY	轴向ΔX	角向Δα
	a/H_A	b/H_D													
	80±5	60±5											/mm		
LM2	50	100	12000	16,18,19	42	30	38	95	60	MT2$_b^a$	0.93	0.0004	0.6	1.3	
				20,22,24	52	38									
				25,28	62	44									
				30	82	60									2°
LM3	100	200	10900	20,22,24	52	38	40	103	70	MT3$_b^a$	1.41	0.0009	0.8	1.5	
				25,28	62	44									
				30,32	82	60									
LM4	140	280	9000	22,24	52	38	45	114	85	MT4$_b^a$	2.18	0.0020	0.8	2.0	
				25,28	62	44									
				30,32,35,38	82	60									
				40	112	84									
LM5	350	400	7300	25,28	62	44	50	127	105	MT5$_b^a$	3.60	0.0050	0.8	2.5	
				30,32,35,38	82	60									
				40,42,45	112	84									
LM6	400	710	6100	30,32,35,38	82	60	55	143	125	MT6$_b^a$	6.07	0.0114	1.0	3.0	
				40,42,45,48	112	84									
LM7	630	1120	5300	35*,38*	82	60	60	159	145	MT7$_b^a$	9.09	0.0232	1.0	3.0	
				40*,42*,45, 48,50,55	112	84									
LM8	1120	2240	4500	45*,48*, 50,55,56	112	84	70	181	170	MT8$_b^a$	13.56	0.0468	1.0	3.5	1.5°
				60,63,65*	142	107									
LM9	1800	3550	3800	50*,55*,56*	112	84	80	208	200	MT9$_b^a$	21.40	0.1041	1.5	4.0	
				60,63,65, 70,71,75	142	107									
				80	172	132									

注：1. 质量、转动惯量按 L 推荐最小轴孔近似计算。

2. 本联轴器补偿两轴的位移量较大，具有一定弹性和缓冲性，常用于中小功率、中高速、启动频繁有正反转变化和要求工作可靠的部位。由于安装时需轴向移动两半联轴器，不适用于大型、重型设备上。工作温度为−35～80℃。

表 15-6　滚子链联轴器（GB/T 6069—2002）　　　　　　　　　（单位：mm）

1、3—半联轴器
2—双排滚子链
4—罩壳

标记示例:GL7 联轴器 $\dfrac{J_1B45\times84}{JB_150\times84}$ GB/T 6069—2002

主动端:J_1 型孔,B 型键槽,$d_1=45$mm,$L=84$mm

从动端:J 型孔,B_1 型键槽,$d_2=50$mm,$L_1=84$mm

型号	公称转矩 T_n /(N·m)	许用转速[n]/(r·min⁻¹) 不装罩壳	安装罩壳	轴孔直径 d_1、d_2、	轴孔长度 Y 型	J_1 型	链号	齿数 z	D	b_{f1}	S	A	D_k (最大)	L_k (最大)	许用补偿量 径向 Δy	轴向 Δx
GL3	100	1000	4000	20、22、24	52	38	08B	14	68.88	7.2	6.7	12	85	80		
				25	62	44						6				
GL4	160	1000	4000	24	52	—	08B	16	76.91	7.2	6.7	—	95	88	0.25	1.9
				25、28	62	44						6				
				30、32	82	60						—				
GL5	250	800	3150	28	62	—	10A	16	94.46	8.9	9.2	—	112	100		
				30、32、35、38	82	60										
				40	112	84										
GL6	400	630	2500	32、35、38	82	60	10A	20	116.57	8.9	9.2	—	140	105	0.32	2.3
				40、42、45、48、50	112	84										
GL7	630	630	2500	40、42、45、48、50、55	112	84	12A	18	127.78	11.9	10.9	—	150	122	0.38	2.8
				60	142	107										
GL8	1000	500	2240	45、48、50、55	112	84	16A	16	154.33	15	14.3	12	180	135		
				66、65、70	142	107						—				
GL9	1600	400	2000	50、55	112	84	16A	20	186.5	15	14.3	12	215	145	0.5	3.8
				60、65、70、75	142	107						—				
				80	172	132										

注:带罩壳时标记加 F,如 GL7F 联轴器。

第十六章 润滑与密封

第一节 润 滑 剂

表 16-1 常用润滑油的主要性质和用途

名 称	代号	运动黏度/(mm²/s) 40℃	凝点≤℃	闪点(开口)≥℃	主要用途
全损耗系统用油 (GB 443—1989)	L-AN5	4.14～5.06	−5	80	用于各种高速轻载机械轴承的润滑和冷却(循环式或油箱式),如转速在 10000 r/min 以上的精密机械、机床及纺织纱锭的润滑和冷却
	L-AN7	6.12～7.48		110	
	L-AN10	9.00～11.0		130	
	L-AN15	13.5～16.5		150	用于小型机床齿轮箱、传动装置轴承、中小型电机、风动工具等
	L-AN22	19.8～24.2			
	L-AN32	28.8～35.2			用于一般机床齿轮变速箱、中小型机床导轨及 100kW 以上电机轴承
	L-AN46	41.4～50.6		160	主要用在大型机床、大型刨床上
	L-AN68	61.2～74.8			主要用在低速重载的纺织机械及重型机床、锻压、铸工设备上
	L-AN100	90.0～110		180	
	L-AN150	135～165			
工业闭式齿轮油 (GB 5903—1995)	L-CKC68	61.2～74.8	−8	180	适用于煤炭、水泥、冶金工业部门大型封闭式齿轮传动装置的润滑
	L-CKC100	90.0～110			
	L-CKC150	135～165		200	
	L-CKC220	198～242			
	L-CKC320	288～352			
	L-CKC460	414～506			
	L-CKC680	612～748	−5	200	
L-CKE/P 蜗轮蜗杆油 (SH/T 0094—1991)	220	198～242	−12	200	用于铜-钢配对的圆柱形、承受重负荷、传动中有振动和冲击的蜗轮蜗杆副
	320	288～352		220	
	460	414～506			
	680	612～748			
	1000	900～1100			

表 16-2 常用润滑脂的主要性质和用途

名 称	代 号	滴点/℃ 不低于	工作锥入度 (25℃,150g) /0.1mm	主要用途
钙基润滑脂 (GB 491—1987)	ZG-1	80	310～340	有耐水性能。用于工作温度低于 55～60℃ 的各种农业、交通运输机械设备的轴承润滑,特别是有水或潮湿处
	ZG-2	85	265～295	
	ZG-3	90	220～250	
	ZG-4	95	175～205	
钠基润滑脂 (GB 492—1989)	L-XACMGA2	160	265～295	不耐水(或潮湿)。用于工作温度在 −10～110℃ 范围内的一般中负荷机械设备轴承润滑
	L-XACMGA3		220～250	
通用锂基润滑脂 (GB 7324—1994)	ZL-1	170	310～340	有良好的耐水性和耐热性。适用于温度在 −20～120℃ 范围内各种机械的滚动轴承、滑动轴承及其他摩擦部位的润滑
	ZL-2	175	265～295	
	ZL-3	180	220～250	

名　　称	代　号	滴点/℃ 不低于	工作锥入度 (25℃,150g) /0.1mm	主要用途
钙钠基润滑脂 (SH/T 0368— 1992)	ZGN-1	120	250～290	用于工作温度在80～100℃、有水分或较潮湿 环境中工作的机械润滑,多用于铁路机车、列 车、小电动机、发电机滚动轴承(温度较高者) 的润滑。不适于低温工作
	ZGN-2	135	200～240	
滚珠轴承润滑脂 (SH/T 0386— 1992)	—	120	250～290	用于机车、汽车、电机及其他机械的滚动轴承 润滑
7407号 齿轮润滑脂 (SY 4036—1984)	—	160	70～90	适用于各种低速、中载荷、重载荷的轮、链和 联轴器等的润滑,使用温度≤120℃,可承受冲 击载荷

第二节　润滑装置

表16-3　直通式压注油杯结构及尺寸 (JB/T 7940.1—1995)　　　(单位：mm)

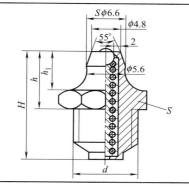

d	H	h	h_1	S	钢球 (按 GB 308)
M6	13	8	6	8	3
M8×1	16	9	6.5	10	
M10×1	18	10	7	11	

标记示例：
　　连接螺纹 M8×1,直接式压注油杯的标记：
　　油杯 M8×1 JB/T 7940.1—1995

表16-4　接头式压注油杯结构及尺寸 (JB/T 7940.2—1995)　　　(单位：mm)

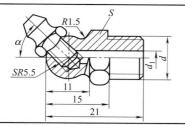

d	d_1	α	S	直通式压注油杯 (按 JB/T 7940.1)
M6	3	45°,90°	11	M6
M8×1	4			
M10×1	5			

标记示例：
　　连接螺纹 M8×1,45°接头式压注油杯的标记：
　　油杯 45° M8×1　JB/T 7940.2—1995

表16-5　压配式压注油杯结构及尺寸 (JB/T 7940.4—1995)　　　(单位：mm)

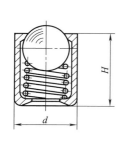

d		H	钢球 (按 GB/T 308)
基本尺寸	极限偏差		
6	+0.040 +0.028	6	4
8	+0.049 +0.034	10	5
10	+0.058 +0.034	12	6
16	+0.063 +0.045	20	11
25	+0.085 +0.064	30	12

标记示例：
　　$d=8$,压配式压注油杯的标记：
　　油杯 8　JB/T 7940.4—1995

表 16-6　旋盖式油杯结构及尺寸（JB/T 7940.3—1995 摘录）　　（单位：mm）

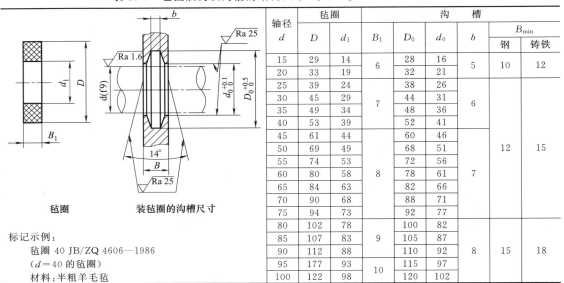

A型

最小容量/cm³	d	l	H	h	h_1	d_1	D	L_{max}	S
1.5	M8×1		14	22	7	3	16	33	10
3	M10×1	8	15	23	8	4	20	35	13
6			17	26			26	40	
12	M14×1.5		20	30			32	47	
18		12	22	32	10	5	36	50	18
25			24	34			41	55	
50	M16×1.5		30	44			51	70	21
100			38	52			68	85	

标记示例：
　最小容量 18 cm³、A 型旋盖式油杯的标记：
　油杯 A18　JB/ T 7940.3—1995

注：B 型旋盖式油杯见 JB/T 7940.3—1995。

第三节　密封装置

表 16-7　毡圈油封及沟槽的结构尺寸（JB/ZQ 4606—1986 摘录）　　（单位：mm）

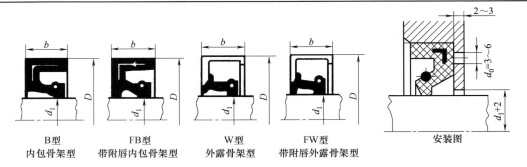

毡圈

装毡圈的沟槽尺寸

轴径 d	毡圈			沟　槽				
	D	d_1	B_1	D_0	d_0	b	B_{min} 钢	B_{min} 铸铁
15	29	14	6	28	16	5	10	12
20	33	19		32	21			
25	39	24	7	38	26	6		
30	45	29		44	31			
35	49	34		48	36			
40	53	39		52	41			
45	61	44	8	60	46	7	12	15
50	69	49		68	51			
55	74	53		72	56			
60	80	58		78	61			
65	84	63		82	66			
70	90	68		88	71			
75	94	73		92	77			
80	102	78	9	100	82	8	15	18
85	107	83		105	87			
90	112	88		110	92			
95	177	93	10	115	97			
100	122	98		120	102			

标记示例：
　毡圈 40 JB/ZQ 4606—1986
　（$d=40$ 的毡圈）
　材料：半粗羊毛毡

表 16-8　唇形密封圈的形式、尺寸及安装要求　　（单位：mm）

B型
内包骨架型

FB型
带附唇内包骨架型

W型
外露骨架型

FW型
带附唇外露骨架型

安装图

标记示例：(F) B 120 150 GB/T 13871.1—2007
（带附唇的内包骨架型旋转轴唇形密封圈，$d_1=120$，$D=150$）

d_1	D	b	d_1	D	b	d_1	D	b
6	16,22		25	40,47,52		60	80,85	8
7	22		28	40,47,52	7	65	85,90	
8	22,24		30	42,47,(50),52		70	90,95	
9	22		32	45,47,52		75	95,100	10
10	22,25		35	50,52,55		80	100,110	
12	24,25,30	7	38	52,58,62		85	110,120	
15	26,30,35		40	55,(60),62	8	90	(115),120	
16	30,(35)		42	55,62		95	120	12
18	30,35		45	62,65		100	125	
20	35,40,(45)		50	68,(70),72		105	(130)	
22	35,40,47		55	72,(75),80				

注：括号中为国内用到而 ISO 6194-1：1982 中没有的规格。

表 16-9 油沟式密封槽的结构尺寸 （单位：mm）

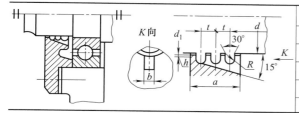

轴颈 d	R	t	b	d_1	a_{min}	h
10～25	1	3	4	$d+0.4$		
>25～80	1.5	4.6	4			
>80～120	2	6	4	$d+1$	$nt+R$	1
>120～180	2.5	7.5	6			
>180	3	9	7			

注：1. 表中 R、t、b 尺寸，在个别情况下，可用于与表中不相对应的轴径上。

2. 一般槽数 $n=2～4$ 个，使用 3 个的较多。

表 16-10 迷宫式密封槽的结构尺寸 （单位：mm）

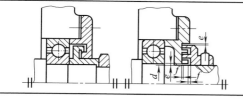

d	10～50	>50～80	>80～110	>110～180
e	0.2	0.3	0.4	0.5
f	1	1.5	2	2.5

表 16-11 O 形橡胶密封圈结构及尺寸（GB/T 3452.1—2005 摘录） （单位：mm）

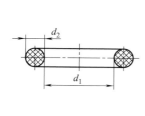
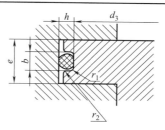

标记示例：

O 型圈 32.5×2.65-A-N-GB/T 345.2.1—2005(内径 $d_1=32.5$mm，截面直径 $d_2=2.65$mm，A 系列 N 级 O 型密封圈)

沟槽尺寸 (GB/T 3452.3—2005)	d_2	1.8	2.65	3.55	5.3	7.0
	$b^{+0.25}_0$	2.4	3.6	4.8	7.1	9.5
	$h^{+0.10}_0$	1.312	2.0	2.19	4.31	5.85
	d_3 偏差值	0 −0.04	0 −0.05	0 −0.06	0 −0.07	0 −0.09
	r_1	0.2～0.4	0.2～0.4	0.4～0.8	0.4～0.8	0.8～1.2
	r_2	0.1～0.3	0.1～0.3	0.1～0.3	0.1～0.3	0.1～0.3

d_1	尺寸	13.2	14	15	16	17	18	19	20	21.2	22.4	23.6	25	25.8	26.5	28.0	30.0	31.5	32.5
	公差±	0.21	0.22	0.22	0.23	0.24	0.25	0.25	0.26	0.27	0.28	0.29	0.30	0.31	0.31	0.32	0.34	0.35	0.36
d_2	1.8±0.08	*	*	*	*	*	*	*	*	*	*	*	*	*	*	*	*	*	*
	2.65±0.09	*	*	*	*	*	*	*	*	*	*	*	*	*	*	*	*	*	*
	3.55±0.10																		

d_1	尺寸	33.5	34.5	35.5	36.5	37.5	38.7	40	41.2	42.5	43.7	45	46.2	47.5	48.7	50	51.5	53	54.5
	公差±	0.36	0.37	0.38	0.38	0.39	0.40	0.41	0.42	0.43	0.44	0.44	0.45	0.46	0.47	0.48	0.49	0.50	0.51
d_2	1.8±0.08	*	*	*	*	*	*	*	*	*	*	*	*	*					
	2.65±0.09	*	*	*	*	*	*	*	*	*	*	*	*	*	*	*	*	*	*
	3.55±0.10	*	*	*	*	*	*	*	*	*	*	*	*	*	*	*	*	*	*
	5.3±0.13						*	*	*	*	*	*	*	*	*	*	*	*	*

d_1	尺寸	56	58	60	61.5	63	65	67	69	71	73	75	77.5	80	82.5	85	87.5	90	92.5
	公差±	0.52	0.54	0.55	0.56	0.57	0.58	0.60	0.61	0.63	0.64	0.65	0.67	0.69	0.71	0.72	0.74	0.76	0.77
d_2	2.65±0.09	*	*	*	*	*	*	*	*	*	*	*	*	*	*	*	*	*	*
	3.55±0.10	*	*	*	*	*	*	*	*	*	*	*	*	*	*	*	*	*	*
	5.3±0.13	*	*	*	*	*	*	*	*	*	*	*	*	*	*	*	*	*	*

d_1	尺寸	95	97.5	100	103	106	109	112	115	118	122	125	128	132	136	140	145	150	155
	公差±	0.79	0.81	0.82	0.85	0.87	0.89	0.91	0.93	0.95	0.97	0.99	1.01	1.04	1.07	1.09	1.13	1.16	1.19
d_2	2.56±0.09	*	*	*	*	*	*	*	*	*	*	*	*	*	*	*	*	*	*
	3.55±0.10	*	*	*	*	*	*	*	*	*	*	*	*	*	*	*	*		*
	5.3±0.13	*	*	*	*	*	*	*	*	*	*	*	*	*	*	*	*	*	*
	7±0.15							*	*	*	*	*	*	*	*	*	*	*	*

注：＊为可选规格。

第十七章　减速器附件

第一节　非标准附件

表 17-1　窥视孔盖的结构尺寸　　　　　　　　　　　　　（单位：mm）

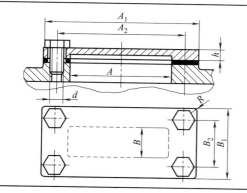

A	100、120、150、180、200
A_1	$A+5d$
A_2	$\frac{1}{2}(A+A_1)$
B	B_1-5d
B_1	箱体宽－（15～20）
B_2	$\frac{1}{2}(B+B_1)$
d	M6～M8
R	5～10
h	铸铁：5～8 Q235：1.5～2

表 17-2　起重吊耳、吊耳环和吊钩的结构尺寸　　　　　　　　　　　　　（单位：mm）

名　　称	结　构　图	尺　　寸
吊耳 （铸在箱盖上）		$c_3=4\sim5\delta_1$ $c_4=(1.3\sim1.5)c_3$ $b=(1.8\sim2.5)\delta$ $R=c_4$ $r_1\approx0.2c_3$ $r\approx0.25c_3$ δ_1 为箱盖壁厚
吊耳环 （铸在箱盖上）		$d=b\approx(1.8\sim2.5)\delta_1$ $R\approx(1\sim1.2)d$ $e\approx(0.8\sim1)d$ δ_1 为箱盖壁厚
吊钩 （铸在箱座上）		$K=c_1+c_2$；K 为箱座结合面凸缘宽 c_1、c_2 为螺栓扳手空间 $H\approx0.8K$ $h\approx0.5H$ $r\approx0.25H$ $b=(1.8\sim2.5)\delta$；δ 为箱座壁厚

名　称	结　构　图	尺　寸
吊钩 （铸在箱座上）	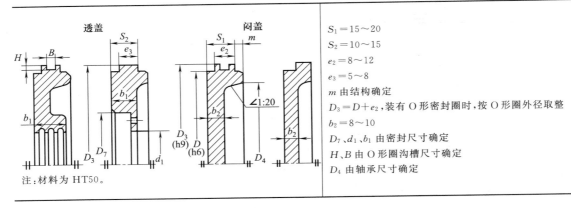	$K=c_1+c_2$；K 为箱座结合面凸缘宽 c_1、c_2 为螺栓扳手空间 $H\approx0.8K$ $h\approx0.5H$ $r=K/6$ $b=(1.8\sim2.5)\delta$；δ 为箱座壁厚 H_1 按结构确定

表 17-3　嵌入式轴承盖结构尺寸　　　　　　　（单位：mm）

$S_1=15\sim20$

$S_2=10\sim15$

$e_2=8\sim12$

$e_3=5\sim8$

m 由结构确定

$D_3=D+e_2$，装有 O 形密封圈时，按 O 形圈外径取整

$b_2=8\sim10$

D_7、d_1、b_1 由密封尺寸确定

H、B 由 O 形圈沟槽尺寸确定

D_4 由轴承尺寸确定

注：材料为 HT50。

表 17-4　凸缘式轴承端盖结构尺寸　　　　　　　（单位：mm）

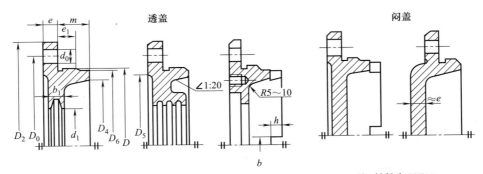

注：材料为 HT150

$d_0=d_3+1$ $D_0=D+2.5d_3$ $D_2=D_0+2.5d_3$ $e=1.2d_3$	$D_4=D-(10\sim15)$ $D_5=D_0-3d_3$ $D_6=D-(2\sim4)$ b_1、d_1 由结构确定 $b=5\sim10$ $h=(0.8\sim1)b$	轴承外径 D	螺钉直径 d_3	螺钉数（个）
		$45\sim65$	6	4
		$70\sim100$	8	4
		$110\sim140$	10	6
		$150\sim230$	$12\sim16$	6

表 17-5　油标尺的结构和尺寸　　　　　　　　　（单位：mm）

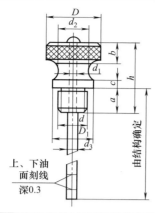
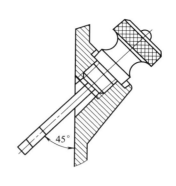

d	d_1	D_2	D_3	h	a	b	c	D	D_1
M12	4	12	6	28	10	6	4	20	16
M16	4	16	6	35	12	8	5	26	22
M20	4	20	8	42	15	10	6	32	26

表 17-6　通气螺塞（无过滤装置）的结构和尺寸　　　　　（单位：mm）

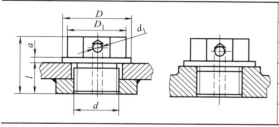

d	D	D_1	S	L	l	a	D_1
M12×1.25	18	16.5	14	19	10	2	4
M16×1.5	22	19.6	17	23	12	2	5
M20×1.5	30	25.4	22	28	15	4	6
M22×1.5	32	25.4	22	29	15	4	7
M27×1.5	38	31.2	27	34	18	4	8

表 17-7　通气器　　　　　　　　　　　　　　（单位：mm）

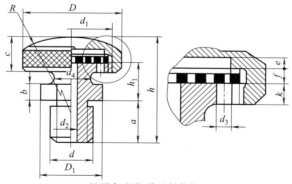

经两次过滤，防止性能好

d	d_1	d_2	d_3	d_4	D	h	a	b
M18×1.5	M33×1.5	8	3	16	40	40	12	7
M27×1.5	M48×1.5	12	4.5	24	60	54	15	10
d	c	h_1	R	D_1	s	k	e	f
M18×1.5	16	18	40	25.4	22	6	2	2
M27×1.5	22	24	60	39.6	32	7	2	2

表 17-8　通气帽（经一次过滤）的结构和尺寸　　　　　　（单位：mm）

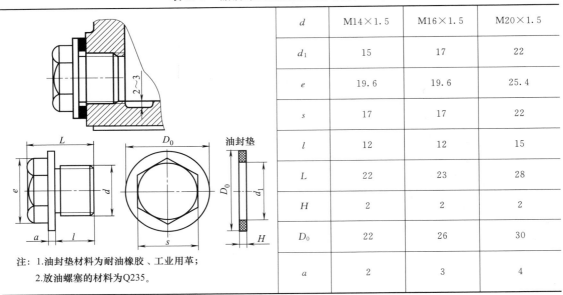

d	D_1	D_2	D_3	D_4	B	h	H	H_1
M27×1.5	15	36	32	18	30	15	45	32
M36×2	20	48	42	24	40	20	60	42
M48×3	30	62	56	36	45	25	70	52
d	a	δ	k	b	h_1	b_1	S	孔数
M27×1.5	6	4	10	8	22	6	32	6
M36×2	8	4	12	11	29	8	41	6
M48×3	10	5	15	13	32	10	55	8

有过滤网，适合于有尘的工作环境

表 17-9　放油螺塞及油封垫的结构和尺寸　　　　　　（单位：mm）

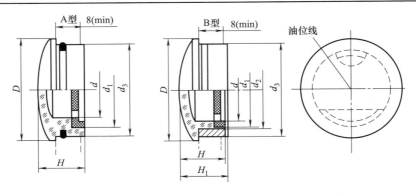

d	M14×1.5	M16×1.5	M20×1.5
d_1	15	17	22
e	19.6	19.6	25.4
s	17	17	22
l	12	12	15
L	22	23	28
H	2	2	2
D_0	22	26	30
a	2	3	4

注：1. 油封垫材料为耐油橡胶、工业用革；
　　2. 放油螺塞的材料为Q235。

第二节　标 准 附 件

表 17-10　压配式圆形油标（JB/T 7941.1—1995摘录）　　　　　　（单位：mm）

标记示例：视孔 $d=32$、A 型压配式圆形油标的标记：油标 A32　JB/T 7941.1—1995

d	D	d_1 基本尺寸	d_1 极限偏差	d_2 基本尺寸	d_2 极限偏差	d_3 基本尺寸	d_3 极限偏差	H	H_1	O 型橡胶密封圈（按 GB/T 3452.1—2005）
12	22	12	−0.050 −0.160	17	−0.050 −0.160	20	−0.065 −0.195	14	16	15×2.65
16	27	18	−0.065 −0.195	22	−0.065 −0.195	25	−0.065 −0.195	14	16	20×2.65
20	34	22	−0.065 −0.195	28	−0.065 −0.195	32	−0.080 −0.240	16	18	25×3.55
25	40	28	−0.065 −0.195	34	−0.080 −0.240	38	−0.080 −0.240	16	18	31.5×3.55
32	48	35	−0.080 −0.240	41	−0.080 −0.240	45	−0.080 −0.240	18	20	38.7×3.55
40	58	45	−0.080 −0.240	51	−0.100 −0.290	55	−0.100 −0.290	18	20	48.7×3.55
50	70	55	−0.100 −0.290	61	−0.100 −0.290	65	−0.100 −0.290	22	24	
63	85	70	−0.100 −0.290	76	−0.100 −0.290	80	−0.100 −0.290	22	24	

表 17-11　长形油标（JB/T 7941.3—1995 摘录）　　　（单位：mm）

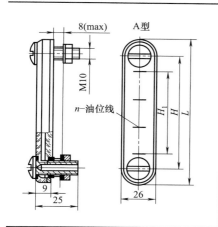

H 基本尺寸	H 极限偏差	H_1	L	n（条数）
80	±0.17	40	110	2
100	±0.17	60	130	3
125	±0.20	80	155	4
160	±0.20	120	190	6

O 形橡胶密封圈（按 GB/T 3452.1—2005）	六角螺母（按 GB/T 6172—2000）	弹性垫圈（按 GB/T 861—1987）
10×2.65	M10	

标记示例：

H＝80、A 型长形油标的标记：

油标　A80　JB/T 7941.3—1995

注：B 型长形油标见 JB/T 7941.3—1995。

第十八章　齿轮及蜗杆、蜗轮的精度

第一节　渐开线圆柱齿轮的精度

一、精度等级及其选择

渐开线圆柱齿轮精度标准体系由 GB/T 10095.1—2001、GB/T 10095.2—2001 及其指导性技术文件组成。其中，GB/T 10095.1—2001 适用于法向模数 $m_n \geqslant 0.5 \sim 70$mm，分度圆直径 $d \geqslant 5 \sim 10000$mm，齿宽 $b \geqslant 4 \sim 1000$mm 的渐开线圆柱齿轮。GB/T 10095.2—2001 适用于法向模数 $m_n \geqslant 0.2 \sim 10$mm，分度圆直径 $d \geqslant 5 \sim 10000$mm，齿宽 $b \geqslant 4 \sim 1000$mm 的渐开线圆柱齿轮。

渐开线圆柱齿轮精度国家标准对齿轮及齿轮副规定了 13 个精度等级，0 级的精度最高，12 级的精度最低。

选择齿轮精度等级的主要依据是齿轮的用途、使用要求和工作条件等。在机械传动中应用最多的是既传递运动又传递动力的齿轮，其精度等级与圆周速度有关，可按齿轮的最高圆周速度取，参考表 18-1 确定齿轮的精度等级。

表 18-1　齿轮的精度等级及其选择

适用范围	精度等级	适用范围	精度等级
测量齿轮	3～5	一般用途的减速器	6～9
汽车减速器	3～6	拖拉机	6～9
金属切削机床	3～8	轧钢机	6～10
航空发动机	4～7	矿用绞车	8～10
内燃机车与电动车	6～7	起重机械	7～10
轻型汽车	5～8	农业机械	8～11
重型汽车	6～9		

二、检验项目

按齿轮各误差项目对传动性能的主要影响，齿轮的各项公差分成三个组，见表 18-2。根据不同的使用要求，对三个公差组可以选用相同的精度等级，也可以选用不同的精度等级。但在同一公差组内，各项公差与极限偏差应保持相同的精度等级。

三、检验项目的选用

根据我国多年来的生产实践及目前齿轮生产的质量控制水平，建议供需双方依据齿轮的功能要求、生产批量和检测手段，在以下（推荐的）检验组（表 18-3）中选取一个检验组来评定齿轮的精度等级。

表 18-2　齿轮各项公差及极限偏差的分组

公差组	公差与极限偏差项目		对传动性能的主要影响
	代　号	名　称	
I	F_i'	切向综合公差	传递运动的准确性
	F_p	齿距累积总偏差	
	F_{pk}	k 个齿距累积公差	
	F_i''	径向综合公差	
	F_r	齿圈径向跳动公差	
	F_w	公法线长度变动公差	
II	f_i'	一齿切向综合偏差	传动的平稳性、噪声、振动
	f_i''	一齿径向综合偏差	
	f_f	齿形公差	
	$\pm f_{pt}$	齿距极限偏差	
	$\pm f_{pb}$	基节极限偏差	
	$f_{f\beta}$	螺旋线形状偏差	
III	F_β	螺旋线总偏差	载荷分布的均匀性
	F_b	接触线公差	
	$\pm F_{px}$	轴向齿距极限偏差	

表 18-3　推荐的齿轮检验组

检验组	检验项目	适用等级	测量仪器
1	F_p、F_α、F_β、F_r、E_{sn} 或 E_{bn}	3～9	齿距仪、齿形仪、齿向仪、摆差测定仪、齿厚卡尺或公法线千分尺
2	F_p 与 F_{pk}、F_α、F_β、F_r、E_{sn} 或 E_{bn}	3～9	齿距仪、齿形仪、齿向仪、摆差测定仪、齿厚卡尺或公法线千分尺
3	F_p、f_{pt}、F_α、F_β、F_r、E_{sn} 或 E_{bn}	3～9	齿距仪、齿形仪、齿向仪、摆差测定仪、齿厚卡尺或公法线千分尺
4	F_i''、f_i''、E_{sn} 或 E_{bn}	6～9	双面啮合测量仪、齿厚卡尺或公法线千分尺
5	f_{pt}、F_r、E_{sn} 或 E_{bn}	10～12	齿距仪、摆差测定仪、齿厚卡尺或公法线千分尺
6	F_i'、f_i'、F_β、E_{sn} 或 E_{bn}	3～6	单啮仪、齿向仪、齿厚卡尺或公法线千分尺

四、齿轮各种偏差值

表 18-4　$\pm f_{pt}$、F_p、F_α、$f_{f\alpha}$、$f_{H\alpha}$、F_r、F_i'、f_i'、F_w 和 $\pm F_{pk}$ 偏差

（GB/T 10095.1—2001、GB/T 10095.2—2001 摘录）　　　　　（单位：μm）

分度圆直径 d/mm		模数 m_n/mm		单个齿距极限偏差 $\pm f_{pt}$				齿距累积总偏差 F_p				齿廓总偏差 F_α				齿廓形状偏差 $f_{f\alpha}$			
				精　度　等　级															
大于	至	大于	至	5	6	7	8	5	6	7	8	5	6	7	8	5	6	7	8
5	20	0.5	2	4.7	6.5	9.5	13	11	16	23	32	4.6	6.5	9.0	13	3.5	5.0	7.0	10
		2	3.5	5.0	7.5	10	15	12	17	23	33	6.5	9.5	13	19	5.0	7.0	10	14
20	50	0.5	2	5.0	7.0	10	14	14	20	29	41	5.0	7.5	10	15	4.0	5.5	8.0	11
		2	3.5	5.5	7.5	11	15	15	21	30	42	7.0	10	14	20	5.5	8.0	11	16
		3.5	6	6.0	8.5	12	17	15	22	31	44	9.0	12	18	25	7.0	9.5	14	19
50	125	0.5	2	5.5	7.5	11	15	18	26	37	52	6.0	8.5	12	17	4.5	6.5	9.0	13
		2	3.5	6.0	8.5	12	17	19	27	38	53	8.0	11	16	22	6.0	8.5	12	17
		3.5	6	6.5	9.0	13	18	19	28	39	55	9.5	13	19	27	7.5	10	15	21
125	280	0.5	2	6.0	8.5	12	17	24	35	49	69	7.0	10	14	20	5.5	7.5	11	15
		2	3.5	6.5	9.0	13	18	25	35	50	70	9.0	13	18	25	7.0	9.5	14	19
		3.5	6	7.0	10	14	20	25	36	51	72	11	15	21	30	8.0	12	16	23
280	560	0.5	2	6.5	9.5	13	19	32	46	64	91	8.5	12	17	23	6.5	9.0	13	18
		2	3.5	7.0	10	14	20	33	46	65	92	10	15	21	29	8.0	11	16	22
		3.5	6	8.0	11	16	22	33	47	66	94	12	17	24	34	9.0	13	18	26

分度圆直径 d/mm		模数 m_n/mm		齿廓倾斜偏差 $f_{H\alpha}$				径向偏差 F_r				f_i'/K 值				公法线长度变动偏差 F_w		
				精 度 等 级														
大于	至	大于	至	5	6	7	8	5	6	7	8	5	6	7	8	5	6	7
5	20	0.5	2	2.9	4.2	6.0	8.5	9.0	13	18	25	14	19	27	38	10	14	20
		2	3.5	4.2	6.0	8.5	12	9.5	13	19	27	16	23	32	45			
20	50	0.5	2	3.3	4.6	6.5	9.5	11	16	23	32	14	20	29	41	12	16	23
		2	3.5	4.5	6.5	9.0	13	12	17	24	34	17	24	34	49			
		3.5	6	5.5	8.0	11	16	12	17	25	35	19	27	38	54			
50	125	0.5	2	3.7	5.5	7.5	11	15	21	29	42	16	22	31	44	14	19	27
		2	3.5	5.0	7.0	10	14	15	21	30	43	18	25	36	51			
		3.5	6	6.0	8.5	12	17	16	22	31	44	20	29	40	57			
125	280	0.5	2	4.4	6.0	9.0	12	20	28	39	55	17	24	34	49	16	22	31
		2	3.5	5.5	8.0	11	16	20	28	40	56	20	28	39	56			
		3.5	6	6.5	9.5	13	19	20	29	41	58	22	31	44	62			
280	560	0.5	2	5.5	7.5	11	15	26	36	51	73	19	27	39	54	19	26	37
		2	3.5	6.5	9.0	13	18	26	37	52	74	22	31	44	62			
		3.5	6	7.5	11	15	21	27	38	53	75	24	34	48	68			

注：1. 本表中 F_w 是根据我国生产实践提出的，供参考。

2. 将 f_i'/K 乘以 K，即得到 f_i'；当 $\varepsilon_r < 4$ 时，$K = 0.2\left(\dfrac{\varepsilon_r + 4}{\varepsilon_r}\right)$；当 $\varepsilon_r \geqslant 4$ 时，$K = 0.4$。

3. $F_i' = F_p + f_i'$。

4. $\pm F_{pk} = f_{pt} + 1.6\sqrt{(k-1)m_n}$（5级精度），通常取 $k = z/8$；按相临两级的公比 $\sqrt{2}$，可求得其他级 $\pm F_{pk}$ 值。

表 18-5 F_i'' 和 f_i'' 公差（GB/T 10095.1—2001摘录） （单位：μm）

分度圆直径 d/mm		齿宽 b/mm		径向综合总公差 F_i''				一齿径向综合总公差 f_i''			
				精 度 等 级							
大于	到	大于	到	5	6	7	8	5	6	7	8
5	20	0.2	0.5	11	15	21	30	2.0	2.5	3.5	5.0
		0.5	0.8	12	16	23	33	2.5	4.0	5.5	7.5
		0.8	1.0	12	18	25	35	3.5	5.0	7.0	10
		1.0	1.5	14	19	27	38	4.5	6.5	9.0	13
20	50	0.2	0.5	13	19	26	37	2.0	2.5	3.5	5.0
		0.5	0.8	14	20	28	40	2.5	4.0	5.5	7.5
		0.8	1.0	15	21	30	42	3.5	5.0	7.0	10
		1.0	1.5	16	23	32	45	4.5	6.5	9.0	13
		1.5	2.5	18	26	37	52	6.5	9.5	13	19
50	125	1.0	1.5	19	27	39	55	4.5	6.5	9.0	13
		1.5	2.5	22	31	43	61	6.5	9.5	13	19
		2.5	4.0	25	36	51	72	10	14	20	29
		4.0	6.0	31	44	62	88	15	22	31	44
		6.0	10	40	57	80	114	24	34	48	67
125	280	1.0	1.5	24	34	48	68	4.5	6.5	9.0	13
		1.5	2.5	26	37	53	75	6.5	9.5	13	29
		2.5	4.0	30	43	61	86	10	15	21	29
		4.0	6.0	36	51	72	102	15	22	31	44
		6.0	10	45	64	90	127	24	34	48	67
280	560	1.0	1.5	30	43	61	86	4.5	6.5	9.0	13
		1.5	2.5	33	46	65	92	6.5	9.5	13	19
		2.5	4.0	37	52	73	104	10	15	21	29
		4.0	6.0	42	60	84	119	15	22	31	44
		6.0	10	51	73	103	145	24	34	48	68

分度圆直径 d/mm		齿宽 b/mm		螺旋线总公差 F_β				螺旋线形状公差 $f_{f\beta}$ 和螺旋线倾斜极限偏差 $\pm f_{H\beta}$			
				精　度　等　级							
大于	到	大于	到	5	6	7	8	5	6	7	8
5	20	4	10	6.0	8.5	12	17	4.4	6.0	8.5	12
		10	20	7.0	9.5	14	19	4.9	7.0	10	14
20	50	4	10	6.5	9.0	13	18	4.5	6.5	9.0	13
		10	20	7.0	10	14	20	5.0	7.0	10	14
		20	40	8.0	11	16	23	6.0	8.0	12	16
50	125	4	10	6.5	9.5	13	19	4.8	6.5	9.5	13
		10	20	7.5	11	15	21	5.5	7.5	11	15
		20	40	8.5	12	17	24	6.0	8.5	12	17
		40	80	10	14	20	28	7.0	10	14	20
125	280	4	10	7.0	10	14	20	5.0	7.0	10	14
		10	20	8.0	11	16	22	5.5	8.0	11	16
		20	40	9.0	13	18	25	6.5	9.0	13	18
		40	80	10	15	21	29	7.5	10	15	21
		80	160	12	17	25	35	8.5	12	17	25
280	560	10	20	8.5	12	17	24	6.0	8.5	12	17
		20	40	9.5	13	19	27	7.0	9.5	14	19
		40	80	11	15	22	31	8.0	11	16	22
		80	160	13	18	26	36	9.0	13	18	26
		160	250	15	21	30	43	11	15	22	30

五、齿侧间隙及其检验项目

齿侧间隙是在中心距一定的情况下，用减薄轮齿齿厚的方法来获得。齿侧间隙通常有两种表示方法：法向侧隙 j_{bn} 和圆周侧隙 j_{wt}。设计齿轮传动时，保证要有足够的最小侧隙 j_{bnmin}，其值可按表 18-7 推荐的数据查取。

表 18-7　对于中、大模数齿轮最小侧隙 j_{bnmin} 的推荐数据（GB/Z 18620.2—2008 摘录）

（单位：mm）

模数 m_n	中心距 a_i					
	50	100	200	400	800	1600
1.5	0.09	0.11	—	—	—	—
2	0.10	0.12	0.15	—	—	—
3	0.12	0.14	0.17	0.24	—	—
5	—	0.18	0.21	0.28	—	—
8	—	0.24	0.27	0.34	0.47	—
12	—	—	0.35	0.42	0.55	—
18	—	—	—	0.54	0.67	0.94

控制齿厚的方法有两种，即：用齿厚极限偏差或用公法线平均长度极限偏差来控制齿厚。

1. 齿厚极限偏差 E_{sns} 与 E_{sni}

分度圆齿厚偏差如图 18-1 所示。当主动轮与被动轮齿厚都做成最大值，亦即做成上偏差 E_{sns} 时，可获得最小侧隙 j_{bnmin}。通常取两齿轮的齿厚上偏差相等，此时则有

$$j_{bnmin} = 2|E_{sns}|\cos\alpha_n$$

故有

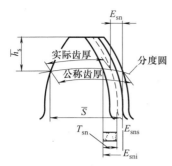

图 18-1 齿厚偏差

$$E_{sns} = -j_{bnmin}/(2\cos\alpha_n)$$

齿厚公差 T_{sn} 可按下式求得

$$T_{sn} = 2\tan\alpha_n \sqrt{F_r^2 + b_r^2}$$

式中，b_r——切齿径向进刀公差，可按表 18-8 选取。

2. 用公法线平均长度极限偏差控制齿厚

齿轮齿厚的变化必然引起公法线长度的变化，测得公法线长度同样可以控制齿侧间隙。公法线长度的上偏差 E_{bns} 和下偏差 E_{bni} 与齿厚偏差有如下关系。

$$E_{bns} = E_{sns}\cos\alpha_n$$
$$E_{bni} = E_{sni}\cos\alpha_n$$

表 18-8　切齿径向进刀公差 b_r

齿轮精度等级	4	5	6	7	8	9
b_r	1.26IT7	IT8	1.26IT8	IT9	1.26IT9	IT10

注：标准公差值 IT 按齿轮分度圆直径查表。

齿厚下偏差 E_{sni} 可按下式求得

$$E_{sni} = E_{sns} - T_{sn}$$

式中，T_{sn} 为齿厚公差。显然若齿厚偏差合格，实际齿厚偏差 E_{sn} 应处于齿厚公差带内。

六、齿厚和公法线长度

表 18-9　标准齿轮分度圆弦齿厚和弦齿高（$m = m_n = 1$，$\alpha = \alpha_n = 20°$，$h_a^* = h_{an}^* = 1$）　　（单位：mm）

齿数 z	分度圆弦齿厚 $\overline{s}^*$	分度圆弦齿高 $\overline{h}_n^*$	齿数 z	分度圆弦齿厚 $\overline{s}^*$	分度圆弦齿高 $\overline{h}_n^*$	齿数 z	分度圆弦齿厚 $\overline{s}^*$	分度圆弦齿高 $\overline{h}_n^*$	齿数 z	分度圆弦齿厚 $\overline{s}^*$	分度圆弦齿高 $\overline{h}_n^*$
6	1.5529	1.1022	40	1.5704	1.0154	74	1.5707	1.0084	108	1.5707	1.0057
7	1.5568	1.0873	41	1.5704	1.0150	75	1.5707	1.0083	109	1.5707	1.0057
8	1.5607	1.0769	42	1.5704	1.0147	76	1.5707	1.0081	110	1.5707	1.0056
9	1.5628	1.0684	43	1.5705	1.0143	77	1.5707	1.0080	11	1.5707	1.0056
10	1.5643	1.0616	44	1.5705	1.0140	78	1.5707	1.0079	112	1.5707	1.0055
11	1.5654	1.0559	45	1.5705	1.0137	79	1.5707	1.0078	113	1.5707	1.0055
12	1.5663	1.0514	46	1.5705	1.0134	80	1.5707	1.0077	114	1.5707	1.0054
13	1.5670	1.0474	47	1.5705	1.0131	81	1.5707	1.0076	115	1.5707	1.0054
14	1.5675	1.0440	48	1.5705	1.0129	82	1.5707	1.0075	116	1.5707	1.0053
15	1.5679	1.0411	49	1.5705	1.0126	83	1.5707	1.0074	117	1.5707	1.0053
16	1.5683	1.0385	50	1.5705	1.0123	84	1.5707	1.0074	118	1.5707	1.0053
17	1.5686	1.0362	51	1.5706	1.0121	85	1.5707	1.0073	119	1.5707	1.0052
18	1.5688	1.0342	52	1.5706	1.0119	86	1.5707	1.0072	120	1.5707	1.0052
19	1.5690	1.0324	53	1.5706	1.0117	87	1.5707	1.0071	121	1.5707	1.0051
20	1.5692	1.0308	54	1.5706	1.0114	88	1.5707	1.0070	122	1.5707	1.0051
21	1.5694	1.0294	55	1.5706	1.0112	89	1.5707	1.0069	123	1.5707	1.0050
22	1.5695	1.0281	56	1.5706	1.0110	90	1.5707	1.0068	124	1.5707	1.0050
23	1.5696	1.0268	57	1.5706	1.0108	91	1.5707	1.0068	125	1.5707	1.0049
24	1.5697	1.0257	58	1.5706	1.0106	92	1.5707	1.0067	126	1.5707	1.0049
25	1.5698	1.0247	59	1.5706	1.0105	93	1.5707	1.0067	128	1.5707	1.0049
26	1.5698	1.0237	60	1.5706	1.0102	94	1.5707	1.0066	129	1.5707	1.0048
27	1.5699	1.0228	61	1.5706	1.0101	95	1.5707	1.0065	130	1.5707	1.0048
28	1.5700	1.0220	62	1.5706	1.0100	96	1.5707	1.0064	132	1.5708	1.0047
29	1.5701	1.0213	63	1.5706	1.0098	98	1.5707	1.0064	133	1.5708	1.0047
30	1.5701	1.0205	64	1.5706	1.0097	99	1.5707	1.0062	134	1.5708	1.0046
31	1.5701	1.0199	65	1.5706	1.0095	100	1.5707	1.0061	140	1.5708	1.0044
32	1.5702	1.0193	66	1.5706	1.0094	101	1.5707	1.0061	145	1.5708	1.0042
33	1.5702	1.0187	67	1.5706	1.0092	102	1.5707	1.0060	150	1.5708	1.0041
34	1.5702	1.0181	68	1.5706	1.0091	103	1.5707	1.0060	齿条	1.5708	1.0000
35	1.5702	1.0176	69	1.5707	1.0090	104	1.5707	1.0059			
36	1.5703	1.0171	70	1.5707	1.0088	105	1.5707	1.0059			
37	1.5703	1.0167	71	1.5707	1.0087	106	1.5707	1.0058			
38	1.5703	1.0162	72	1.5707	1.0086	107	1.5707	1.0058			
39	1.5703	1.0158	73	1.5707	1.0085						

注：1. 当 m（m_n）$\neq 1$ 时，分度圆弦齿厚 $\overline{s} = \overline{s}^* m$（$\overline{s_n} = \overline{s}^* m_n$）；分度圆弦齿高 $\overline{h}_n = \overline{h}_n^* m$（$\overline{h}_n = \overline{h}^* m_n$）。

2. 对于斜齿圆柱齿轮和圆锥齿轮，本表也可以用，所不同的是，齿数要用当量齿数 z_v。

3. 如果当量齿数带小数，就要用比例插入法，把小数部分考虑进去。

表 18-10 公法线长度 W_k^* （$m=1$，$α=20°$）

齿轮齿数 z	跨测齿数 k	公法线长度 W_k^*/mm	齿轮齿数 z	跨测齿数 k	公法线长度 W_k^*/mm	齿轮齿数 z	跨测齿数 k	公法线长度 W_k^*/mm	齿轮齿数 z	跨测齿数 k	公法线长度 W_k^*/mm	齿轮齿数 z	跨测齿数 k	公法线长度 W_k^*/mm
			41	5	13.8588	81	10	29.1797	121	14	41.5485	161	18	53.9171
			42	5	13.8728	82	10	29.1937	122	14	41.5624	162	19	56.8833
			43	5	13.8868	83	10	29.2077	123	14	41.5764	163	19	56.8972
4	2	4.4842	44	5	13.9008	84	10	29.2217	124	14	41.5904	164	19	56.9113
5	2	4.4982	45	6	16.8670	85	10	29.2357	125	14	41.6044	165	19	56.9253
6	2	4.5122	46	6	16.8810	86	10	29.2497	126	15	44.5706	166	19	56.9393
7	2	4.5262	47	6	16.8950	87	10	29.2637	127	15	44.5846	167	19	56.9533
8	2	4.5402	48	6	16.9090	88	10	29.2777	128	15	44.5986	168	19	59.9673
9	2	4.5542	49	6	16.9230	89	10	29.2917	129	15	44.6126	169	19	56.9813
10	2	4.5683	50	6	16.9370	90	11	32.2579	130	15	44.6266	170	19	56.9953
11	2	4.5823	51	6	16.9510	91	11	32.2718	131	15	44.6405	171	20	59.9615
12	2	4.5963	52	6	16.9660	92	11	32.2858	132	15	44.6546	172	20	59.9754
13	2	4.6103	53	7	19.9490	93	11	32.2998	133	15	44.6686	173	20	59.9894
14	2	4.6243	54	7	19.9452	94	11	32.3136	134	15	44.6826	174	20	60.0034
15	2	4.6383	55	7	19.9591	95	11	32.3279	135	16	47.6490	175	20	60.0174
16	2	4.6523	56	7	19.9731	96	11	32.3419	136	16	47.6627	176	20	60.0314
17	2	4.6663	57	7	19.9871	97	11	32.3559	137	16	47.6767	177	20	60.0455
18	3	7.6324	58	7	20.0011	98	11	32.3699	138	16	47.6907	178	20	60.0595
19	3	7.6464	59	7	20.0152	99	12	35.3361	139	16	47.7047	179	20	60.0735
20	3	7.6604	60	7	20.0292	100	12	35.3500	140	16	47.7187	180	21	63.0397
21	3	7.6744	61	7	20.0432	101	12	36.3640	141	16	47.7327	181	21	63.0536
22	3	7.6884	62	7	20.0573	102	12	36.3780	142	16	47.7408	182	21	63.0676
23	3	7.7024	63	8	23.0233	103	12	35.3920	143	16	47.7608	183	21	63.0816
24	3	7.7165	64	8	23.0373	104	12	35.4060	144	17	50.7170	184	21	63.0956
25	3	7.7305	65	8	23.0513	105	12	35.4200	145	17	50.7409	185	21	63.1099
26	3	7.7445	66	8	23.0653	106	12	35.4340	146	17	50.7549	186	21	63.1236
27	4	10.7106	67	8	23.0793	107	12	35.4481	147	17	80.7689	187	21	63.1376
28	4	10.7246	68	8	23.0933	108	13	38.4142	148	17	50.7829	188	21	63.1516
29	4	10.7386	69	8	23.1073	109	13	38.4282	149	17	50.7969	189	22	66.1179
30	4	10.7526	70	8	23.1213	110	13	38.4422	150	17	50.8109	190	22	66.1318
31	4	10.7666	71	8	23.1353	111	13	38.4562	151	17	50.8249	191	22	66.1458
32	4	10.7806	72	9	26.1015	112	13	38.4702	152	17	50.8389	192	22	66.1598
33	4	10.7946	73	9	26.1155	113	13	38.4842	153	18	53.8051	193	22	66.1738
34	4	10.8086	74	9	26.1295	114	13	38.4982	154	18	53.8191	194	22	66.1878
35	4	10.8226	75	9	26.1435	115	13	38.5122	155	18	53.8331	195	22	66.2018
36	5	13.7888	76	9	26.1575	116	13	38.5262	156	18	53.8471	196	22	66.2158
37	5	13.8028	77	9	26.1715	117	14	41.4924	157	18	53.8611	197	22	66.2298
38	5	13.8168	78	9	26.1855	118	14	41.5064	158	18	53.8751	198	23	69.1961
39	5	13.8308	79	9	26.1995	119	14	41.5204	159	18	53.8891	199	23	69.2101
40	5	13.8448	80	9	26.2135	120	14	41.5344	160	18	53.9031	200	23	69.2241

注：1. 对标准直齿圆柱齿轮，公法线长度 $W_k = W_k^* m$，W_k^* 为 $m=1mm$、$α=20°$ 时的公法线长度。

2. 对变位直齿圆柱齿轮，当变位系数 x 较小及 $|x| < 0.3$，跨测齿数 k 按照表 18-10 查出，而公法线长度 $W_k = (W_k^* + 0.684x)m$。

当变位系数 x 较大，$|x| > 0.3$ 时，跨测齿数

$$k' = z\frac{α_z}{180°} + 0.5$$

式中，$α_z = \arccos\frac{2dcosα}{d_a + d_f}$，而公法线长度 $W_k = [2.9521(k'-0.5) + 0.014z + 0.684x]m$

3. 斜齿轮的公法线长度 W_{nk} 在法面内测量，其值也可按表 18-9 确定，但必须按假想齿数 z' 查，$z' = Kz$，式中 K 为与分度圆柱上齿的螺旋角 $β$ 有关的假想齿数系数。假想齿数为非整数，其小数部分 $Δz$ 所对应的公法线长度 W_n^* 可查表 18-12。故总的公法线长度

$$W_{nk} = (W_k^* + ΔW_n^*)m_n$$

式中，W_k^* 为假想齿数 z' 整数部分相对应的公法线长度。查表 18-10。

表 18-11　假想齿数系数 K

β	K	β	K	β	K
6°	1.016	11°	1.054	16°	1.119
7°	1.022	12°	1.065	17°	1.136
8°	1.028	13°	1.077	18°	1.154
9°	1.036	14°	1.090	19°	1.173
10°	1.045	15°	1.114	20°	1.194

表 18-12　公法线长度 ΔW_n^* 　　　　　　（单位：mm）

$\Delta z'$	0.00	0.01	0.02	0.03	0.04	0.05	0.06	0.07	0.08	0.09
0.0	0.000	0.0001	0.0003	0.0004	0.0006	0.0007	0.0008	0.0010	0.0011	0.0013
0.1	0.0014	0.0015	0.0017	0.0018	0.0020	0.0021	0.0022	0.0024	0.0025	0.0027
0.2	0.0028	0.0029	0.0031	0.0032	0.0034	0.0035	0.0036	0.0038	0.0039	0.0041
0.3	0.0042	0.0043	0.0045	0.0046	0.0048	0.0049	0.0051	0.0052	0.0053	0.0055
0.4	0.0056	0.0057	0.0059	0.0060	0.0061	0.0063	0.0064	0.0066	0.0067	0.0069
0.5	0.0070	0.0071	0.0073	0.0074	0.0076	0.0077	0.0079	0.0080	0.0081	0.0083
0.6	0.0084	0.0085	0.0087	0.0088	0.0089	0.0091	0.0092	0.0094	0.0095	0.0097
0.7	0.0098	0.0099	0.0101	0.0102	0.0104	0.0105	0.0106	0.0108	0.0109	0.0111
0.8	0.0112	0.0114	0.0115	0.0116	0.0118	0.0119	0.0120	0.0122	0.01230	0.0124
0.9	0.0126	0.0127	0.0129	0.0132	0.0130	0.0133	0.0135	0.0136	0.0137	0.0139

查取示例：$\Delta z'=0.43$ 时，由表 18-12 查得 $\Delta W_n^*=0.0060$。

七、齿坯和齿轮副的精度

表 18-13　齿坯尺寸和形状公差

齿轮精度等级	6	7	8	9 10
孔	IT6	IT7		IT8
轴颈	IT5	IT6		IT7
顶圆柱面	IT8			IT9

注：1. 当三个公差组的精度等级不同时，按最高的精度等级确定公差值。

2. 当以顶圆不作齿厚基准时，公差按 IT11 给定，但不大于 $0.1m_n$。

表 18-14　轴线平行度偏差 $f_{\Sigma\beta}$ 和 $f_{\Sigma\delta}$

轴线平行度偏差图示	$f_{\Sigma\beta}$ 和 $f_{\Sigma\delta}$ 的最大推荐值/μm
	$$f_{\Sigma\beta}=0.5\left(\frac{L}{b}\right)F_{\beta}$$ $$f_{\Sigma\delta}=2f_{\Sigma\beta}$$ 式中　L—较大的轴承跨距，mm； 　　　b—齿宽，mm； 　　　F_{β}—螺旋线总偏差，μm

表 18-15　齿轮装配后接触斑点（GB/Z 18620.4—2008摘录）

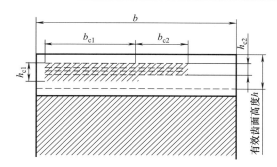

精度等级	$b_{c1}/b \times 100\%$		$h_{c1}/h \times 100\%$		$b_{c2}/b \times 100\%$		$h_{c2}/h \times 100\%$	
	直齿轮	斜齿轮	直齿轮	斜齿轮	直齿轮	斜齿轮	直齿轮	斜齿轮
4级及更高	50	50	70	50	40	40	50	30
5 和 6	45	45	50	40	35	35	30	20
7 和 8	35	35	50	40	35	35	30	20
9 和 12	25	25	50	40	25	25	30	20

表 18-16　中心距极限偏差 ±f_a（供参考）　　　　　　　（单位：μm）

中心距 a/mm		齿轮精度等级	
大于	至	5、6	7、8
6	10	7.5	11
10	18	9	13.5
18	30	10.5	16.5
30	50	12.5	19.5
50	80	15	23
80	120	17.5	27
120	180	20	31.5
180	250	23	36
250	315	26	40.5
315	400	28.5	11.5
400	500	31.5	18.5

表 18-17　齿坯径向和端面跳动公差　　　　　　　　　（单位：μm）

分度圆直径/mm		齿轮精度等级			
大于	至	3、4	5、6	7、8	9~12
≤125		7	11	18	28
125	400	9	14	22	36
400	800	12	20	32	50
800	1600	18	28	45	71

　　齿顶圆直径偏差对齿轮重合度及齿轮顶隙都有影响，有时还作为测量、加工基准，因此也要给出公差，一般可以按±0.05m_n给出。

八、图样标注

1. 齿轮精度等级的标注示例

　　若齿轮所有的检验项目精度为同一等级时，可只标注精度等级和标准号。如齿轮检验项目精度同为 7 级，则可标注为：

7 GB/T 10095.1—2008

若齿轮的各个检验项目的精度不同时，应在各精度等级后标出相应的检验项目。如：

7 F_p 6 （F_α，F_β） GB/T 10095.1

表示偏差 F_p、F_α 和 F_β 均应符合 GB/T 10095.1 的要求，其中 F_p 为 7 级，F_α 和 F_β 为 6 级。

2. 齿厚偏差的常用标注方法

例如 $S_{n_{E_{sni}}}^{E_{sns}}$　$4.71^{-0.082}_{-0.195}$

其中，S_n 为法向公称齿厚；E_{sns} 为齿厚上偏差；E_{sni} 为齿厚下偏差。

$W_{k_{E_{bni}}}^{E_{bns}}$　$87.551^{-0.077}_{-0.183}$

其中，W_k 为跨 k 个齿的公法线公称长度；E_{bns} 为公法线长度上偏差；E_{bni} 为公法线长度下偏差。

第二节　锥齿轮精度

一、锥齿轮及锥齿轮副精度等级和侧隙

1. 精度等级及其选择

国家标准对锥齿轮及齿轮副规定 12 个精度等级。1 级精度最高，12 级精度最低。齿轮副中两锥齿轮一般取相同的精度等级，也允许取不同。锥齿轮的精度应根据传动用途、使用条件、传递功率、圆周速度以及其他技术要求决定。

按照公差的特性对传动性能的影响，将锥齿轮和齿轮副的公差项目分成三个公差组，见表 18-18。根据使用要求的不同，允许各个公差组选用不同的精度等级，但对齿轮副中两个齿轮的同一组公差组，应规定同一精度等级。

锥齿轮第 Ⅱ 组公差的精度主要根据圆周速度决定，见表 18-19。

表 18-18　锥齿轮各项公差的分组

公差组	公差与极限偏差项目	误差特性	对传动性能的主要影响
Ⅰ	F_i'，$F_{i\Sigma}''$，F_p，F_{pk}，F_r	以齿轮一转为周期的误差	传递运动的准确性
Ⅱ	f_i'，$f_{i\Sigma}''$，f_{zk}'，f_c	在齿轮一周内，多次周期性重复出现的误差	传动的平稳性
Ⅲ	接触斑点	齿向线的误差	载荷分布的均匀性

注：F_i'—切向综合公差；$F_{i\Sigma}''$—轴交角综合公差；F_p—齿距累积公差；F_{pk}—k 个齿距累积公差；F_r—齿圈径向跳动公差；f_i'—切向相邻齿综合公差；$f_{i\Sigma}''$——齿轴交角综合公差；f_{zk}'—周期误差的公差；f_c—齿形相对误差的公差；f_{zk}'—周期误差的公差。

表 18-19　锥齿轮 Ⅱ 组精度等级的选择

Ⅱ组精度等级	直　齿	
	≤350HBS	＞350HBS
	圆周速度/(m/s)≤	
7	7	6
8	4	3
9	3	2.5

注：1. 表中的圆周速度按锥齿轮平均直径计算。

2. 此表不属于国家标准内容，仅供参考。

2. 推荐的检验项目

锥齿轮及齿轮副的检验项目应根据工作要求和生产规模确定。对于 7、8、9 级精度的一般齿轮传动，推荐的检验项目如表 18-20 所示。

表 18-20　推荐的锥齿轮和锥齿轮传动检验项目

项　　目		精　度　等　级		
		7	8	9
公差组	Ⅰ	F_p		F_r
	Ⅱ		f_{pt}	
	Ⅲ		接触斑点	
锥齿轮副	对锥齿轮		E_{ss}，E_{si}	
	对箱体		f_a	
	对传动		f_{AM}，f_a，E_{Σ}，j_{nmin}	
齿轮毛坯公差			齿坯顶锥母线跳动公差，基准端面跳动公差	
			外径尺寸极限偏差	
			齿坯轮冠距和顶锥角极限偏差	

3. 齿轮副侧隙

标准规定齿轮副的最小法向侧隙种类为六种：a，b，c，d，e 与 h。最小法向侧隙以 a 为最大，h 为零，如图 18-2 所示。最小法向侧隙的种类与精度等级无关，种类确定后，其值由表 18-28 查取齿厚上偏差。

最大法向侧隙按下式计算：

$$j_{nmax}=(\,|\,E_{ss1}+E_{ss2}\,|\,+T_{s2}+E_{s\Delta1}+E_{s\Delta2}\,)\cos\alpha$$

式中，$E_{s\Delta}$ 为 j_{nmax} 制造误差的补偿部分，其值见表 18-22，齿厚公差按表 18-21 查取。标准规定法向侧隙的公差种类为：A、B、C、D 与 H 五种。

表 18-21　齿厚公差 T_s 值

（单位：μm）

齿圈跳动公差		齿厚公差 T_s 值		
		法向侧隙公差种类		
大于	至	B	C	D
32	40	85	70	55
40	50	100	80	65
50	60	120	95	75
60	80	130	110	90
80	100	170	140	110

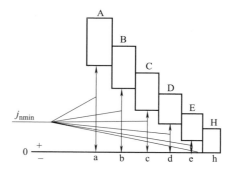

图 18-2　法向侧隙公差种类与最小侧隙种类的对应关系

表 18-22　锥齿轮有关 E_{ss} 与 $E_{s\Delta}$ 值

基本值	中点法向模数/mm	齿厚上偏差 E_{ss} 值						最大法向侧隙 j_{nmax} 的制造误差补偿部分 $E_{s\Delta}$ 值													
								第Ⅱ组精度等级													
		中点分度圆直径/mm						7						8						9	
								中点分度圆直径/mm													
		≤125			>125～400			≤125			>125～400			≤125			>125～400			≤125	>125～400
		分锥角度/(°)						分锥角度/(°)													
		≤20	>25~45	>45	≤20	>20~45	>45	≤20	>20~45	>45	≤20	>20~45	>45	≤20	>20~45	>45	≤20	>20~45	>45	≤20 >20~45	>45
	>1~3.5	−20	−20	−22	−28	−32	30	20	20	22	28	32	30	22	22	24	30	36	30	24 24 25	32 38 36
	>3.5~6.3	−22	−22	−25	−32	−32	−30	22	22	25	32	32	30	24	24	24	32	36	30	25 25 25	32 38 38 36

齿厚上偏差 E_{ss} 值	最大法向侧隙 j_{nmax} 的制造误差补偿部分 $E_{s\triangle}$ 值		
最小法向侧隙系数	第Ⅱ组精度等级		
	7	8	9
d	2	2.2	—
c	2.7	3.0	3.2
b	3.8	4.2	4.6

系数（左侧合并单元格）

注：各最小法向侧隙种类和各种精度等级齿轮的 E_{ss} 值，由本表查出基本值乘以系数得出。

二、锥齿轮公差及极限偏差

表 18-23　齿距累积公差 F_p 和 k 个齿距累积公差 F_{pk}　　　　（单位：μm）

中点分度圆弧长 L_m/mm	工组精度等级		
	7	8	9
≤11.2	16	22	32
>11.2~20	22	32	45
>20~32	28	10	56
>32~50	32	45	63
>50~80	36	50	71
>80~160	45	63	90
>160~315	63	90	125
>315~630	90	125	180
>630~1000	112	160	224

注：F_pK 和 F_{pk} 按中点分度圆弧长 L_m 查表。

查 F_p 时，取 $L_m = \dfrac{1}{2}\pi d_m = \dfrac{\pi m_{mn} z}{z\cos\beta}$；查 F_{pk} 时，取 $L_m = \dfrac{K m_{mn} z}{z\cos\beta}$（没有特殊要求时，$K$ 取 $z/6$ 或最接近的整齿数）。

式中，m_{mn} 为中点法向模数；β 为中点螺旋角。

表 18-24　齿轮齿圈径向跳动公差 F_r、齿距极限偏差 $\pm f_{pt}$ 及齿形相对误差的公差 f_c

（单位：μm）

中点分度圆直径 d_m/mm		中点法向模数 m_{mn}/mm	F_r			$\pm f_{pt}$			f_c	
大于	至		Ⅰ组精度等级			Ⅱ组精度等级				
			7	8	9	7	8	9	7	8
—	125	≥1~3.5	36	45	56	14	20	28	8	10
		>3.5~6.3	40	50	63	18	25	36	9	13
		>6.3~10	45	56	71	20	28	40	11	17
125	400	≥1~3.5	50	63	80	16	22	32	9	13
		>3.5~6.3	56	71	90	20	28	40	11	15
		>6.3~10	63	80	100	22	32	45	13	19
400	800	≥1~3.5	63	90	100	18	25	36	12	18
		>3.5~6.3	71	90	112	20	28	40	14	20
		>6.3~10	80	100	125	25	36	50	16	24

表 18-25　齿圈轴向位移极限偏差 $\pm f_{AM}$、轴间距极限偏差 $\pm f_a$ 和轴交角极限偏差 $\pm E_\Sigma$

（单位：μm）

中点锥距 R_m/mm		分锥角 δ/(°)		f_{AM}									$\pm f_a$			小轮分锥角 δ/(°)		$\pm E_\Sigma$				
				Ⅱ组精度等级									Ⅲ组精度等级					最小法向侧隙种类				
				7			8			9												
				中点法向模数 m_m/mm																		
大于	至	小于	至	≥1~3.5	>3.5~6.3	>6.3~10	≥1~3.5	>3.5~6.3	>6.3~10	≥1~3.5	>3.5~6.3	>6.3~10	7	8	9	大于	至	h、e	d	c	b	a
—	50	—	20	20	11	—	28	16	—	40	22	—	18	28	36	—	15	7.5	11	18	30	45
		20	45	17	9.5	—	24	13	—	34	19	—				15	25	10	16	26	42	63
		45	—	7.1	4	—	10	5.6	—	14	8	—				25	—	12	19	30	50	80

中点锥距 R_m/mm		分锥角 δ/(°)		f_{AM} Ⅱ组精度等级									$\pm f_a$ Ⅲ组精度等级			$\pm E_\Sigma$						
				7			8			9			7	8	9	小轮分锥角 δ/(°)		最小法向侧隙种类				
				中点法向模数 m_m/mm																		
大于	至	小于	至	≥1~3.5	>3.5~6.3	>6.3~10	≥1~3.5	>3.5~6.3	>6.3~10	≥1~3.5	>3.5~6.3	>6.3~10	7	8	9	大于	至	h、e	d	c	b	a
50	100	—	20	67	38	24	95	53	34	140	75	50				—	15	10	16	26	42	63
		20	45	56	32	21	80	45	30	120	63	42	20	30	45	15	25	12	19	30	50	80
		45	—	24	13	8.5	34	17	12	48	26	17				25	—	15	22	32	60	95
100	200	—	20	150	80	53	200	120	75	300	160	105				—	15	12	19	30	50	80
		20	45	130	71	45	180	100	63	260	140	90	25	36	55	15	25	17	26	42	71	110
		45	—	53	30	19	75	40	26	105	60	38				25	—	20	32	50	80	125
200	400	—	20	340	180	120	480	250	170	670	360	240				—	15	15	22	32	60	95
		20	45	280	150	100	400	210	140	560	300	200	30	45	75	15	25	24	36	56	90	140
		45	—	120	64	40	170	90	60	240	130	85				25	—	26	40	63	100	160
400	800	—	20	750	400	250	1050	560	360	1500	800	500				—	15	20	32	50	80	125
		20	45	630	340	210	900	480	300	1300	670	440	36	60	90	15	25	28	45	71	110	180
		45	—	270	140	90	380	200	125	530	280	180				25	—	34	56	85	140	220

注：1. 表中 $\pm f_{AM}$ 值用于 $\alpha=20°$ 的非修形齿轮；对于修形齿轮，允许采用低一级的 $\pm f_{AM}$ 值；当 $\alpha \neq 20°$ 时，表中数值乘以 $\sin20°/(s\sin\alpha)$。

2. 表中 $\pm f_a$ 值用于无纵向修形的齿轮副；对于纵向修形的齿轮副允许采用低一级的 $\pm f_a$ 值；对准双曲面的齿轮副按大轮中点锥距查表。

3. $\pm E_\Sigma$ 的公差带位置相对于零线，可以不对称或取在一侧；表中数值用于 $\alpha=20°$ 的正交齿轮副；当 $\alpha \neq 20°$ 时，表中数值乘以 $\sin20°/(s\sin\alpha)$。

表 18-26 齿轮副轴交角综合公差 $F''_{i\Sigma c}$、侧隙变动公差 F_{vj} 及齿轮副一齿轴交角综合公差 $f''_{i\Sigma c}$

（单位：μm）

中点分度圆直径[①] d_m/mm		中点法向模数 m_{mn}/mm	$F''_{i\Sigma c}$ Ⅰ组精度等级			F_{vj}[②] Ⅱ组精度等级			$f''_{i\Sigma c}$		
大于	至		7	8	9	9	10	11	7	8	9
—	125	≥1~3.5	67	85	110	75	90	120	28	40	53
		>3.5~6.3	75	95	120	80	100	130	36	50	60
		>6.3~10	85	105	130	90	120	150	40	56	70
125	400	≥1~3.5	100	125	160	110	140	170	32	45	60
		>3.5~6.3	105	130	170	120	150	180	40	56	67
		>6.3~10	120	150	180	130	160	200	45	63	80
400	800	≥1~3.5	130	160	200	140	180	220	36	50	67
		>3.5~6.3	140	170	220	150	190	240	40	56	75
		>6.3~10	150	190	240	160	200	260	50	71	85

① 查 F_{vj} 时，取大小轮中点分度圆直径之和的一半作为查表直径。

② 当两齿轮的齿数比为不大于 3 的倍数，且采用选配时，可将表中 F_{vj} 压缩 25% 或更多。

表 18-27 接触斑点

第Ⅱ组精度等级	7	8,9
沿齿长方向/%	50~70	35~65
沿齿高方向/%	55~75	40~70

注：1. 表中数值用于齿面修形的齿轮；对于齿面不修形的齿轮，其接触斑点不小于其平均值。

2. 沿齿长方向：接触痕迹长度与工作长度之比。

沿齿高方向：接触痕迹高度与接触痕迹中部的工作齿高之比。

表 18-28　最小法向侧隙 $j_{n\min}$ 值　　　　（单位：μm）

中点锥距 R_m/mm		小轮分锥角 δ_1/(°)		最小法向侧隙种类					
大于	至	大于	至	h	e	d	c	b	a
—	50	—	15	0	15	22	36	58	90
		15	25	0	21	33	52	84	130
		25	—	0	25	39	62	100	160
50	100	—	15	0	21	33	52	84	130
		15	25	0	25	39	62	100	160
		25	—	0	30	46	74	120	190
100	200	—	15	0	25	39	62	100	160
		15	25	0	35	54	87	140	220
		25	—	0	40	63	100	160	250
200	400	—	15	0	30	46	74	120	190
		15	25	0	46	72	115	185	290
		25	—	0	52	81	130	210	320
400	800	—	15	0	40	63	100	160	250
		15	25	0	57	89	140	230	360
		25	—	0	70	110	175	280	440

注：1. 表中数值用于正交齿轮副；非正交齿轮副按 R' 查表，$R' = R_m(\sin 2\delta_1 + \sin 2\delta_2)/2$。
式中，R_m 为中点锥距，δ_1 和 δ_2 分别为小、大轮分锥角。
2. 准双曲面齿轮副按大轮中点锥距查表。

表 18-29　齿厚公差 T_S　　　　（单位：μm）

齿圈跳动公差 F_r		法向侧隙公差种类				
大于	至	H	D	C	B	A
25	32	38	48	60	75	95
32	40	42	55	70	85	110
40	50	50	65	80	100	130
50	60	60	75	95	120	150
60	80	70	90	110	130	180
80	100	90	110	140	170	220
100	125	110	130	170	200	260

注：对于标准直齿锥齿轮。

表 18-30　齿厚上偏差 E_{SS}　　　　（单位：μm）

基本值	中点法向模数 m_{mn}/mm	中点分度圆直径 d_m/mm									Ⅱ组精度等级	最小法向侧隙种类					
		≤125			>125~400			>400~800				h	e	d	c	b	a
		分锥角 δ_1/(°)									系数						
		≤20	>20~45	>45	≤20	>20~45	>45	≤20	>20~45	>45	7	1.0	1.6	2.0	2.7	3.8	5.5
	≥1~3.5	−20	−20	−22	−28	−32	−30	−36	−50	−45	8			2.2	3.0	4.2	6.0
	>3.5~6.3	−22	−22	−25	−32	−32	−30	−38	−55	−45	9				3.2	4.6	6.6
	>6.3~10	−25	−25	−28	−36	−36	−34	−40	−55	−50							

注：最小法向侧隙种类和各精度等级齿轮的 E_{SS} 值由基本值一栏查出的数值乘以系数得出。

表 18-31　最大法向侧隙（$j_{n\max}$）中的制造误差补偿部分 $E_{S\Delta}$　　　　（单位：μm）

第Ⅱ公差组精度等级			7			8			9		
中点法向模数 m_{mn}/mm			≥1~3.5	>3.5~6.3	>6.3~10	≥1~3.5	>3.5~6.3	>6.3~10	≥1~3.5	>3.5~6.3	>6.3~10
中点分度圆直径 d_m/mm	≤125	≤20	20	22	25	22	24	28	24	25	30
		>20~45	20	22	25	22	24	28	24	25	30
		>45	22	25	28	28	28	30	25	30	32

第Ⅱ公差组精度等级			7			8			9		
中点法向模数 m_{mn}/mm			≥1 ~3.5	>3.5 ~6.3	>6.3 ~10	≥1 ~3.5	>3.5 ~6.3	>6.3 ~10	≥1 ~3.5	>3.5 ~6.3	>6.3 ~10
中点分度圆直径 d_m/mm	$>125\sim$ 400	分锥角 δ_1/(°) ≤20	28	32	36	30	36	40	32	38	45
		$>20\sim45$	32	32	36	36	36	40	38	38	45
		>45	30	30	34	32	32	38	36	36	40
	$>400\sim$ 800	≤20	36	38	40	40	42	45	45	45	48
		$>20\sim45$	50	55	55	55	60	60	65	65	65
		>45	45	45	50	50	50	55	55	55	60

三、锥齿轮齿坯公差

锥齿轮的内孔、顶锥、端面等通常作为在加工、检验和装配时的定位基准，其精度对圆锥齿轮的加工、检验和安装精度有较大的影响，必须给予限制。有关齿坯的各项公差值见表 18-32～表 18-35。

表 18-32　齿坯尺寸公差

精度等级	7,8	9～12
轴径尺寸公差	IT6	IT7
孔径尺寸公差	IT7	IT8
外径尺寸极限偏差	0 $-$IT8	0 $-$IT9

注：当三个公差组精度等级不同时，公差值按最高精度等级查取。

表 18-33　齿坯顶锥母线跳动公差　　　　（单位：μm）

外径/mm	精 度 等 级	
	7,8	9～12
≤30	25	50
$>30\sim35$	30	60
$>50\sim120$	40	80
$>120\sim250$	50	100
$>250\sim500$	60	120

表 18-34　齿坯基准端面跳动公差　　　　（单位：μm）

端面基准直径/mm	精 度 等 级	
	7,8	9～12
≤30	10	15
$>30\sim35$	12	20
$>50\sim120$	15	25
$>120\sim250$	20	30
$>250\sim500$	25	40

表 18-35　齿坯轮冠距和顶锥角极限偏差

中点法向模数 m_{mn}/mm	轮冠距极限偏差/μm	顶锥角极限偏差/(′)
≤1.2	0～50	+450
$>1.2\sim10$	0～75	+80

四、图样标注

在圆锥齿轮零件工作图上，应标注其精度等级、最小法向侧隙种类、法向侧隙公差种类的数字（字母）代号。标注示例如下。

① 齿轮的三个公差组精度同为 7 级，最小法向侧隙种类为 b，法向侧隙公差为 B，其标注为

② 锥齿轮的三个公差组第Ⅰ、Ⅱ同为 7 级，最小法向侧隙为 $400\mu m$，法向侧隙公差种类为 B，其标注为

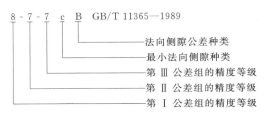

③ 齿轮的第Ⅰ公差组精度同为 8 级，第Ⅱ、Ⅲ公差组精度为 7 级，最小法向侧隙种类为 c，法向侧隙公差为 B，标注为

8 - 7 - 7　c　B　GB/T 11365—1989
　　　　　　　　　　法向侧隙公差种类
　　　　　　　　　最小法向侧隙种类
　　　　　　　　第Ⅲ公差组的精度等级
　　　　　　第Ⅱ公差组的精度等级
　　　　第Ⅰ公差组的精度等级

第三节　圆柱蜗杆、蜗轮精度

一、精度等级

国家标准对圆柱蜗杆、蜗轮和蜗杆传动规定了 12 个精度等级，1 级精度最高，12 级精度最低。对于动力传动一般采用 7～9 级，蜗杆和配对蜗轮的精度一般取相同等级，也允许取不同，但在同一公差组内各公差的精度等级应该相同。

根据各项公差特性及其对传动性能的影响，将蜗杆、蜗轮及传动的公差项目分为Ⅰ、Ⅱ、Ⅲ三个公差组，见表 18-36，分别用以保证传递运动的准确性、运动的平稳性和保证载荷的均匀性。

蜗杆、蜗轮精度应根据传动用途、使用条件、传动功率、圆周速度以及其他技术要求决定。其第Ⅱ公差组主要根据蜗轮圆周速度决定，见表 18-37。

表 18-36　蜗杆、蜗轮和蜗杆传动传动各项公差的分组

公差组	检验对象	公差与极限偏差项目	误差特性	对传动性能的主要影响
Ⅰ	蜗杆	—	一转为周期的误差	传递运动的准确性
	蜗轮	F'_i、F''_i、F_p、F_{pk}、F_r		
	传动	F'_{ic}		
Ⅱ	蜗杆	f_h、f_{hL}、$\pm f_{px}$、f_{pxL}、f_r	一周内多次周期重复出现的误差	传递运动的平稳性、噪声、振动
	蜗轮	f'_i、f''_i、$\pm f_{pt}$		
	传动	f'_{ic}		

公差组	检验对象	公差与极限偏差项目	误差特性	对传动性能的主要影响
Ⅲ	蜗杆	f_{f1}	齿向线的误差	载荷分布的均匀性
	蜗轮	f_{f2}		
	传动	接触斑点 $\pm f_a$、$\pm f_x$、$\pm f_\Sigma$		

注：蜗轮切向综合公差：F_i'；蜗轮径向综合公差：F_i''；蜗轮齿距累积公差：F_p；蜗轮 k 个齿距累积公差：F_{pk}；蜗轮齿圈径向跳动公差：F_r；蜗杆副的切向综合公差：F_{ic}'；蜗杆一转螺旋线公差：f_h；蜗杆螺旋线公差：f_{hL}；蜗杆轴向齿距极限偏差：$\pm f_{px}$；蜗杆轴向齿距累积公差：f_{pxL}；蜗杆齿槽径向跳动公差：f_r；蜗轮一齿切向综合公差：f_i'；蜗轮-齿径向综合公差：f_i''；蜗轮齿距极限偏差：$\pm f_{pt}$；蜗杆副的一齿切向综合公差：f_{ic}'；蜗杆齿形公差：f_{f1}；蜗轮齿形公差：f_{f2}；蜗杆副的中心距极限偏差：$\pm f_a$；蜗杆副的中间平面极限偏差：$\pm f_x$；蜗杆副的轴交角极限偏差：$\pm f_\Sigma$。

表 18-37　第Ⅱ公差组精度等级与蜗轮圆周速度关系

项　　目	第Ⅱ公差组精度等级		
	7	8	9
蜗轮圆周速度/(m/s)	≤7.5	≤3	≤1.5

注：此表不属于国家标准内容，仅供参考。

二、蜗杆、蜗轮和蜗杆传动的检验与公差

表 18-38　蜗杆的公差和极限偏差 （单位：μm）

第Ⅱ公差组																					第Ⅲ公差组		
蜗杆齿槽径向跳动公差 f_r[①]					模数 m/mm		蜗杆一转螺旋线公差 f_h			蜗杆螺旋线公差 f_{hL}			蜗杆轴向齿距极限偏差 $\pm f_{px}$			蜗杆轴向齿距累积公差 f_{pxL}			蜗杆齿形公差 f_{f1}		
分度圆直径 d_1/mm		模数 m/mm		精度等级									精度等级											
大于	至	小于	至	7	8	9	大于	至	7	8	9	7	8	9	7	8	9	7	8	9	7	8	9
31.5	50	1	10	17	23	32	1	3.5	14	—	—	32	—	—	11	14	20	18	25	36	16	22	32
50	80	1	16	18	25	36	3.5	6.3	20	—	—	40	—	—	14	20	26	24	34	48	22	32	45
80	125	1	16	20	28	40	6.3	10	25	—	—	50	—	—	17	25	32	32	45	63	28	40	43
125	180	1	25	25	32	45	10	16	32	—	—	63	—	—	22	32	46	40	56	80	36	53	75

① 当蜗杆齿形角 $\alpha \neq 20°$ 时，f_r 值为本表公差值乘以 $\sin 20°/\sin\alpha$。

表 18-39　蜗轮的公差和极限偏差 （单位：μm）

第Ⅰ公差组							第Ⅱ公差组									第Ⅲ公差组		
分度圆弧长 L/mm		蜗轮齿距累积公差 F_p 及 k 个齿距累积公差 F_{pk}			分度圆直径 d_2/mm	模数 m/mm		蜗轮径向综合公差 F_i''			蜗轮径向齿圈跳动公差 F_r			蜗轮-齿径向综合公差 f_i''			蜗轮齿距极限偏差 $\pm f_{pt}$		蜗轮齿形公差 $f_{f1/2}$
		精度等级						精度等级											
大于	至	7	8	9		大于	至	7	8	9	7	8	9	7	8	9	7	8	9	7	8	9

分度圆弧长 L/mm		蜗轮齿距累积公差 F_p 及 k 个齿距累积公差 F_{pk}			分度圆直径 d_2/mm	模数 m/mm		蜗轮径向综合公差 F_i''			蜗轮径向齿圈跳动公差 F_r			蜗轮-齿径向综合公差 f_i''			蜗轮齿距极限偏差 $\pm f_{pt}$			蜗轮齿形公差 $f_{f1/2}$		
		精度等级						精度等级														
大于	至	7	8	9		大于	至	7	8	9	7	8	9	7	8	9	7	8	9	7	8	9
11.2	20	22	32	45	≤125	1	3.5	56	71	90	40	50	63	20	28	36	14	20	28	11	14	22
20	32	28	40	56		3.5	6.3	71	90	112	50	63	80	25	36	45	18	25	32	14	20	32
32	50	32	45	63		6.3	10	100	125	160	56	71	90	32	40	50	20	28	40	17	22	36
50	80	36	50	71	>125 ~ 400	1	3.5	63	80	100	45	56	71	22	32	40	16	22	32	13	18	28
80	160	45	63	90		3.5	6.3	80	100	125	50	63	80	28	36	45	18	25	32	16	22	32
160	615	63	90	125		6.3	10	90	112	140	63	80	100	32	40	50	22	28	40	18	28	45
315	630	90	125	180		10	16	125	160	200	71	90	112	36	50	63	25	36	50	22	32	50

注：1. 查 F_p 时，取 $L = \pi d_2/2 = \pi m z_2/2$；查 F_{pk} 时，取 $L = k\pi m$（k 为 2 到小于 $z_2/2$ 的整数）。除特殊情况外，对于 F_{pk}，k 值规定取为小于 $z_2/6$ 的最大整数。

2. 当蜗轮齿形角 $\alpha \neq 20°$ 时，F_r、F_i''、f_i'' 的值为本表对应的公差值乘以 $\sin 20°/\sin\alpha$。

表 18-40　蜗杆接触斑点

精度等级	接触面积的百分比		接 触 位 置
	沿齿高不小于	沿齿长不小于	
7、8	55	50	接触斑点痕迹应偏于啮出端,但不允许在齿顶和啮入、啮出端的棱边接触
9	45	40	

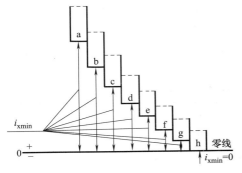

图 18-3　蜗杆传动的侧隙种类

三、蜗杆传动的侧隙

蜗杆传动的最小侧隙种类分为八种：a、b、c、d、e、f、g 和 h。a 种的最小法向侧隙最大，依次减小，h 为零，如图 18-3 所示，其种类与精度等级无关。种类的选择是根据工作条件和使用要求选定蜗杆传动应保证的最小法向侧隙，侧隙种类用代号（字母）表示，各种侧隙的最小法向侧隙 j_{nmin} 值按表 18-41 的规定选取。

表 18-41　传动的最小法向侧隙 j_{nmin}　　　　（单位：μm）

传动中心距 a/mm		侧 隙 种 类							
大于	至	h	g	f	e	d	c	b	a
	≤30	0	9	13	21	33	52	84	130
30	50	0	11	16	25	39	62	100	160
50	80	0	13	19	30	46	74	120	190
80	120	0	15	22	35	54	87	140	220
120	180	0	18	25	40	63	100	160	250
180	250	0	20	29	46	72	115	185	290

注：传动的最小圆周侧隙。

$$j_{tmin} \approx j_{nmin}/\cos\gamma' \cdot \cos a_n$$

式中，γ' 为蜗杆节圆柱导程角；a_n 为蜗杆法向齿形角。

传动的最小法向侧隙由蜗杆齿厚的减薄量来保证，即取蜗杆齿厚上偏差 $E_{ss1} = -(j_{nmin}/\cos a_n + E_{s\Delta})$，蜗杆齿厚下偏差 $E_{si1} = E_{ss1} - T_{s1}$（其中，$E_{s\Delta}$ 为蜗杆制造误差对 E_{ss1} 的补偿部分，见表 18-42；T_{s1} 为蜗杆齿厚公差，见表 18-43）。最大法向侧隙由蜗杆、蜗轮齿厚公差 T_{s1}、T_{s2} 确定，蜗轮齿厚上偏差 $E_{ss2} = 0$，齿厚下偏差 $E_{si2} = -T_{s2}$（其中，T_{s2} 为蜗轮齿厚公差，见表 18-43）。

表 18-42　蜗杆齿厚上偏差（E_{ss1}）中的制造误差补偿部分 $E_{s\Delta}$　　　　（单位：μm）

传动中心距 a/mm		精度等级											
		7				8				9			
		模数 m/mm											
		大于～至											
大于	至	1～	3.5～6.3	6.3～	10～	1～	3.5～6.3	6.3～	10～	1～	3.5～6.3	6.3～	10～
50	80	50	58	65	—	58	75	90	—	90	100	120	—
80	120	56	63	71	80	63	78	90	110	95	105	125	160
120	180	60	68	75	85	68	80	95	115	100	110	130	165
180	250	71	75	80	90	75	85	100	115	110	120	140	170

表 18-43　蜗杆齿厚公差 T_{s1} 和蜗轮齿厚公差 T_{s2}　(单位：μm)

蜗杆分度圆直径 d_1/mm	蜗轮分度圆直径 d_2/mm	模数 m/mm		蜗杆齿厚公差 T_{s1}			蜗轮齿厚公差 T_{s2}		
				精度等级					
		大于	至	7	8	9	7	8	9
任意	>125～140	1	3.5	45	53	67	100	120	140
		3.5	6.3	56	71	90	120	140	170
		6.3	10	71	90	110	130	160	190
		10	16	95	120	150	140	170	210

注：1. T_{s1} 按蜗杆第Ⅱ公差组精度等级确定；T_{s2} 按蜗轮第Ⅱ公差组精度等级确定。

2. 当传动最大法向侧隙 j_{nmax} 无要求时，允许 T_{s1} 增大，最大不超过表中值的 2 倍。

3. 在最小侧隙能保证的条件下，T_{s2} 公差带允许采用对称分布。

四、蜗杆和蜗轮的齿坯公差

蜗杆、蜗轮的齿坯公差包括基准孔或轴颈的尺寸公差和基准面的形位公差（表 18-44）。在加工、检验和安装时的径向、轴向基准面应尽量一致，并应在相应的零件工作图上予以标注。

表 18-44　蜗杆和蜗轮齿坯的尺寸和形状公差

精度等级		6	7	8	9	10
孔	尺寸公差	IT6	IT7		IT8	
	形状公差	IT5	IT6		IT7	
孔	尺寸公差					
	形状公差	IT4	IT5		IT6	
齿顶圆直径公差		IT8			IT9	

注：1. 当三个公差组的精度等级不同时，按最高精度等级确定公差。

2. 当以齿顶圆作为测量齿厚基准时，齿顶圆也为蜗杆、蜗轮的齿坯基准面。当齿顶圆不作测量齿厚基准时，其尺寸公差按 IT11 确定，但不得大于 0.1mm。

表 18-45　蜗杆和蜗轮齿坯基准面径向和端面跳动公差　(单位：μm)

基准面直径 d/mm	精　度　等　级		
	6	7、8	9
≤31.5	4	7	10
31.5～63	6	10	16
62～125	8.5	14	22
125～400	11	18	28
400～80	14	22	36

注：1. 当三个公差组的精度等级不同时，按最高精度等级查取公差。

2. 当以齿顶圆作为测量齿厚基准时，也即为蜗杆、蜗轮的齿坯基准面。

五、标注示例

1. 蜗杆和蜗轮

标准规定，在蜗杆和蜗轮的工作图上应分别标注精度等级、齿厚极限偏差或相应的侧隙种类代号和国家标准代号，其标注示例如下。

① 蜗杆的第Ⅰ、Ⅱ、Ⅲ公差组的精度等级为 8 级，齿厚极限偏差为标准值，相配的侧隙种类为 c，其标注为

蜗杆 8　c　GB/T 10089—1988

c——侧隙种类代号

8——第Ⅰ、Ⅱ、Ⅲ公差组的精度等级

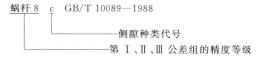

② 在标注为"蜗杆 7 e GB/T 10089—1988"中，当齿厚极限偏差为非标准值，如上偏差为$-0.35mm$、下偏差为$-0.55mm$，则标注为

蜗杆　$7\binom{-0.35}{-0.55}$　GB/T 10089/T—1988

③ 蜗轮的第Ⅰ公差组的精度为 5 级，第Ⅱ、Ⅲ公差组的精度等级 6 级，齿厚极限偏差为标准值，相配的侧隙种类为 f，其标注为

④ 蜗轮的三个公差组精度同为 8 级，齿厚极偏差为标准值，相配的侧隙种类为 c，其标注为

蜗轮　8　c　GB/T 10089—1988

⑤ 蜗轮的齿厚无公差要求，则标注为

蜗轮 7-8-8　GB/T 10089—1988

2. 传动

对传动，应标注相应的精度等级、侧隙种类代号和本标准代号，其标注示例如下。

① 传动的第Ⅰ公差组的精度为 5 级，第Ⅱ、Ⅲ公差组的精度等级 6 级，相配的侧隙种类为 f，其标注为

② 若①中的侧隙为非标准值，如 $j_{nmin}=0.03mm$，$j_{nmax}=0.06mm$ 则标注为

传动　$5\text{-}6\text{-}6\binom{0.03}{0.06}$　GB/T 10089—1988

第三篇 设计题目与参考图例

本篇给出了 21 个设计题目和 16 个参考图例。设计题目是按照培养学生机械系统总体方案设计能力需要和教学改革的成果新拟定的，设计内容不仅包括机械传动装置的设计，而且要求拟定总体方案并对执行机构进行运动和动力学分析，还包括传统设计题目。参考图例包括多种一级和二级减速器装配图和零件图，供设计时参考。

第十九章 设计题目

第一节 第一类课程设计题目

一、带式运输机传动装置

题目 1 带式运输机的展开式两级圆柱齿轮减速器设计

1. 已知条件

带式运输机传动系统的运动简图如图 19-1 所示，它是展开式两级圆柱齿轮减速器。带式运输机连续单向运转，载荷变化不大，空载启动；输送带速度允许误差为 ±5%，工作机效率为 0.95；带式运输机在室内工作，有粉尘；每日两班制工作，每班 8 小时；使用期限为 10 年，大修周期为 3 年；在中小型机械厂小批量生产。

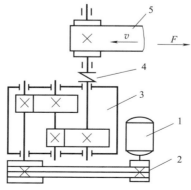

图 19-1 题目 1 传动系统运动简图

1—电动机；2—V 带传动；3—两级圆柱齿轮减速器；4—联轴器；5—带式运输机

2. 设计原始数据

设计原始数据列于表 19-1。

表 19-1 两级圆柱齿轮减速器设计原始数据

题　号	1-1	1-2	1-3	1-4	1-5	1-6	1-7	1-8	1-9	1-10
输送带工作拉力 F/kN	1.5	1.6	1.8	2.0	2.2	2.4	2.5	2.8	3.0	2.9
输送带速度 v/(m·s^{-1})	1.3	1.3	1.4	1.4	1.5	1.3	1.4	1.5	1.6	1.6
输送带卷筒直径 D/mm	250	280	280	300	300	300	300	320	340	330

3. 设计任务

① 设计带式运输机的两级圆柱齿轮减速器装配图 1 张。

② 绘制输出轴、大齿轮的零件图各 1 张。

③ 编写设计说明书 1 份。

题目 2　带式运输机上的两级圆锥-圆柱齿轮减速器设计

1. 已知条件

带式运输机传动系统运动简图如图 19-2 所示。带式运输机连续单向运转，载荷变化不大，空载启动；输送带速度允许误差为 ±5%，工作机效率为 0.95；带式运输机在室内工作，环境最高温度为 35℃，有粉尘；每日两班制工作，每班 8 小时；使用期限为 10 年，大修周期为 3 年；在中小型机械厂小批量生产。

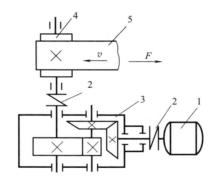

图 19-2　题目 2 传动系统运动简图

1—电动机；2—联轴器；3—圆锥-圆柱齿轮减速器；4—卷筒；5—带式运输机

2. 设计原始数据

设计原始数据列于表 19-2。

表 19-2　两级圆锥-圆柱齿轮减速器设计原始数据

题　号	2-1	2-2	2-3	2-4	2-5	2-6	2-7	2-8	2-9	2-10
输送带工作拉力 F/kN	1.1	1.15	1.2	1.25	1.3	1.35	1.4	1.45	1.5	1.55
输送带速度 v/(m·s^{-1})	1.6	1.6	1.55	1.6	1.6	1.5	1.45	1.6	1.5	1.5
运输带卷筒直径 D/mm	280	285	280	290	300	295	280	300	295	290

3. 设计任务

① 设计带式运输机上的两级圆锥-圆柱齿轮减速器装配图 1 张。

② 绘制输出轴、大齿轮的零件图各 1 张。

③ 编写设计说明书 1 份。

题目 3   带式运输机的展开式两级圆柱齿轮减速器设计

1. 已知条件

设计用于带式运输机的展开式两级圆柱齿轮减速器。带式运输机传动系统运动简图如图 19-3 所示。带式运输机连续单向运转，工作过程中有轻微振动，空载启动；输送带速度允许误差为 ±5%，工作机效率为 0.95；每日单班制工作，每天工作 8 小时；使用期限为 10 年，大修周期为 3 年；在中小型机械厂小批量生产。

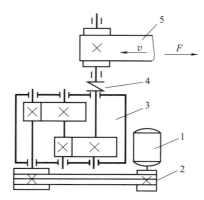

图 19-3   题目 3 传动系统运动简图

1—电动机；2—V 带传动；3—展开式两级圆柱齿轮减速器；4—联轴器；5—带式运输机

2. 设计原始数据

设计原始数据列于表 19-3。

表 19-3   两级圆柱齿轮减速器设计原始数据

题 号	3-1	3-2	3-3	3-4	3-5	3-6	3-7	3-8	3-9	3-10
运输机工作轴转矩 $T/(\text{N} \cdot \text{m})$	800	850	900	950	800	850	900	800	850	900
输送带速度 $v/(\text{m} \cdot \text{s}^{-1})$	1.2	1.25	1.3	1.35	1.4	1.45	1.2	1.3	1.55	1.4
输送带卷筒直径 D/mm	360	370	380	390	400	410	360	370	380	390

3. 设计任务

① 设计带式运输机的展开式两级圆柱齿轮减速器装配图 1 张。

② 绘制输出轴、大齿轮的零件图各 1 张。

③ 编写设计说明书 1 份。

题目 4   带式运输机的同轴式两级圆柱齿轮减速器设计

1. 已知条件

设计用于带式运输机的同轴式两级圆柱齿轮减速器。带式运输机传动系统运动简图如图 19-4 所示。带式运输机连续单向运转，工作过程中有轻微振动，空载启动；输送带速度允许误差为 ±5%，工作机效率为 0.95；带式运输机工作中有粉尘；每日两班制工作，每班 8 小时；使用期限为 10 年，大修周期为 3 年；在中小型机械厂小批量生产。

2. 设计原始数据

设计原始数据列于表 19-4。

3. 设计任务

① 设计带式运输机的同轴式两级圆柱齿轮减速器装配图 1 张。

② 绘制输出轴、大齿轮的零件图各 1 张。

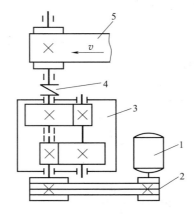

图 19-4 题目 4 传动系统运动简图

1—电动机；2—V 带传动；3—同轴式两级圆柱齿轮减速器；4—联轴器；5—带式运输机

表 19-4 两级圆柱齿轮减速器设计原始数据

题　　号	4-1	4-2	4-3	4-4	4-5	4-6	4-7	4-8	4-9	4-10
运输机工作轴转矩 $T/(\text{N} \cdot \text{m})$	1200	1250	1300	1350	1400	1450	1500	1250	1300	1350
输送带速度 $v/(\text{m} \cdot \text{s}^{-1})$	1.4	1.45	1.5	1.55	1.6	1.4	1.45	1.5	1.55	1.6
运输带卷筒直径 D/mm	430	420	450	480	490	420	450	440	420	470

③ 编写设计说明书 1 份。

题目 5 带式运输机的蜗杆减速器设计

1. 已知条件

设计用于带式运输机的蜗杆减速器。带式运输机传动系统运动简图如图 19-5 所示。带式运输机连续单向运转，工作过程中有轻微振动，空载启动；输送带速度允许误差为 ±5%，工作机效率为 0.95；每日单班制工作，每天工作 8 小时；使用期限为 10 年，检修期间隔为 3 年。在中小型机械厂小批量生产。

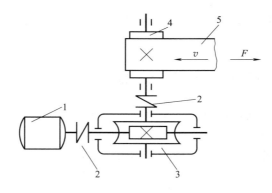

图 19-5 题目 5 传动系统运动简图

1—电动机；2—联轴器；3—蜗杆减速器；4—卷筒；5—带式运输机

2. 设计原始数据

设计原始数据列于表 19-5。

表 19-5　蜗杆减速器设计原始数据

题　　号	5-1	5-2	5-3	5-4	5-5	5-6	5-7	5-8	5-9	5-10
输送带工作拉力 F/kN	2.2	2.3	2.4	2.5	2.3	2.4	2.5	2.3	2.4	2.5
输送带速度 $v/(m \cdot s^{-1})$	1.0	1.0	1.0	1.1	1.1	1.1	1.1	1.2	1.2	1.2
运输带卷筒直径 D/mm	380	390	400	400	410	420	390	400	410	420

3. 设计任务

① 设计带式运输机的蜗杆减速器装配图 1 张。

② 绘制输出轴、蜗轮的零件图各 1 张。

③ 编写设计说明书 1 份。

题目 6　带式运输机斜齿圆柱齿轮减速器设计

1. 已知条件

该带式运输机传动系统的运动简图如图 19-6 所示，电动机的位置自行确定。带式运输机连续单向运转，工作过程中有轻微振动，空载启动；输送带速度允许误差为 ±5%，工作机效率为 0.97；每日三班制工作，每班工作 4 小时；使用期限 10 年，每年工作 300 天；检修期间隔为 3 年；在中小型机械厂小批量生产。

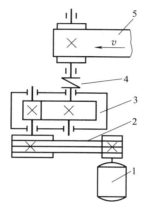

图 19-6　题目 6 传动系统运动简图

1—电动机；2—V 带传动；3—斜齿圆柱齿轮减速器；4—联轴器；5—带式运输机

2. 设计原始数据

设计原始数据列于表 19-6。

表 19-6　斜齿圆柱齿轮减速器设计原始数据

题　　号	6-1	6-2	6-3	6-4	6-5	6-6	6-7	6-8	6-9	6-10
输送带工作拉力 F/kN	1.5	1.8	2	2.2	2.4	2.6	2.8	2.3	2.6	2.7
输送带速度 $v/(m \cdot s^{-1})$	1.6	1.6	1.55	1.6	1.6	1.5	1.7	1.6	1.5	1.5
运输带卷筒直径 D/mm	280	270	280	290	300	275	300	270	295	290

3. 设计任务

① 设计带式运输机斜齿圆柱齿轮减速器装配图 1 张。

② 绘制输出轴、大齿轮的零件图各 1 张。

③ 编写设计说明书 1 份。

题目7 带式运输机传动装置的设计

1. 已知条件

该带式运输机用于锅炉房运煤，带式运输机传动系统运动简图如图 19-7 所示，电动机的位置自行确定。带式运输机连续单向运转，工作过程中有轻微振动，空载启动；输送带速度允许误差为 ±5%，工作机效率为 0.97；每日三班制工作，每班工作 4 小时；使用期限为 10 年，每年工作 300 天；检修期间隔为 3 年；在中小型机械厂小批量生产。

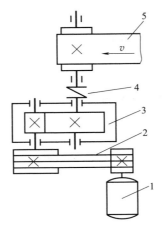

图 19-7　题目7传动系统运动简图

1—电动机；2—V 带传动；3—斜齿圆柱齿轮减速器；4—联轴器；5—带式运输机

2. 设计原始数据

设计原始数据列于表 19-7。

表 19-7　斜齿圆柱齿轮减速器设计原始数据

题　　号	7-1	7-2	7-3	7-4	7-5	7-6	7-7	7-8	7-9	7-10
输送带工作拉力 F/kN	1.1	1.1	1.2	1.2	1.3	1.3	1.4	1.5	1.5	1.6
输送带速度 v/(m·s^{-1})	1.6	1.6	1.7	1.5	1.5	1.6	1.5	1.6	1.7	1.8
运输带卷筒直径 D/mm	250	260	270	240	250	260	250	260	280	300

3. 设计任务

① 设计锅炉房运煤带式运输机斜齿圆柱齿轮减速器装配图 1 张。

② 绘制输出轴、大齿轮的零件图各 1 张。

③ 编写设计说明书 1 份。

题目8 带式运输机传动装置的设计

1. 已知条件

带式运输机传动系统运动简图如图 19-8 所示，电动机的位置自行确定。带式运输机连续单向运转，载荷变化不大，空载启动；输送带速度允许误差为 ±5%，工作机效率为 0.97；带式运输机在室内工作，环境最高温度为 35℃，有粉尘；每日两班制工作，每班 8 小时；使用期限为 10 年，大修周期为 3 年；在中小型机械厂小批量生产。

2. 设计原始数据

设计原始数据列于表 19-8。

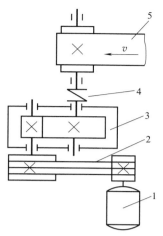

图 19-8　题目 8 传动系统运动简图

1—电动机；2—V 带传动；3—圆柱齿轮减速器；4—联轴器；5—带式运输机

表 19-8　圆柱齿轮减速器设计原始数据

题　号	8-1	8-2	8-3	8-4	8-5	8-6	8-7	8-8	8-9	8-10
输送带工作拉力 F/kN	1.5	1.8	2	2.2	2.4	2.6	2.8	2.8	2.7	2.5
输送带速度 v/(m·s^{-1})	1.5	1.5	1.6	1.6	1.7	1.7	1.8	1.8	1.5	1.4
卷筒直径 D/mm	250	260	270	280	300	320	320	300	300	300

3. 设计任务

① 设计带式运输机圆柱齿轮减速器装配图 1 张。

② 绘制输出轴、大齿轮的零件图各 1 张。

③ 编写设计说明书 1 份。

二、链式运输机传动装置

题目 9　化工车间链板式运输机的传动装置设计

1. 已知条件

链板式运输机由电动机驱动。电动机转动经传动装置带动链板式运输机的驱动链轮转动，拖动输送链移动，运送原料或产品，传动系统运动简图如图 19-9 所示。整机结构要求：电动机轴与运输机的驱动链轮主轴平行放置；使用寿命为 5 年，每日两班制工作，连续运转，单向转动，载荷平稳；允许输送链速度偏差为 ±5%，工作机效率为 0.95；该机由机械厂小批量生产。

2. 设计原始数据

设计原始数据列于表 19-9。

表 19-9　化工车间链板式运输机设计原始数据

题　号	9-1	9-2	9-3	9-4	9-5	9-6	9-7	9-8
输送链拉力 F/N	4800	4500	4200	4000	3800	3500	3200	3000
输送链速度 v/(m·s^{-1})	0.7	0.8	0.9	1.0	1.0	1.1	1.1	1.2
驱动链轮直径 D/mm	350	360	370	380	390	400	410	430

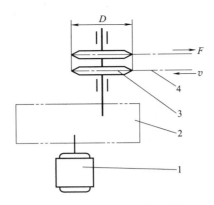

图 19-9　题目 9 链板式运输机的传动系统运动示意图
1—电动机；2—传动装置；3—驱动链轮；4—输送链

3. 设计任务

① 设计化工车间链板式运输机的传动装置装配图 1 张。

② 绘制轴、齿轮的零件图各 1 张。

③ 编写设计说明书 1 份。

题目 10　热处理车间链板式运输机的传动装置设计

1. 已知条件

链板式运输机由电动机驱动。电动机转动经传动装置带动链板式运输机的驱动链轮转动，拖动输送链移动，运送热处理零件。传动系统运动简图如图 19-10 所示。

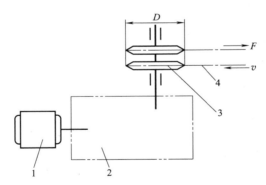

图 19-10　题目 10 链板式运输机的传动系统运动示意图
1—电动机；2—传动装置；3—驱动链轮；4—输送链

整机结构要求：要求结构紧凑，电动机轴与运输机的驱动链轮主轴垂直布置；使用寿命为 10 年，每日两班制工作，连续运转，单向转动，载荷平稳；允许输送链速度偏差为 ±5%，工作机效率为 0.95；该机由机械厂小批量生产。

2. 设计原始数据

设计原始数据列于表 19-10。

3. 设计任务

① 设计热处理车间链板式运输机的传动装置装配图 1 张。

② 绘制轴、齿轮的零件图各 1 张。

③ 编写设计说明书 1 份。

表 19-10　热处理车间链板式运输机设计原始数据

题　号	10-1	10-2	10-3	10-4	10-5	10-6	10-7	10-8
输送链拉力 F/N	2500	2400	2300	2200	2100	2000	1900	1800
输送链速度 $v/(\mathrm{m \cdot s^{-1}})$	1.2	1.25	1.3	1.35	1.4	1.45	1.5	1.55
驱动链轮直径 D/mm	200	210	220	230	240	250	260	270

三、卷扬机传动装置

题目 11　单筒卷扬机的传动装置设计

1. 已知条件

该单筒卷扬机的工作示意图如图 19-11 所示。每日采用双班制连续工作，中等振动，使用年限为 5 年，要求电动机轴线与鼓轮轴线平行。

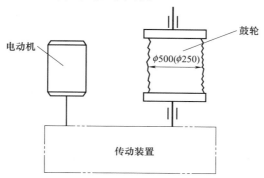

图 19-11　题目 11 单筒卷扬机的工作示意图

2. 设计原始数据

设计原始数据列于表 19-11。

表 19-11　单筒卷扬机设计原始数据

题　号	11-1	11-2	11-3	11-4	11-5	11-6	11-7	11-8
工作机输入功率 P/kW	3.4	3.6	3.8	4.0	4.2	4.4	4.6	4.8
工作机输入转速 $n/(\mathrm{r \cdot min^{-1}})$	32	34	36	38	40	32	34	36
题　号	11-9	11-10	11-11	11-12	11-13	11-14	11-15	11-16
工作机输入功率 P/kW	5.0	5.2	5.4	5.6	5.8	6.0	6.2	6.4
工作机输入转速 $n/(\mathrm{r \cdot min^{-1}})$	38	40	32	34	36	38	40	32

3. 设计任务

① 设计单筒卷扬机的传动装置装配图 1 张。

② 绘制输出轴、齿轮的零件图各 1 张。

③ 编写设计说明书 1 份。

四、电动绞车传动装置

题目 12　电动绞车的传动装置设计

1. 已知条件

该电动绞车的工作示意图如图 19-12 所示。要求电动机轴线与卷筒轴线平行；电动绞车

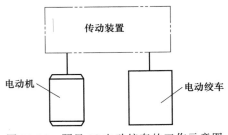

图 19-12　题目 12 电动绞车的工作示意图

载荷平稳，每日双班制工作，使用年限为 6 年。

2. 设计原始数据

设计原始数据列于表 19-12。

表 19-12　电动绞车设计原始数据

题　号	12-1	12-2	12-3	12-4	12-5	12-6	12-7	12-8	12-9	12-10
卷筒圆周力 F/kN	3	3.4	4	4.3	5	20	22	25	28	30
卷筒转速 $n/(\mathrm{r \cdot min^{-1}})$	45	50	55	60	65	60	55	50	45	40
卷筒直径 D/mm	500	450	400	350	350	350	350	400	400	500

3. 设计任务

① 设计电动绞车的传动装置装配图 1 张。

② 绘制输出轴、齿轮的零件图各 1 张。

③ 编写设计说明书 1 份。

五、螺旋运输机的传动装置

题目 13　螺旋运输机的传动装置设计

1. 已知条件

图 19-13 所示为螺旋运输机的六种传动方案。该运输机为每日两班制工作，连续单向运转，用于输送散粒物料，如谷物、型砂、煤等，工作载荷较平稳，使用寿命为 8 年，每年 300 个工作日。在一般机械厂小批量生产制造。

2. 设计原始数据

设计原始数据列于表 19-13。

表 19-13　螺旋运输机的设计原始数据

题　号	13-1	13-2	13-3	13-4	13-5	13-6
方案编号	图 19-13(a)	图 19-13(b)	图 19-13(c)	图 19-13(d)	图 19-13(e)	图 19-13(f)
输送螺旋转速 $n/(\mathrm{r \cdot min^{-1}})$	170	160	150	140	130	120
输送螺旋所受阻力矩 $T/(\mathrm{N \cdot m})$	100	95	90	85	80	75

3. 设计任务

① 设计螺旋运输机传动装置装配图 1 张。

② 绘制输出轴、齿轮（或者蜗轮）的零件图各 1 张。

③ 编写设计说明书 1 份。

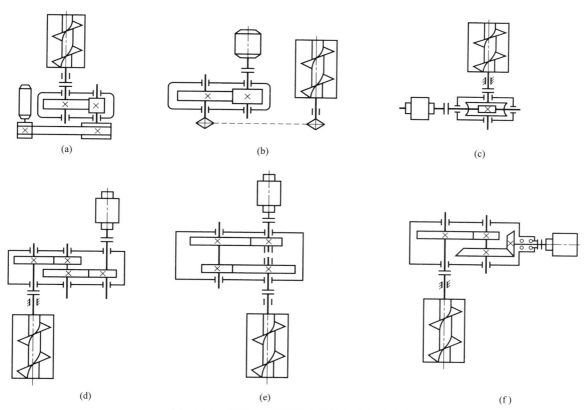

图 19-13　题目 13 螺旋运输机的六种传动方案

第二节　第二类课程设计题目

一、　热处理装料机

题目 14　热处理装料机传动装置设计

1. 已知条件

热处理装料机用于向加热炉内送料，工作原理如图 19-14 所示。由电动机驱动，室内工作，通过传动装置使装料机推杆做往复移动，将物料送入加热炉内；动力源为三相交流 380/220V，电动机单向运转，载荷较平稳；使用期限为 10 年，大修周期为 3 年，每日双班制工作；生产厂家具有加工 7、8 级精度的齿轮、蜗轮的能力；生产批量为 5 台。

2. 设计原始数据

设计原始数据列于表 19-14。

表 19-14　热处理装料机设计原始数据

题　　　号	14-1	14-2	14-3	14-4	14-5	14-6	14-7	14-8
曲柄的功率 P/kW	2.5	2.75	3.0	3.25	3.5	4.0	5.0	6.0
曲柄的角速度 ω/(rad·s⁻¹)	3.2	3.6	3.8	4.0	4.25	4.3	5.2	5.5

3. 设计任务

① 设计热处理装料机传动装置装配图 1 张。

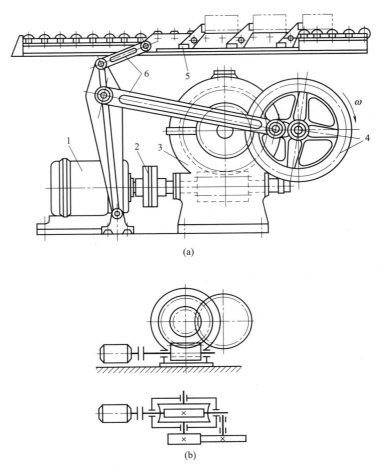

(a)

(b)

图 19-14 题目 14 热处理装料机工作原理图

1—电动机；2—联轴器；3—蜗杆减速器；4—齿轮传动；5—装料机推杆；6—四连杆机构

② 绘制轴、齿轮的零件图各 1 张。

③ 编写设计说明书 1 份。

二、飞剪机

题目 15　飞剪机传动装置设计

1. 已知条件

飞剪机主要用于轧件的剪切，其机械系统部分如图 19-15 所示。飞剪机每日两班制工作，电动机单向运转，启动频繁，使用期限为 10 年。在专业机械厂制造，小批量生产。

设计要求：在轧件运动方向上剪刃的速度等于或略大于轧件运动速度；一对剪切刀片在剪切过程中做平移运动；剪刃的运动轨迹是封闭曲线，且在剪切段尽量平直，剪切过程中剪切速度均匀。

2. 设计原始数据

设计原始数据列于表 19-15。

3. 设计任务

① 设计飞剪机传动装置装配图 1 张。

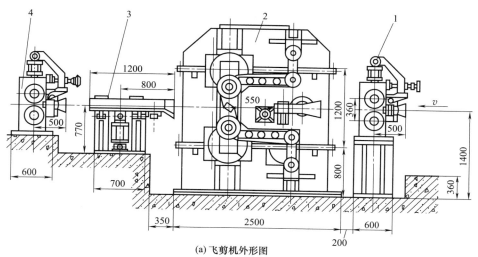

(a) 飞剪机外形图

1—夹送测量辊; 2—飞剪机本体; 3—卸料导槽; 4—夹尾测量辊

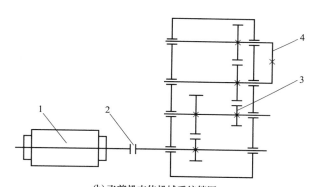

(b) 飞剪机本体机械系统简图

1—电动机; 2—联轴器; 3—传动齿轮箱; 4—剪切机构

图 19-15　飞剪机外形图及机械系统设计参考图

表 19-15　飞剪机传动装置设计原始数据

题　　号	15-1	15-2	15-3	15-4
公称最大剪切力 F/kN	400	450	500	600
剪切轧件规格/mm	60×60	65×65	70×70	75×75
剪切速度 v/(m·s^{-1})	0.5~3	0.5~3	0.5~3	0.5~3

② 绘制输出轴、齿轮的零件图各 1 张。

③ 编写设计说明书 1 份。

三、搓丝机

题目 16　搓丝机传动装置设计

1. 已知条件

搓丝机用于加工轴辊螺纹，其工作原理示意图如图 19-16 所示。在起始（前端）位置时，送料装置将工件送入安装在机头上的上搓丝板和安装在滑块上的下搓丝板之间；加工

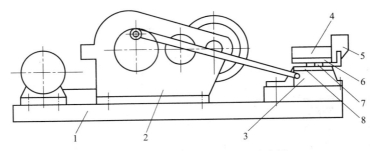

图 19-16　轴辊搓丝机工作原理示意图

1—床身；2—传动系统；3—滑块；4—机头；5—送料装置；6—上搓丝板；7—工作；8—下搓丝板

时，下搓丝板随滑块做往复运动，工件在上、下搓丝板之间滚动，搓制出与搓丝板相同的螺纹。两对搓丝板可同时搓出工件两端的螺纹。滑块往复运动一次，加工一件产品。搓丝机的设计条件为：每日两班制工作，室内工作；动力源为三相交流 380/220V，电动机单向运转，载荷较平稳；使用期限为 10 年，大修周期为 3 年；生产批量为 5 台，生产厂家具有加工 7、8 级精度的齿轮、蜗轮的能力。

2. 设计原始数据

设计原始数据列于表 19-16。

表 19-16　搓丝机传动装置设计原始数据

题　　号	16-1	16-2	16-3	16-4	16-5	16-7	16-8	16-9	16-10
最大加工直径/mm	6	8	10	8	10	12	10	12	16
最大加工长度/mm		160			180			200	
滑块行程/mm		300～320			320～340			340～360	
公称搓动力/kN		8			9			10	
生产率/(件·min⁻¹)		40			32			24	

3. 设计任务

① 制定搓丝机传动装置总体方案的设计和论证，绘制总体设计原理方案图 1 张，设计主传动装置装配图 1 张。

② 绘制主要传动零件图至少 3 张。

③ 编写设计说明书 1 份。

四、简易半自动三轴钻床

题目 17　简易半自动三轴钻床的主传动系统设计

1. 已知条件

该简易半自动三轴钻床的工作示意图如图 19-17 所示，三个钻头以相同的切削速度做切削主运动，安装工件的工作台做进给运动。每个钻头的切削阻力矩为 T，每个钻头轴向进给阻力为 F，被加工零件上三孔直径均为 D，每分钟加工两件；室内工作，动力源为三相交流 380/220V，电动机单向运转，载荷较平稳；使用期限为 10 年，大修周期为 3 年，每日双班制工作；在专业机械厂制造，生产厂家可加工 7、8 级精度的齿轮、蜗轮，生产批量为 5 台。

2. 设计原始数据

设计原始数据列于表 19-17。

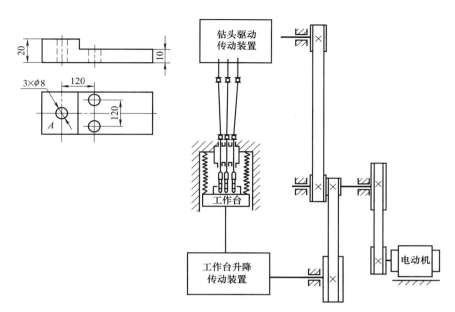

图 19-17　简易专用半自动三轴钻床传动装置设计参考图

表 19-17　简易专用半自动三轴钻床设计原始数据

题　号	17-1	17-2	17-3	17-4
切削速度 $v/(\text{m} \cdot \text{s}^{-1})$	0.23	0.22	0.21	0.20
孔径 D/mm	6	7	8	9
每个钻头切削阻力矩 $T/(\text{N} \cdot \text{m})$	100	110	120	130
切削时间/s	5	6	7	8
每个钻头轴向切削阻力 F/N	1220	1250	1280	1320

3. 设计任务

① 设计简易半自动三轴钻床的主传动装置装配图 1 张。

② 绘制轴、齿轮的零件图各 1 张。

③ 编写设计说明书 1 份。

第三节　第三类课程设计题目

一、滑动轴承座螺栓连接

题目 18　滑动轴承座螺栓连接设计

1. 已知条件

如图 19-18 所示，用两个螺栓将整体式径向滑动轴承座与底座相连接。工作时，作用于轴承中心的径向载荷 P 与水平面的夹角 $\alpha = 30°$，载荷较平稳。

2. 设计原始数据

设计原始数据列于表 19-18。

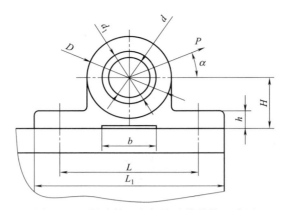

图 19-18　滑动轴承座螺栓连接结构尺寸图

表 19-18　滑动轴承座螺栓连接设计原始数据

题　号	轴承座尺寸/mm						载荷 P/kN	螺栓规格 d/mm
	d	d_1	D	H	h	轴承宽度 B		
18-1	30	38	60	40	20	50	2.5	M16
18-2	35	45	80	50	25	55	3.0	M16
18-3	40	50	80	50	25	60	3.5	M16
18-4	45	55	90	60	30	70	4.0	M20

3. 设计任务

① 确定螺栓安装尺寸和轴承座底面尺寸；进行螺栓组连接的受力分析，计算受力最大的螺栓所受的总拉力；进行螺栓连接的强度校核计算以及连接结合面工作条件的校核。

② 绘制滑动轴承座螺栓连接的装配图 1 张。

③ 编写设计说明书 1 份。

二、电动举高器

题目 19　电动举高器设计

1. 已知条件

设计一个电动举高器，如图 19-19 所示。要求其具有转移轻便灵活、工作方便可靠、初始高度可调的优点，常用于工作位置不固定或需将重物举高的场合。举高器要求在室外短时间间歇工作，工作中有中等冲击，使用三相交流电源，在一般机械厂制造，小批量生产。

2. 设计原始数据

设计原始数据列于表 19-19。

表 19-19　电动举高器设计原始数据

题　号	19-1	19-2	19-3	19-4	19-5
举起最大载重 W/kN	40	50	60	70	80
最大升距 h/mm	280	250	230	220	220
高度调节范围 h_1/mm	0～210	0～200	0～108	0～180	0～160
最大起重高度 H/mm	1000	950	910	910	900
起升速度 v/(mm·s^{-1})	2.5	2.3	2.3	2.1	2.0

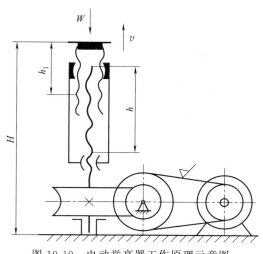

图 19-19　电动举高器工作原理示意图

3. 设计任务

① 绘制电动举高器装配图 1 张。

② 绘制主要传动零件图 2 张。

③ 编写设计说明书 1 份。

三、V 带传动

题目 20　V 带传动设计

1. 已知条件

如图 19-20 所示，主动带轮 1 装在电动机轴上，从动带轮 2 装在工作机轴上，两带轮中心的水平距离 a 等于大带轮直径 D_2 的两倍。

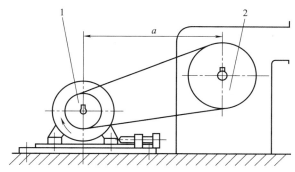

图 19-20　V 带传动装置设计简图

1—主动带轮；2—从动带轮

2. 设计原始数据

V 带传动设计原始数据列于表 19-20。

表 19-20　V 带传动设计原始数据

题　　号	19-1	19-2	19-3	19-4	19-5
电动机型号	Y100L2-4	Y112M-4	Y132S-4	Y132M-4	Y160M-4
工作机轴转速 $n_2/(\text{r} \cdot \text{min}^{-1})$	800	750	700	650	600
一天工作时间/h			16		

3. 设计任务

① 进行 V 带传动的设计计算；进行 V 带轮的结构设计；绘制主动带轮与轴的装配图 1 张。

② 绘制主动带轮零件图 1 张。

③ 编写设计说明书 1 份。

四、圆柱齿轮传动的轴系部件

题目 21　圆柱齿轮传动的轴系部件设计

1. 已知条件

闭式直齿圆柱齿轮减速器传动装置简图见图 19-21，轴承采用箱体内的稀油进行润滑。轴系部件的装配结构如图 19-22 所示。

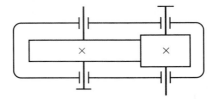

图 19-21　闭式直齿圆柱齿轮减速器传动装置简图

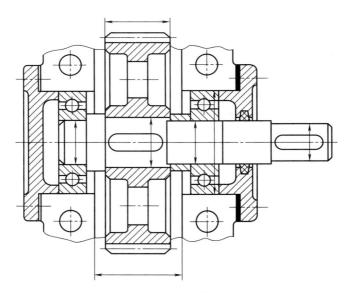

图 19-22　轴系部件装配图

2. 设计原始数据

设计原始数据见表 19-21。

表 19-21　圆柱齿轮传动的轴系部件设计原始数据

题　号	21-1	21-2	21-3	21-4	21-5
输出轴转速 $n_2/(\text{r} \cdot \text{min}^{-1})$	135	145	155	165	200
输出功率 P/kW	2.4	2.8	3.0	3.2	4.5
齿轮齿数 z_2	96	106	111	122	115

题　　号	21-1	21-2	21-3	21-4	21-5
齿轮模数 m/mm	2.5	2.5	2.5	2.5	2.5
齿轮宽度 b/mm	70	70	70	70	70
外伸轴头长度/mm	80	80	80	80	80
载荷变化情况	轻微冲击				
轴承寿命、工作温度	滚动轴承寿命8000h；工作温度<100℃				

3. 设计任务

① 确定齿轮的结构形式及尺寸，并计算齿轮上的作用力；按扭转强度估算轴的直径；进行轴的结构设计；进行轴、轴承和键连接的校核计算；进行滚动轴承组合的结构设计；绘制轴系部件装配图1张。

② 绘制轴的零件图1张。

③ 编写设计说明书1份。

第二十章 参考图例

第一节 常用减速器装配图示例

1. 一级圆柱齿轮减速器装配图

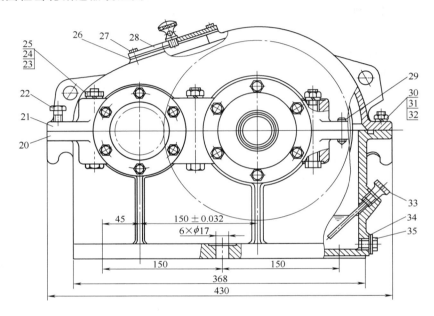

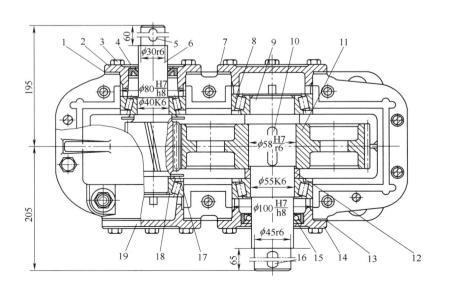

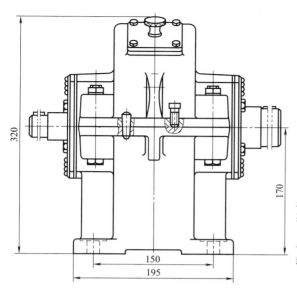

技术特性参数

输入功率/kW	高速轴转速/min	传动比
4	572	3.95

技术要求

　　1. 啮合侧隙大小用铅丝检验,保证侧隙不小于0.16mm。铅丝直径不得大于最小侧隙的两倍。

　　2. 用涂色法检验轮齿接触斑点,要求齿高接触斑点不小于40%,齿宽接触斑点不小于50%。

　　3. 应调整轴承的轴向间隙,ϕ40mm为0.05~0.1mm,ϕ55mm为0.08~0.15mm。

　　4. 箱内装全损耗全系统用油L-AN68至规定高度。

　　5. 箱座、箱盖及其他零件未加工的内表面,齿轮的未加工表面涂底漆并涂红色的耐油油漆。箱座、箱盖及其他零件未加工的外表面涂底漆并涂浅灰色油漆。

　　6. 运转过程中应平稳、无冲击、无异常振动和噪声。各密封处、结合面均不得渗油、漏油。剖分面允许涂密封胶或水玻璃。

15	GB 13871—1992	油封	1		
14	JSQ01-09	轴承端盖	1	HT150	
13	JSQ01-08	调整垫片	2组	08F	
12	JSQ01-07	套筒	1	Q235A	
11	JSQ01-06	齿轮	1	45	
10	GB/T 1096—2003	键	1	Q275A	16×63
9	JSQ01-05	轴	1	45	
8	GB/T 297—1994	滚动轴承	2		30211
7	JSQ01-04	轴承端盖	1	HT150	
6	JSQ01-03	齿轮轴	1	45	
5	GB/T 1096—2003	键	1	Q275A	8×50
4	GB/T 13871—1992	油封	1		
3	GB/T 5782—2000	螺栓	24	Q235A	M8×20
2	JSQ01-02	轴承端盖	1	HT150	M10×20
1	JSQ01-01	调整垫片	2	08F	

35	JSQ01-18	螺塞	1	Q235	M8×1.5
34	JSQ01-17	石棉橡胶纸	1		
33	JSQ10-16	油标	1	Q235A	
32	GB/T 93—1987	垫圈	2	65Mn	
31	GB/T 6170—2000	螺母	2	Q235A	M10
30	GB/T 5872—2000	螺栓	2	Q235A	M10×45
29	GB/T 117—2000	销	2	35	A8×30
28	JSQ01-15	视孔盖	1	Q215A	焊接件
27	GB/T 5872—2000	螺栓	4	Q235A	M6×16
26	JSQ01-14	轴承端盖	1	HT200	
25	GB/T 93—1987	垫片12		石棉橡胶纸	
24	GB/T 6170—2000	螺母	6	Q235A	M12
23	GB/T 5872—2000	螺栓	6	Q235A	M12×120
22	GB/T 5782—2000	螺栓	1	Q235A	M10×30
21	JSQ01-13	箱盖	1	HT150	
20	JSQ01-12	箱座	1	HT150	
19	JSQ01-11	轴承端盖	1	HT150	
18	GB/T 297—1994	轴承	2		30208
17	JSQ01-10	挡油盘	2	Q235	
16	GB/T 1096—2003	键	1	Q275A	14×56

序号	代　号	名称	数量	材料	备　注

盐城工学院

减速器装配图

JSQ01.0

共　张　第　张

图 20-1　一级圆柱齿轮减速器装配图

2. 一级圆锥齿轮减速器装配图

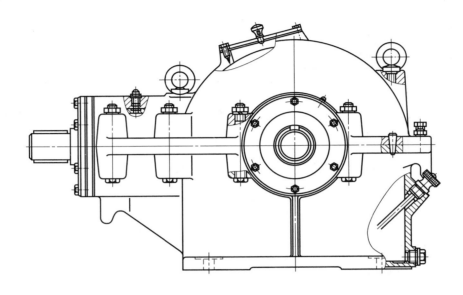

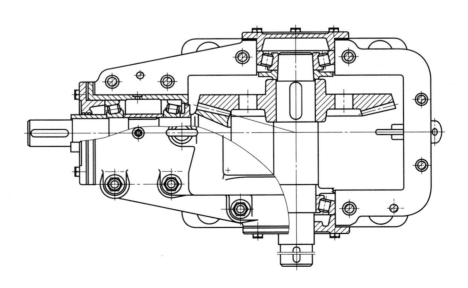

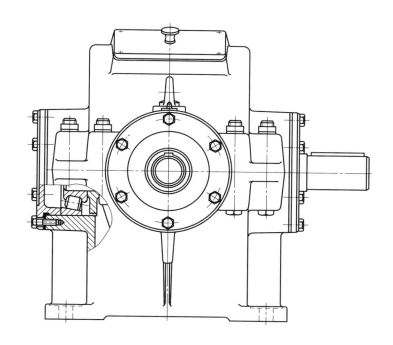

轴承部件结构方案

(1)   (3)

(2)

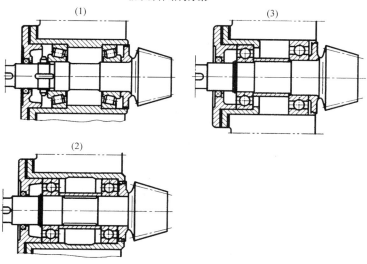

图 20-2   一级圆锥齿轮减速器装配图

3. 一级蜗杆下置减速器

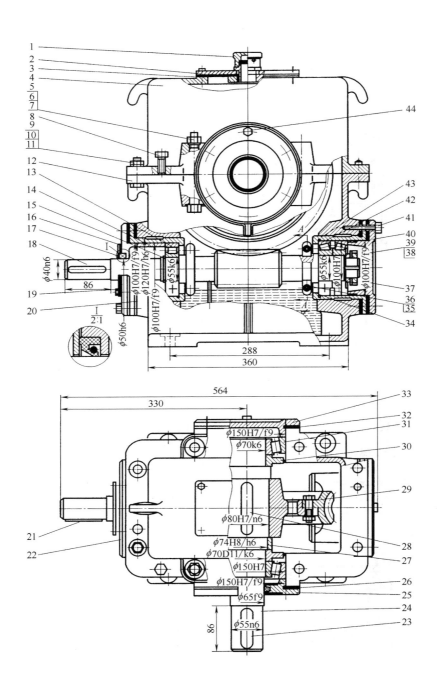

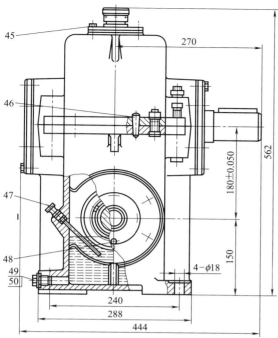

A—A

45

270

562

46

180±0.050

47

48

49

50

4-φ18

150

240

288

444

技术特性参数

输入功率/kW	输入转速/(r/min)	传动比 i	效率 η	传 动 特 性				
				γ	m	头数齿数	精度等级	
6	970	19.5	0.81	14°2'10″	8	z_1 2	传动 8 c GB 10089—1988	
						z_2 39		

技术要求

1. 装配之前,所有零件均用煤油清洗,滚动轴承用汽油清洗,未加工表面涂灰色油漆。

2. 啮合侧隙用铅丝检查,侧隙值不小于 0.10mm。

3. 用涂色法检查全面接触斑点,按齿高不得小于 55%,齿长不得小于 50%。

4. 30211A 轴承的轴向游隙为 0.05～0.10mm,30314 轴承的轴向游隙为 0.08～0.15mm。

5. 箱盖与箱座的接触面涂密封胶或水玻璃,不允许使用任何填料。

6. 箱座内装 CKE320 蜗轮蜗杆油至规定高度。

7. 装配后进行空载试验时,高速轴轴转速度为 1000r/min,正、反各运转1h,运转平稳,无撞击声,不漏油。进行负载试验时,油池温升不超过 60℃。

50	ZB70-62	油封垫	1	工业用革	30×20
49	JSQ01-23	油塞	1	Q235-A	30×1.6
48	GB/T 5782-23	螺栓	4	Q235-A	M6×16
47	JSQ01-22	油尺	1	Q235-A	
46	GB/T 118—2000	圆锥销	2	35	B8×40
45	GB/T 5782—2000	螺栓	6	Q235-A	M6×20
44	GB/T 5782—2000	螺栓	12	Q235-A	M8×25
43	JSQ01-21	套杯	2	HT150	
42	GB/T 297—1994	轴承	2		30211
41	GB/T 5782—2000	螺栓	1	Q235-A	M8×35
40	JSQ01-20	轴承端盖	1	HT200	
39	GB 858—1988	止动垫圈	1	Q235-A	50
38	GB/T 815—2000	圆螺母	1	Q235-A	M50×1.5

37	JSQ01-19	挡圈	1	Q235-A	
36	GB/T 6170—2000	螺母	4	Q235-A	M6
35	GB/T 5782—2000	螺栓	4	Q235-A	M6×20
34	JSQ01-18	甩油板	4	Q235-A	
33	JSQ01-17	轴承端盖	1	HT200	
32	JSQ01-16	调整垫片	2组	08F	
31	GB/T 297—1994	轴承	2		30314
30	GB/T 5872—2000	挡油盘	2	HT150	
29	JSQ01-15	蜗轮	1		组合件
28	GB/T 1096—2003	键	1	45	
27	JSQ01-14	套筒	1	Q235-A	
26	JB/ZQ 4606—1986	毡圈	1	羊毛毡	65
25	GB/T 93—1987	轴承端盖	1	HT200	
24	JSQ01-13	轴	1	45	
23	GB/T 1096—2003	键	1	45	16×80
22	JSQ01-12	轴承端盖	1	HT200	
21	GB/T 1096—2003	键	1	45	12×70
20	JSQ01-11	调整垫片	2组	08F	
19	JSQ01-10	调整垫片	2组	08F	
18	JSQ01-09	蜗杆油	1	45	
17	JSQ01-08	J形油封	1	橡胶	50×75×12
16	JSQ01-07	密封盖	1	Q235-A	
15	GB/T 893.1—1986	弹簧挡圈	1	65Mn	55
14	JSQ01-06	套筒	1	Q2345-A	
13	GB/T 297—1994	轴承	1		N211
12	JSQ01-05	箱座	1	HT200	
11	GB/T 93—1987	弹簧垫圈	4	65Mn	12
10	GB/T 6170—2000	螺母	4	Q235-A	M12
9	GB/T 5782—2000	螺栓	4	Q235-A	M12×45
8	GB/T 5782—2000	启盖螺钉	4	Q235-A	
7	GB/T 93—1987	弹簧垫圈	4	65Mn	16
6	GB/T 6170—2000	螺母	4	Q235-A	M16
5	GB/T 5782—2000	螺栓	4	Q235-A	M16×120
4	JSQ01-04	箱盖	1	HT200	
3	JSQ01-03	垫片	1	软钢纸板	
2	JSQ01-02	视孔盖	1	Q235-A	
1	JSQ01-01	通气器	1		组合件
序号	代 号	名 称	数量	材料	备 注

						盐城工学院
标记	处数	分区	更改文件号	签名	年月日	减速器装配图
设计			标准化			
审核				阶段标记	重量 比例	11
工艺			批准	共 张 第 张		JSQ 01.0

图 20-3 一级蜗杆下置减速器装配图

4. 一级蜗杆上置减速器

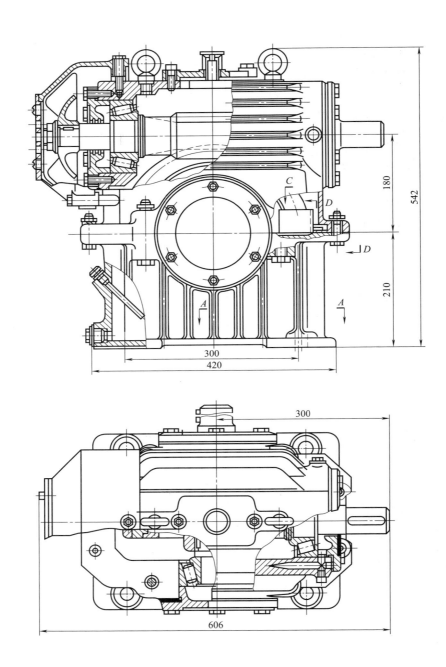

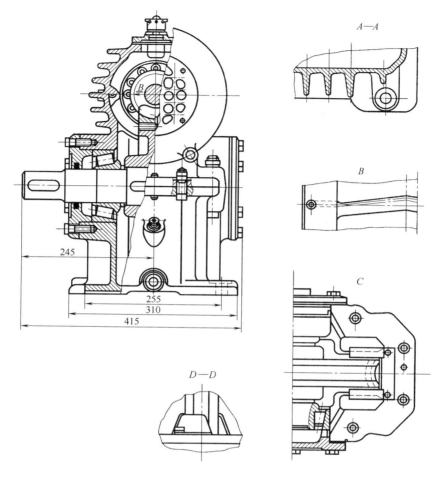

图 20-4   一级蜗杆上置减速器装配图

5. 二级展开式圆柱齿轮减速器

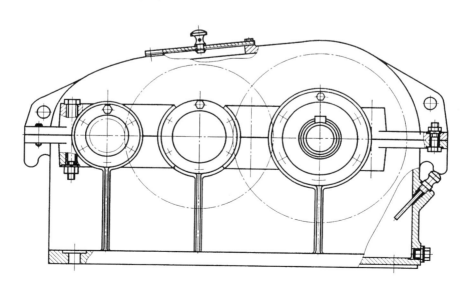

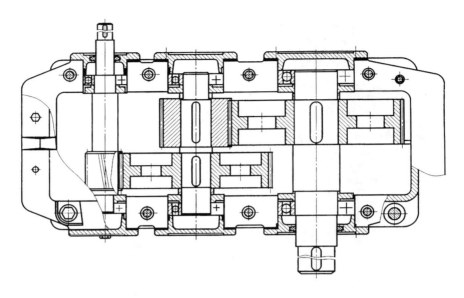

拆去窥视孔盖

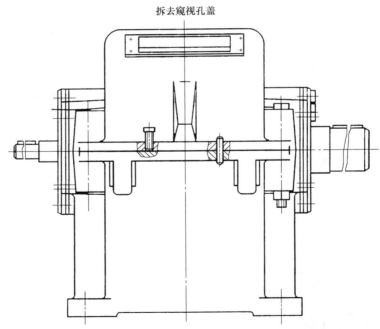

图 20-5   二级展开式圆柱齿轮减速器装配图

6. 二级同轴式圆柱齿轮减速器

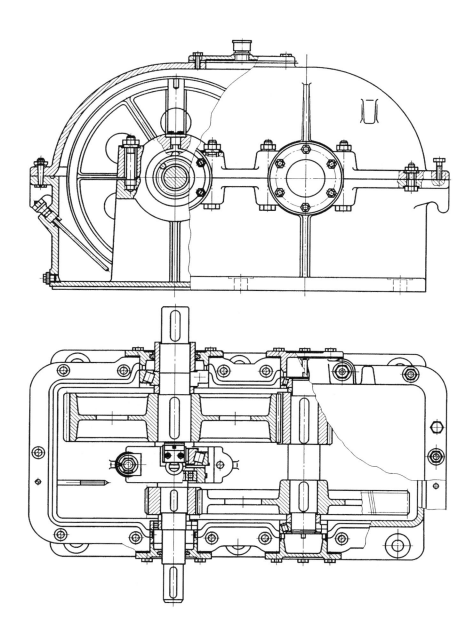

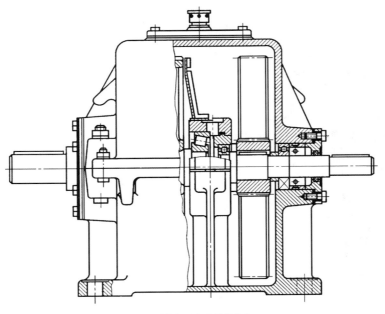

中间轴承部件结构方案

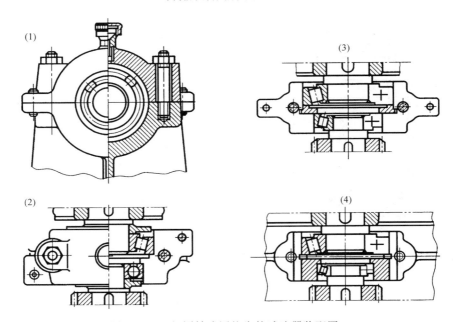

图 20-6　二级同轴式圆柱齿轮减速器装配图

7. 二级圆锥-圆柱齿轮减速器

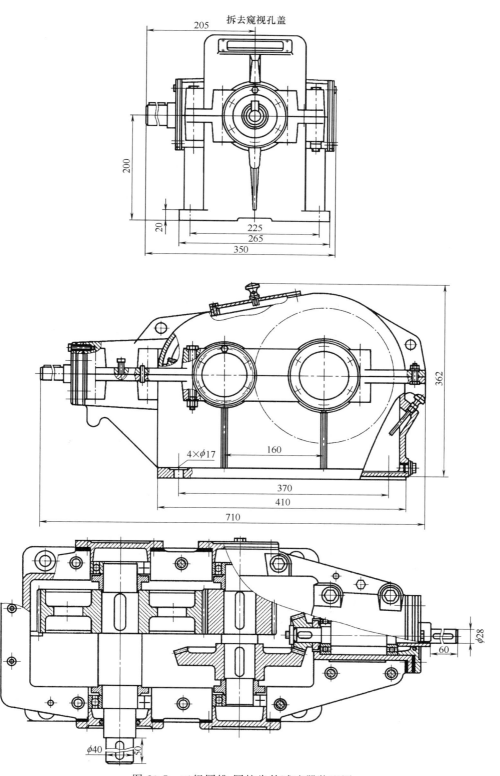

图 20-7　二级圆锥-圆柱齿轮减速器装配图

8. 二级齿轮-蜗杆减速器

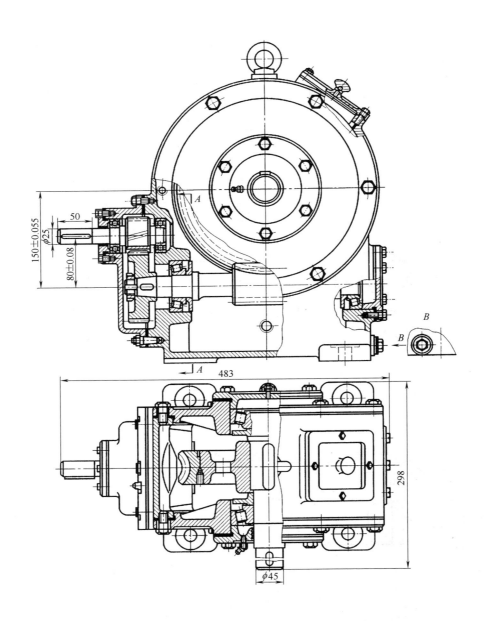

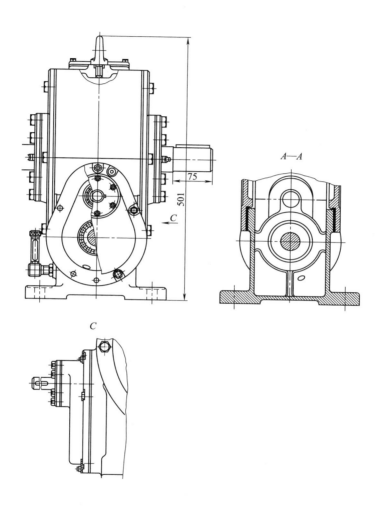

图 20-8　二级齿轮-蜗杆减速器装配图

第二节 常用减速器零件图示例

1. 圆柱齿轮

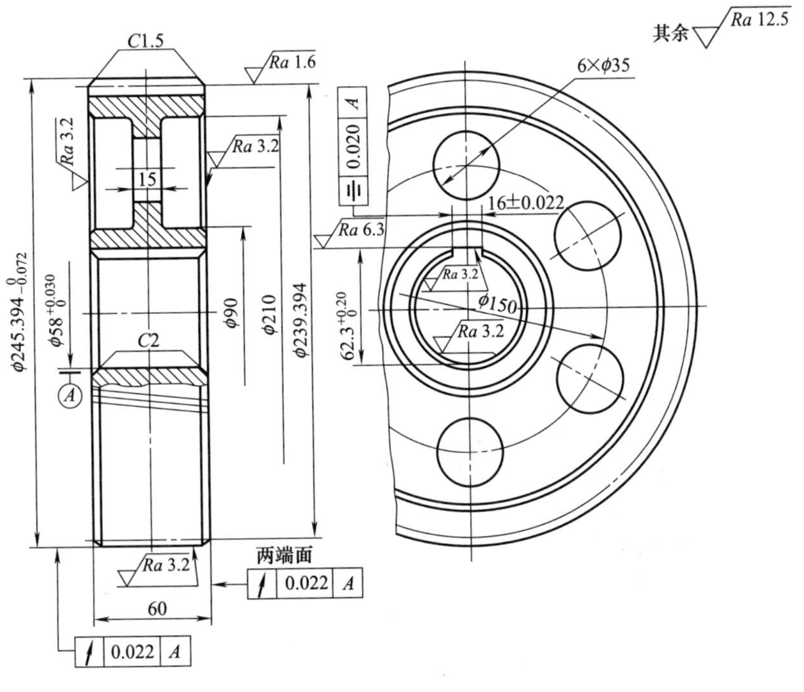

法向模数	m_n	3
齿数	z	79
法向压力角	α_n	20°
齿顶高系数	h_{an}^*	1
顶隙系数	c_n^*	0.25
螺旋角	β	8°6'34"
旋向		右
径向变位系数	x	0
精度等级		8 GB/T 10095.1—2008
		8 GB/T 10095.2—2008
齿轮副中心距及其极限偏差		150±0.032
配对齿轮	图号	
	齿数	20
检验项目	代号	允许值/mm
单个齿距极限偏差	±f_{pt}	±0.018
齿锯累积总公差	F_p	0.070
齿廓总公差	F_α	0.025
螺旋线总公差	F_β	0.029
公法线平均长度及其偏差		$78.694_{-0.168}^{-0.089}$
跨测齿数	K	9

技术要求：
1. 其余倒角为C2。
2. 未注圆角半径为R3。
3. 调质处理220~250HBS。

图 20-9 圆柱齿轮零件工作图

2. 圆柱齿轮轴

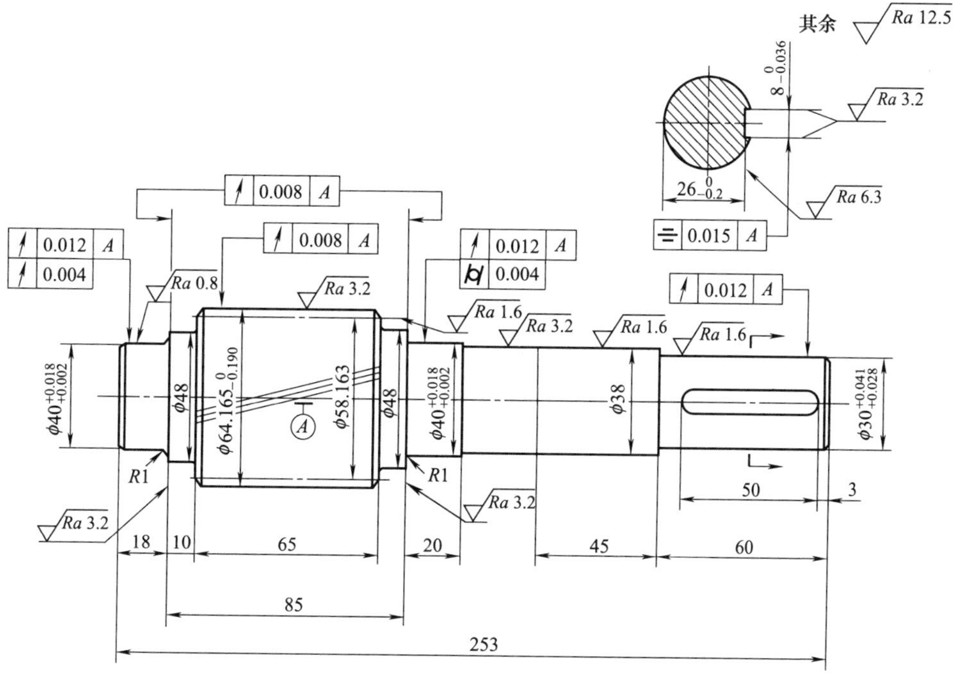

法向模数	m_n	3
齿数	z	19
齿形角	α	20°
齿顶高系数	h_a^*	1
螺旋角	β	11°28′42″
螺旋方向		左旋
径向变位系数	x	0
齿厚		$4.712^{-0.084}_{-0.140}$
精度等级	7 GB/T 10095.1—2008	
齿轮副中心距及其极限偏差	$a \pm f_a$	150±0.032
配对齿轮	图号	附图 12.3
	齿数	79
检验组	检验项目代号	公差(或极限偏差)值
I	F_r	0.030
I	F_p	0.038
II	f_{pt}	±0.012
II	F_a	0.016
III	F_β	0.020

(标题栏)

其余 √Ra 12.5

技术要求
1. 调质处理表面硬度 220~250HBS;
2. 两端中心孔 B3.15/10 粗糙度 √Ra3.2;
3. 其余圆角半径 R2;
4. 全部倒角 C1.5;
5. 未注尺寸公差按 IT12。

图 20-10 圆柱齿轮轴零件工作图

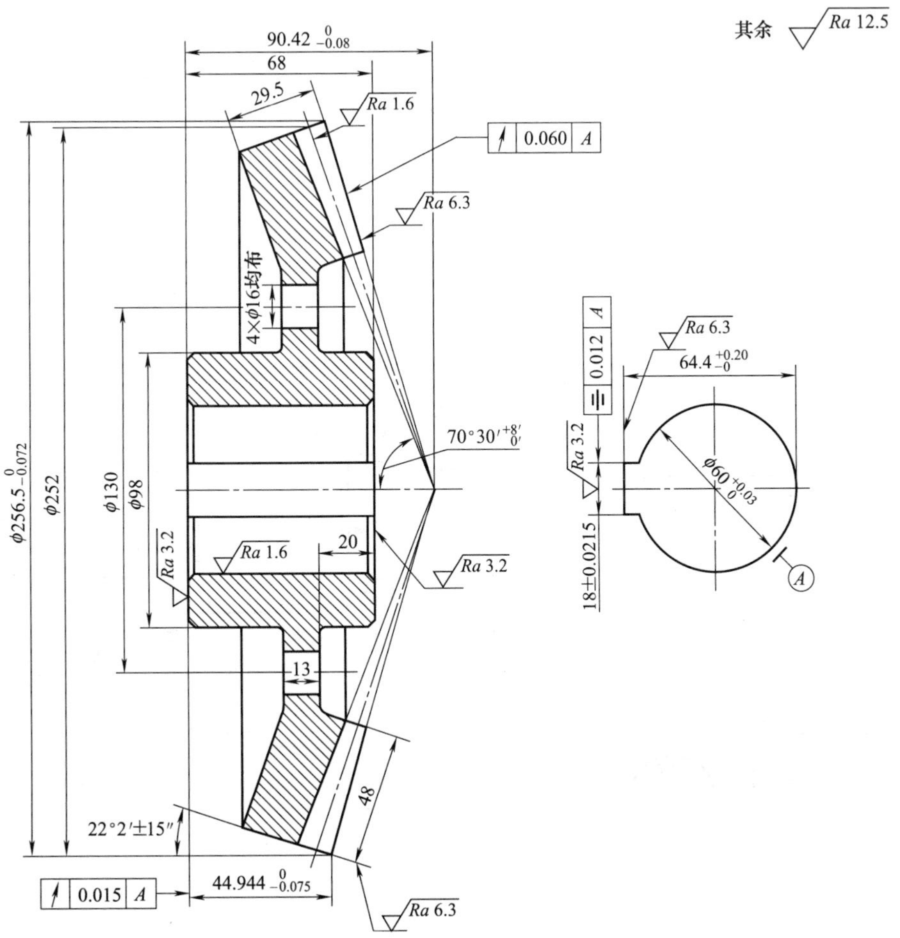

模数	m	6
齿数	z	42
法向齿形角	α_n	20°
分度圆直径	d	252
分锥角	δ	67°58′
根锥角	δ_f	64°56′
锥距	R	135.93
螺旋角及方向	β	直齿
变位系数	高度	χ	0
	切向		0
测量	齿厚	$\bar{s}$	$9.424_{-0.200}^{-0.090}$
	齿高	$\bar{h}_a$	6.033
精度等级			8c GB 11365—1989
接触斑点	齿高		≥55%
	齿长		≥50%
全齿高	h		13.2
轴交角	Σ		90°
侧隙	j		0.087
配对齿轮齿数	z		
配对齿轮图号			
公差组	项目代号	公差值	
Ⅰ	F_r	0.071	
Ⅱ	f_{pt}	±0.028	

技术要求
1. 正火处理，表面硬度为 170～200HBS；
2. 圆角半径 R3；
3. 倒角 C2。

标题栏

图 20-11　圆锥齿轮零件工作图

4. 蜗杆轴

轴向模数	m	4
头数	z	4
轴向齿形角	α	20°
齿顶高系数	h_a^*	1
顶隙系数	c_n^*	0.2
导程角	γ	21°48′05″
螺旋方向		右旋
精度等级	7 d GB 10089—1988
分度圆直径	d	40
全齿高	h	8.8

蜗轮图号		
蜗杆类型		ZA
中心距及其偏差	a	125±0.050
蜗杆齿距极限偏差	f_{px}	±0.014
蜗杆齿距极限偏差	f_{pxt}	0.024
蜗杆齿形公差	f_{f1}	0.022
蜗杆齿槽径向跳动公差	f_r	0.017

其余 $\sqrt{Ra\ 12.5}$

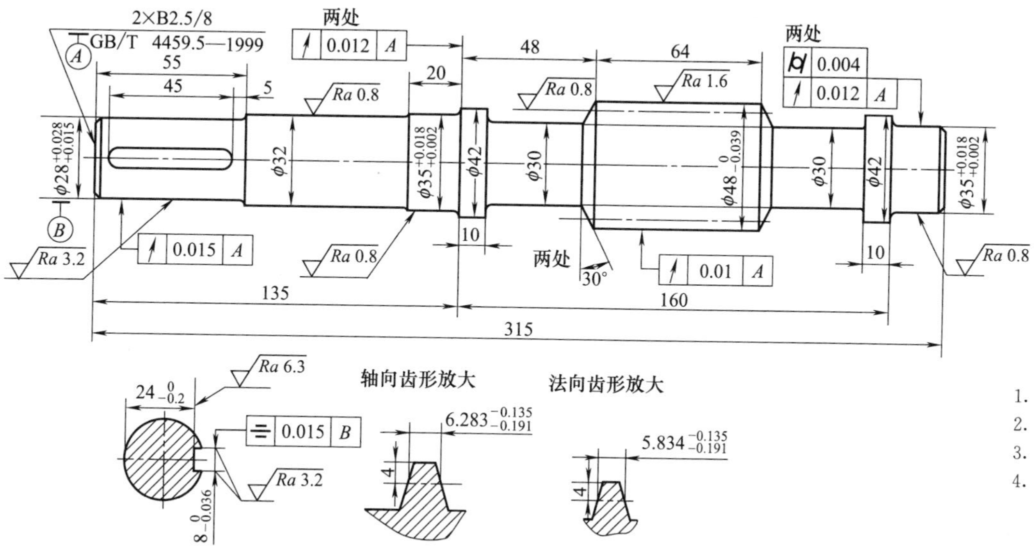

技术要求

1. 调质处理 220～250HBS。
2. 未注圆角为 R1。
3. 未注倒角 C2。
4. 未注公差尺寸的公差等级为 GB 1804—m。

(标题栏)

法向齿形放大

轴向齿形放大

图 20-12　蜗杆轴零件工作图

5. 蜗轮

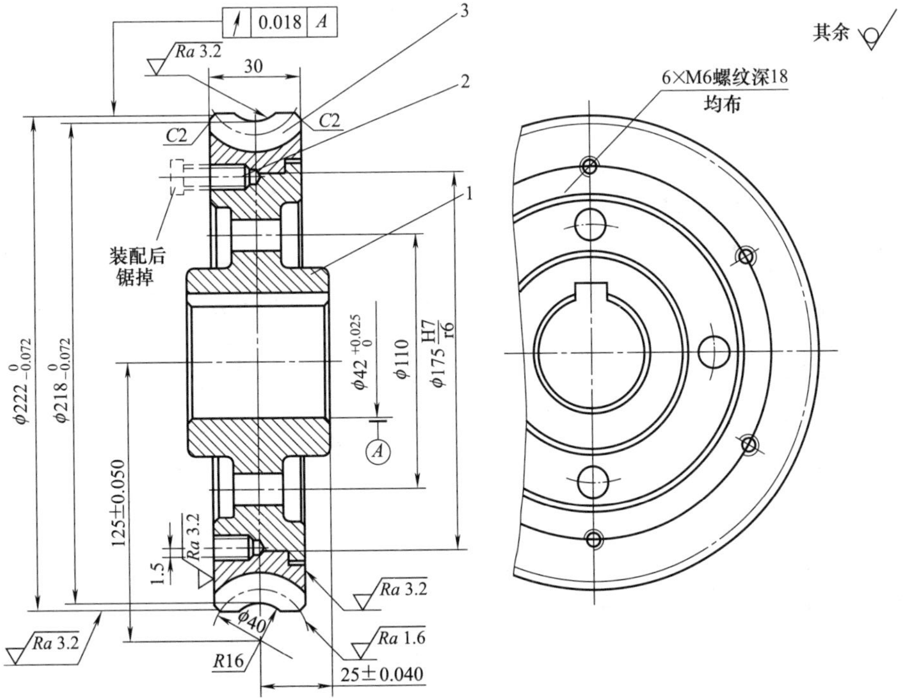

中间平面模数	m	4
齿数	z	52
蜗杆轴向齿形角	α	20°
齿顶高系数	h_{an}^*	1
顶隙系数	c^*	0.2
螺旋角	β	21°48′05″
旋向		右旋
变位系数	x_2	0.25
精度等级		7 d GB 10089—1988
分度圆直径	d	208
全齿高	h	8.8
蜗杆图号		
蜗杆类型		ZA
蜗轮齿距累积公差	F_p	0.09
蜗轮齿距极限偏差	f_{pt}	0.020
蜗轮齿形公差	f_{f2}	0.016
轴交角极限偏差	f_Σ	±0.012

技术要求

1. 轮缘与轮心装配后，钻螺栓孔，拧上螺栓后精车和切齿。
2. 未注公差尺寸的公差等级为 GB 1804—m。

3	轮缘	1	ZCuSn10Pb1	GB/T 5782—2000
2	螺栓 M6×25	6		标准
1	轮心	1	HT200	
序号	名称	数量	材料	

（标题栏）

图 20-13　蜗轮部件装配图

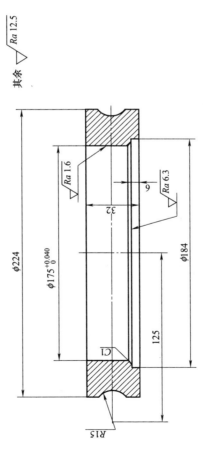

技术要求

1. 锐边倒角。
2. 未注公差尺寸的公差等级为 GB 1804—m。

图 20-14 蜗轮轮缘零件图

（标题栏）

技术要求

1. 铸造拔模斜度 1：20。
2. 铸造圆角半径为 R3～R5。
3. 锐边倒角。

其余 ∇

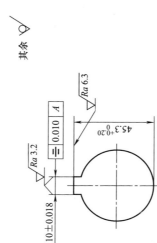

10±0.018

Ra 3.2

⟂ 0.010 A

45.3$^{+0.20}_{0}$

Ra 6.3

Ra 12.5

Ra 12.5

Ra 12.5

C2

R0.5

Ra 1.6

Ra 12.5

C2

ϕ182

ϕ150

ϕ42$^{+0.025}_{0}$

Ra 1.6

A

50

C2

C2

4-ϕ16

16

32

26

9

Ra 3.2

ϕ70

ϕ110

ϕ175$^{-0.093}_{-0.068}$

Ra 6.3

Ra 6.3

⟋ 0.014 A

图 20-15　蜗轮轮心零件图

（标题栏）

6. 轴

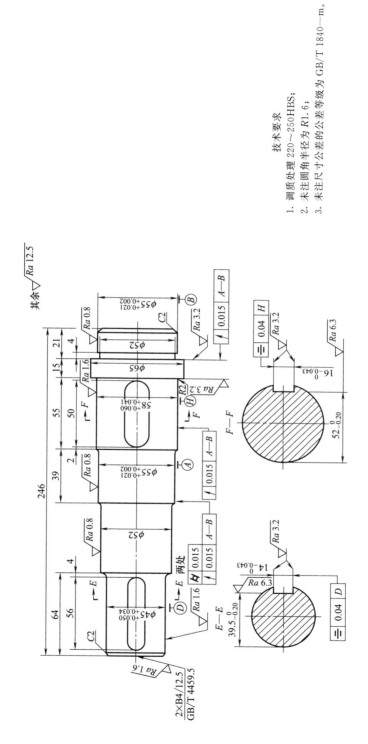

技术要求

1. 调质处理 220~250HBS；
2. 未注圆角半径为 R1.6；
3. 未注尺寸公差的公差等级为 GB/T 1840—m。

（标题栏）

图 20-16　轴零件工作图

7. 箱盖

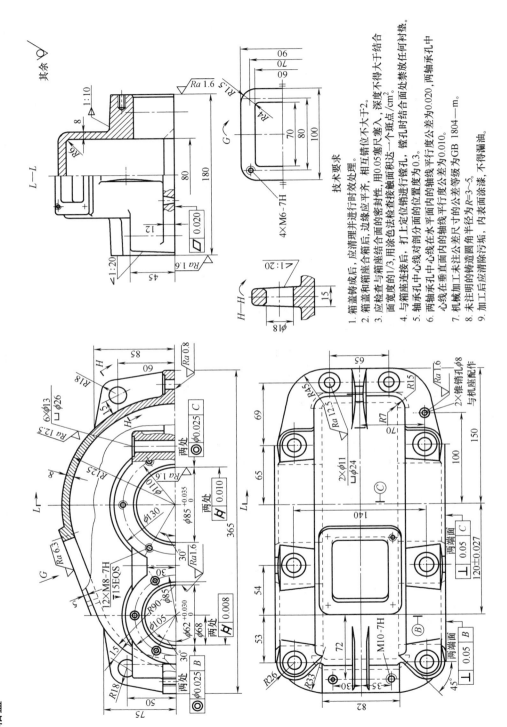

技术要求

1. 箱盖铸成后，应清理并进行时效处理。
2. 箱盖和箱座合箱后，相互错位大于2。
3. 应检查与箱座结合面的密封性，用0.05塞尺塞入，深度不得大于结合面宽度的1/3，用涂色法检查接触面积达一个斑点，镗孔时结合面处禁放任何衬垫。
4. 与箱座连接后，打上定位销进行镗孔。
5. 轴承孔中心线对剖分面的位置度为0.3。
6. 两轴承孔中心线在水平面内的轴线平行度公差为0.020，两轴承孔中心线在垂直面内的轴线平行度公差为0.010。
7. 机械加工未注公差尺寸的公差等级为GB 1804—m。
8. 未注明的铸造圆角半径为R=3～5。
9. 加工后应清除污垢，内表面涂漆，不得漏油。

图 20-17 箱盖零件工作图

8. 箱座

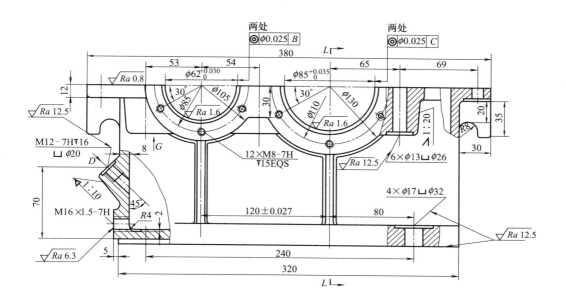

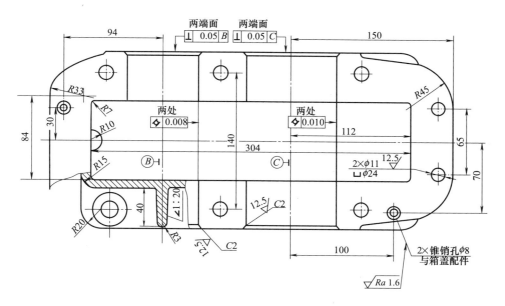

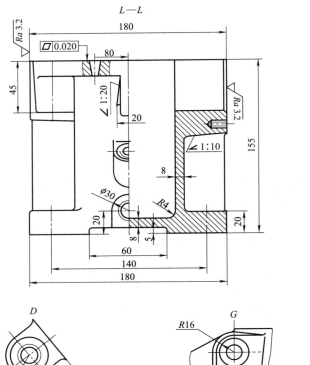

技术要求

1. 箱座铸成后，应清理并进行时效处理。

2. 箱盖和箱座合箱后，边缘应平齐，相互错位不大于2。

3. 应检查与箱盖结构面的密封性，用0.05厚的塞尺塞入，深度不得大于结合面宽度的1/3，用涂色法检查接触面积达一个斑点/cm²。

4. 与箱盖连接后，打上定位销进行镗孔，镗孔时结合面处禁放任何衬垫。

5. 轴承孔中心线对剖分面的位置度为0.3。

6. 两轴承孔中心线在水平面内的轴线平行度公差为0.02，两轴承孔中心线在垂直面内的轴线平行度公差为0.01。

7. 机械加工未注公差尺寸的公差等级为 GB 1804—m。

8. 未注明的铸造圆角半径为 R3～R5。

9. 加工后应清除污垢，内表面涂漆，不得漏油。

图 20-18　箱座零件工作图

参 考 文 献

［1］ 濮良贵，纪名刚. 机械设计. 第 8 版. 北京：高等教育出版社，2008.
［2］ 李育锡，机械设计课程设计. 北京：高等教育出版社，2008.
［3］ 张锋，古乐机械设计课程设计手册. 北京：高等教育出版社，2010.
［4］ 王旭，王积森. 机械设计课程设计. 第 2 版. 北京：机械工业出版社，2008.
［5］ 邢琳，张秀芳. 机械设计基础课程设计. 北京：机械工业出版社，2007.
［6］ 陆玉，何在洲，佟延伟. 机械设计课程设计. 第 3 版. 北京：机械工业出版社，2005.
［7］ 王大康，卢颂峰. 机械设计课程设计. 北京：北京工业大学出版社，2000.
［8］ 殷玉枫. 机械设计课程设计. 北京：机械工业出版社，2008.
［9］ 王之栎，王大康. 机械设计综合课程设计. 第 2 版. 北京：机械工业出版社，2009.
［10］ 朱文坚，黄平. 机械设计基础课程设计. 北京：科学出版社，2009.
［11］ 唐增宝，何永然，刘安俊. 机械设计课程设计. 第 2 版. 武汉：华中科技大学出版社，1999.
［12］ 巩云鹏，田万禄，张伟华，黄秋波. 机械设计课程设计. 北京：科学出版社，2008.
［13］ 宋宝玉，吴宗泽. 机械设计课程设计指导书. 北京：高等教学出版社，2006.
［14］ 陈立德，牛玉丽. 机械设计基础课程设计指导书. 第 3 版. 北京：高等教育出版社，2009.
［15］ 朱文坚，黄平. 机械设计. 第 2 版. 北京：高等教育出版社，2008.
［16］ 王旭，王积森. 机械设计课程设计. 第 2 版. 北京：机械工业出版社，2008.